Olga Solovyova

Hodowla i technologia w zwiększaniu wydajności ras mlecznych

Olga Solovyova

Hodowla i technologia w zwiększaniu wydajności ras mlecznych

Wydawnictwo Bezkresy Wiedzy

Imprint
Any brand names and product names mentioned in this book are subject to trademark, brand or patent protection and are trademarks or registered trademarks of their respective holders. The use of brand names, product names, common names, trade names, product descriptions etc. even without a particular marking in this work is in no way to be construed to mean that such names may be regarded as unrestricted in respect of trademark and brand protection legislation and could thus be used by anyone.

Cover image: www.ingimage.com

Publisher:
Wydawnictwo Bezkresy Wiedzy
is a trademark of
International Book Market Service Ltd., member of OmniScriptum Publishing Group
17 Meldrum Street, Beau Bassin 71504, Mauritius

Printed at: see last page
ISBN: 978-620-0-54613-5

Zugl. / Approved by: п.Лесные поляны ВНИИплем,2015

Hodowla i technologia w zwiększaniu wydajności ras mlecznych

Olga Solovyova

Spis treści

WPROWADZENIE

Otwarcie rynku rosyjskiego na kraje Unii Celnej i WTO stanowi nowe wyzwanie dla nauki i praktyki - zapewnienie konkurencyjności krajowej hodowli bydła mlecznego zarówno na rynkach zagranicznych, jak i krajowych.

Zwiększenie produkcji mleka jest jednym z priorytetów Państwowego Programu Rozwoju Rolnictwa i Regulacji Rynku Produktów Rolnych, Surowców i Żywności na lata 2013-2020. Podstawą do zwiększenia mleczności jest intensyfikacja hodowli bydła mlecznego, która jest uwarunkowana poprawą jakości pogłowia zwierząt, wykorzystaniem ich potencjału genetycznego i racjonalnymi technologicznymi metodami jego realizacji [A.P. Żołnierze i inni]; S.N. Charitonow i inni [][12]; L.P. Kormanowsky [ ]; P[3].N. Prokhorenko [ ];[4]N.I. Strekozov i inni [ ]; H.A. Amerkhanov i inni [ ]. [ ]; W.[567]I.Volgin i inni, [[8]]; I.M.Dunin i inni. [[9]].

Poprawa potencjału genetycznego tylko poprzez hodowlę wewnątrzrasową jest niezwykle pracochłonnym zadaniem. Znacznie szybsze i skuteczniejsze jest wykorzystanie puli genowej najlepszych ras zagranicznych do doskonalenia krajowych ras zwierząt gospodarskich oraz stworzenie odpowiednich warunków technologicznych dla zwierząt o ulepszonym genotypie.

---

[1] Soldatov, A.P. Specyfika pracy rodowodowej w warunkach technologii przemysłowej (w języku rosyjskim) / A.P. Soldatov, S.A. Kholodkov (w języku rosyjskim) // Izvestia TSHA. - 1988. - Okay. 2. - C. 124-136.

[2] Kharitonov, S.N. Genetic trend estimation by the main signs of the dairy productivity in the black and motley cattle population in Moscow region (in Russian) // Zootekhnia. - 2011. - № 12. - C. 5-6.

[3] Kormanowskiy, L.P. Bioresource engineering w hodowli bydła mlecznego (w języku rosyjskim) / L.P. Kormanowskiy // Wiadomości rolnicze. - – 2000. - № 4. - – C. 10-11.

[4] Prokhorenko, P.N. Genetics and selection of the dairy cattle (in Russian) / P.N. Prokhorenko, B.P. Zavertyaev // Zootekhnia. - – 2004. - № 9. - – C. 2-6.

[5] Strekozov, N.I. Intensyfikacja hodowli bydła mlecznego w Rosji. / N.I. Strekozov, W.K. Chernushenko, W.I. Tsys. - Smoleńsk, 1997. - 240 c. C. 6,85-94; S.95-99; S.187-190.

[6] Strekozov, N.I. Hodowla bydła mlecznego w Rosji i kierunek jej rozwoju (w języku rosyjskim) / N.I.Strekozov // Proc. of Intern. scientific-practical conf., 21-23.10.2008. - Dubrovica: VISION. - C. 29-32.

[7] Amerkhanov, H. Strategia modernizacji hodowli bydła mlecznego w Rosji / H. Amerkhanov, G. Shichkin, R. Kertiev // Hodowla bydła mlecznego i mięsnego. 2006. - № 6. - C. 2-5

[8] Volgin, V.I. Factors of Feeding Providing Increase in Realization of Genetic Potential of Dairy Breeding Cattle Productivity / V.I. Volgin, A.S. Bibikova, L.V. Romanenko, N.N. Morozov, N.P. Stetsenko // Modern Methods of Increasing Productivity of Farm Animals: Collection of Scientific Trends of VNIIRZh...- St. Petersburg, 2001 - P.103-1103.

[9] Dunin, I.M. Recommendations for stabilization of the cattle population and improvement of the herd reproduction in the farms of the Russian Federation (in Russian) / I.M. Dunin, V.V. Russia. Shapochkin, HA Amerhanov, etc.; FSBNU VNIIplem. - – M., 2011. -59c.

Wiodącą pozycję pod względem liczebności zajmują skały czarno-białe, w tym Holstein (57,38%), Kholmogorsk (8,87%) i Symmental (8,81%) oraz [Rocznik VNIIplem,].[10]

Zwierzęta rasy holsztyńskiej, posiadające wysoką wydajność mleczną dla naszych ras domowych, np. czarnej i tłustej oraz pagórkowatej, w zakresie parametrów jakościowych mleka, czasu użytkowania produkcyjnego i płodności. Jednocześnie wysoka zawartość białka w mleku krów symetrycznych jest najbardziej preferowana przy produkcji serów i przetworów mlecznych o długim okresie trwałości [H.A. Amerkhanov, N.I. Strekozov, V.I. Seltsov,[11]].

W oparciu o wykorzystanie puli genetycznej ras krajowych i doskonalących selekcję zagraniczną, stworzono wysokowydajne rasy i typy bydła: rasa czerwona i ćma, Leningrad, Moskwa, Ural, Nepecin, Barybinsk typy czarne i ćma, środkowa, północna, Tatarstan, itp. typy kholmogorskie [K.A. Amerhanov, N.I. Strekozov,[12]].

Szerokie wykorzystanie zasobów hodowlanych rasy holsztyńskiej w hodowli bydła mlecznego w Rosji w celu poprawy ekonomicznie użytecznych cech bydła różnych ras prowadzi do wyrównania różnic genetycznych między rasami krajowymi i konwergencji ich genotypów. Jednocześnie powstaje złożony problem: dochodzi do zubożenia puli genowej, traci się cenne walory wielu ras domowych, w szczególności zdolność adaptacji do lokalnych warunków przyrodniczych i klimatycznych różnych regionów kraju, odporność na choroby [L.K.Ernst, N.A.Zinovieva, E.N.Konovalova, itd.][13]W związku z tym konieczne jest obecnie poszukiwanie nowych sposobów i metod rozwiązania tego problemu, zarówno w hodowli, jak i w doskonaleniu procesów technologicznych w hodowli bydła mlecznego.

Dlatego zajęcie się tymi kwestiami ma ogromne znaczenie teoretyczne i praktyczne.

---

[10] Rocznik pracy rodowodowej w hodowli bydła mlecznego i gospodarstwach Federacji Rosyjskiej (2010, 2011, 2013) / I.M.Dunin, V.V.Shapochkin, H.A.Amerhanov et al.; VNIIPlem.- M., 2013.- 282 s.

[11] Hodowla bydła mlecznego w Rosji (w ramach priorytetowego projektu krajowego "Rozwój kompleksu rolno-przemysłowego Rosji") / Pod redakcją N.I. Strekozova, H.A. Amerkhanova. - Moskwa, 2006. - 604 s. C.31-56.

[12] Hodowla bydła mlecznego w Rosji (w ramach realizacji priorytetowego projektu krajowego "Rozwój kompleksu rolno-przemysłowego Rosji") / W ramach edycji N.I. Strekozov, H.A. Amerkhanov. - Moskwa, 2006. - 604 s. C.31-56. C.132.

[13] Ernst, L.K. Investigation of the Holstein cattle blood rush influence on the domestic cattle gene pool change with the use of DNA-microsatellites (in Russian) / L.K. Ernst, N.A. Zinovieva, E.N. Konovalova, E.A. Gladyr, O.V. Babayan (w języku rosyjskim) // Zootekhnia.- 2007. № 12.-C.2-5.

"Nie ma żadnych dobrych",
nie ma dużych ras rogatych
bydło, a wszystkie rasy mogą być albo
bardzo dobre, albo bardzo złe,
w zależności od tego, gdzie i w jakim celu
i pod jakimi warunkami są one zawarte."
Akademicki E.F. Liskun

I. METODY HODOWLI ZWIĘKSZAJĄCE MLECZNOŚĆ KRÓW GŁÓWNYCH RAS

1.1 Obecny status hodowli bydła mlecznego w Federacji Rosyjskiej i za granicą

Ze względu na swoje cechy biologiczne i ekonomiczne bydło stanowi bardzo powszechną i popularną klasę zwierząt gospodarskich. Jest rozwiedziony w prawie każdym kraju na świecie. Liczba bydła na świecie rośnie z każdym rokiem. Jednak dynamika wskaźników jest zróżnicowana w poszczególnych regionach świata. Tak więc w krajach o rozwiniętej produkcji zwierzęcej (Unia Europejska) pogłowie bydła zmniejsza się, a jego wydajność i produkcja brutto wzrasta. W krajach o ekstensywnej hodowli zwierząt, produkcja mleka jest uzależniona od tempa wzrostu bydła, w tym krów [Dankvert S.A.,[14]].

Liczba bydła na świecie stale rośnie i kształtuje się na poziomie 1380 milionów sztuk i 187 milionów bawołów, czyli 1567 milionów sztuk. Większość bydła znajduje się w Azji - 431,5 mln sztuk (31,3% bydła na świecie) i Ameryce Południowej - 347,0 mln sztuk (25,1%), a także w Afryce - 275,3 mln sztuk (19,9%)[[15]].

Światowym liderem w liczebności krów są Indie. W 2016 r. populacja zwierząt gospodarskich w Indiach liczyła 54,5 mln sztuk.

---

[14] Dankvert, S.A. Hodowla bydła w krajach świata. - Moskwa: Instytut Badawczy Hodowli Zwierząt, 2007. - 607c. C.81-104.

[15] Cape, A.T. Współczesne tendencje rozwoju hodowli zwierząt w krajach świata (w języku rosyjskim) / A.T. Cape // Zootekhnia. - – 2011. - № 2. - – C. 2-7.

W krajach Unii Europejskiej z 23,5 mln sztuk bydła i w Brazylii z 21,3 mln krów, Rosja z 8 mln krów we wszystkich kategoriach gospodarstw zajmuje szóste miejsce po USA (9,3 mln) i Chinach (8,5 mln).

Mleko krowie stanowi ponad 85% światowej produkcji mleka. Największa ilość mleka krowiego produkowana jest w USA (91,3 mln ton), a 50 najlepszych krajów zaspokaja potrzeby około 90% rynku światowego. Nowa Zelandia, UE, Australia i Stany Zjednoczone są największymi eksporterami mleka, podczas gdy Chiny i Rosja do niedawna były największymi importerami.

Rozwój hodowli bydła mlecznego charakteryzuje się intensyfikacją procesów selekcji mających na celu zwiększenie efektywności produkcji mleka poprzez doskonalenie ras hodowlanych, zmianę ich proporcji, liczby zwierząt, stosowanie nowoczesnych technologii, metod oceny hodowlanej buhajów i krów, programów hodowlanych[[16], s.6].

Według FAO i innych źródeł [[17],[18]], w krajach o wysoko rozwiniętej produkcji zwierzęcej, wydajność mleczna krów w okresie laktacji przekracza 7000 kg. Izrael ma najwyższą na świecie wydajność mleczną na krowę. Izraelska krowa produkuje średnio 12 tys. ton mleka rocznie - więcej niż inne krowy na świecie, w Wielkiej Brytanii krowa daje około 8 tys. litrów mleka rocznie, w Holandii - około 8 tys. litrów, w USA - około 10 tys. litrów.

Tabela 1 - Populacja bydła w SWS na dzień 1 stycznia 2017 r., tys. sztuk

Region	Bydło			w tym krowy		
	2015	2016	w % do 2015 r.	2015	2016	w % do 2015 r.
Federacja Rosyjska	8400,2	8315,2	99,0	3369,1	3341,8	99,2
Centralny Okręg Federalny	2146,7	2188,8	102,0	861,2	875,7	101,7
Północno-zachodni dystrykt federalny	547,1	550,2	100,6	247,5	251,5	101,6
Południowy Okręg Federalny	599,0	591,8	98,8	245,6	245,8	100,1

[16] Dunin, I.M. Recommendations for stabilization of the cattle population and improvement of the herd reproduction in the farms of the Russian Federation (in Russian) / I.M. Dunin, V.V. Russia. Shapochkin, HA Amerhanov, etc.; FSBNU VNIIplem. - – M., 2011. -59c.

[17] Organizacja Narodów Zjednoczonych ds. Wyżywienia i Rolnictwa (FAO) - Rok Fao - książka, produkcja, oficjalna strona internetowa FAO, 2010.

[18] Cape, A.T. Współczesne tendencje rozwoju hodowli zwierząt w krajach świata (w języku rosyjskim) / A.T. Cape // Zootekhnia. - – 2011. - № 2. - – C. 2-7.

Okręg Federalny Północny Kaukaz (North Caucasus Federal District)	315,1	303,9	96,4	147,9	145,0	98,0
Wołżański Okręg Federalny	2 750,8	2675,7	97,3	1046,1	1023,2	97,8
Okręg Federalny Ural	472,4	468,9	99,3	196,0	192,3	98,1
Syberyjski Okręg Federalny	1459,6	1429,5	97,9	575,9	561,1	97,4
Dystrykt Federalny Dalekiego Wschodu	109,5	106,5	97,2	49,0	47,1	96,0

Na początku 2017 roku liczba bydła w rosyjskim okręgu rolniczym wynosiła 8315,2 tys. sztuk, w tym 3341,8 tys. krów, produkcja mleka brutto na koniec 2016 roku wynosiła 30,72 mln t.

Według wyników roku 2016, najwyższy wzrost produkcji w porównaniu z rokiem poprzednim odnotowano w czołowych regionach: Woroneżskim (+13%); kałuskim (+7,5%); Archangielskim (+6,5%); Kirowskim (+6,3%); Jarosławskim (+5%); Władimierskim (+4,3%); Briańskim, Rostowskim, Iwanowskim, Udmurckim (+4,2%); Mordowskim (+4%).

W Federacji Rosyjskiej w roku 2016 w gospodarstwach rolnych mleczność na krowę w okresie laktacji wynosiła 5643 kg, a udział masowy tłuszczu w mleku w gospodarstwach hodowlanych - 3,88%; dynamika tych wskaźników wskazuje na ich wzrost. Wyniki realizacji priorytetowego projektu krajowego "Rozwój kompleksu rolno-przemysłowego" pokazują, że produkcja mleka brutto w kraju stopniowo wzrasta.

Państwowy Program Rozwoju Rolnictwa i Regulacji Rynków Produktów Rolnych, Surowców i Artykułów Żywnościowych na lata 2013-2020, zatwierdzony przez Rząd Federacji Rosyjskiej, ma na celu wdrożenie ustawy federalnej "O rozwoju rolnictwa" i przewiduje dalszą intensyfikację hodowli zwierząt.

W ciągu ostatnich 5 lat w Federacji Rosyjskiej zarysowało się znaczne wzmocnienie bazy hodowlanej - jednej z wiodących gałęzi przemysłu zwierzęcego - hodowli bydła mlecznego.

Liczba gospodarstw hodowlanych osiągnęła ponad 1500, liczba krów rasowych rośnie i liczy obecnie około 1 mln sztuk. Udział składu rodowodowego w ogólnej liczbie zwierząt gospodarskich na początku 2012 roku wyniósł 11,1% (w 2006 roku - 10,4%).

Wraz ze wzrostem pogłowia bydła mlecznego, znacznie wzrosła również wydajność mleczna. Wzrost potencjału genetycznego produktywności krajowych zasobów plemiennych kosztem realizacji czystorasowych młodych plemiennych przyrostów w stadach towarowych sprzyjał znacznemu wzrostowi średniej mleczności krowy w gospodarstwach rolnych Federacji Rosyjskiej [ ].[19]

Państwowy Program Rozwoju Rolnictwa przewiduje również zwiększenie udziału rosyjskich produktów żywnościowych: do 2020 roku. - Krajowe mleko i przetwory mleczne powinny stanowić 90,2 %. Aby zrealizować to zadanie, producenci mleka muszą wykorzystać wszystkie dostępne doświadczenia naukowe i praktyczne w dziedzinie hodowli, genetyki i hodowli, a także nowoczesne technologie[20].

Dalej rozwijane będą badania nad wykorzystaniem rezerw pracy hodowlanej i hodowlanej, monitorowanie środowiska konkurencyjnego w podkompleksie produktów.

Wiodącymi rasami bydła mlecznego w Rosji są Black i Holstein (62,56%). Pozostałe 7 najczęściej występujących skał - Simmental, Hills, Red i Perestroika, Red Steppe, Ayrshire, Yaroslavl i Brown - stanowią 35,11% [81].[21]

1.2 Genealogiczna struktura głównych ras bydła mlecznego

Struktura genealogiczna pogłowia bydła ras czarno-białej, symetrycznej i kholmogorskiej w gospodarstwach Centralnego Okręgu Federalnego uległa w ostatnich latach znacznym zmianom w związku z aktywnym wykorzystaniem byków holsztyńskich. (Tabela 2).

Tabela 2.Główne linie genealogiczne stada czerwiu rasy czarnej i pstrej w zakładach hodowlanych w Centralnym Okręgu Federalnym

Linie	2005 г.		2010 г		2010 do 2005, %
	Cel	%	Cel	%	
W plemiennych fabrykach.					
Vis Beck Adial 1013415	42510	40,9	42712	37,3	100,5

[19] Amerkhanov, H.A. Stan i perspektywy rozwoju hodowli zwierząt rasowych w Federacji Rosyjskiej (w języku rosyjskim) / H.A. Amerkhanov // Hodowla bydła mlecznego i mięsnego. - 2012. - № 2. - C. 7-10.
[20] Amerkhanov, H.A. Scientific maintenance of the dairy cattle breeding competition (in Russian) // Dairy and meat cattle breeding. - 2012. - Specjalistyczne zagadnienie dotyczące hodowli bydła mlecznego. - – C. 2-6.
[21] Rocznik pracy rodowodowej w hodowli bydła mlecznego i gospodarstwach Federacji Rosyjskiej (2010, 2011,2013) / I.M.Dunin, V.V.Shapochkin, H.A.Amerkhanov et al.; VNIIPlem.- M., 2013.- 282 s.

Montwick Chiftein 95679	20772	20,0	24030	21,0	115,7
Pilarka refleksyjna 198998	27900	26,8	33887	29,6	121,5
Peeling Trijun Rockit 252803	5029	4,8	4068	3,5	80,9
Romandale Shilimar 265607	146	0,14	2264	1,9	15,5 raza
Inne linie	7591	7,3	7265	6,34	95,7
To jest to:	103953	100	114477	100	110,1
W reprodukcjach plemiennych.					
Vis Beck Adial 1013415	33169	34,8	28611	37,9	86,3
Pilarka refleksyjna 198998	23242	24,4	21909	29,1	94,3
Montwick Chiftein 95679	12791	13,4	8983	11,9	70,2
Peeling Trijun Rockit 252803	6636	6,96	2872	3,8	43,3
Romandale Shilimar 265607	-	-	2396	3,18	
Annas Adema 30587	6323	6,63	1583	2,1	25,0
Français 39458	2164	2,27	1725	2,2	79,7
Inne linie	11322	8,41	7917	9,51	69,9
To jest to:	95233	100	75321	100	79,1

W trakcie tworzenia nowego typu rasowego bydła rasy **czarnej i pietruszki ukształtowała** się odmienna struktura genealogiczna populacji w zakładach hodowlanych i reproduktorach z przewagą stada hodowlanego należącego do głównych linii rasy holsztyńskiej. W zakładach hodowlanych od 2005 do 2010 roku wzrosła liczba zwierząt linii Vis Back Aydial 1013415 (37-40%), Reflex Sawring 198998 (27-29%), Montwick Chiftein 95679 (20-21%), odnotowano pojawienie się linii Romandale Shilimar 265607.

W reprodukcjach plemiennych, Vis Baek Aydial 1013415 wynosi 35-38%, Reflex Sawring 198998 wynosi 24-29%, Montwick Chiftein 95679 wynosi 12-13%, pozostałe linie mieszczą się w granicach 7-8%, a najmniejsza liczba linii zwierzęcych Seling Tridjoon Rokit 252803, Romandale Shailimar 265607, Annas Adema 30587.

Zmiany w strukturze genealogicznej **skały Kholmogorsk** (na lata 2005-2010) przedstawiono w tabeli 3. W zakładach hodowlanych liczba zwierząt linii Vis Baek Aydial 1013415 wynosiła 36,2% (wynosiła 36,6%), linii Reflex Sawring 198998 -24,5 (zamiast 28,09), Montwick Chifteina 95679 -13,8% (wynosiła 14,07%); Odnotowano pojawienie się zwierząt z linii Romandale Shailimar 265607 (3,27%), liczba zwierząt należących do linii Veselchak (do 2,60%) wzrosła do 4,45%. W hodowlach plemiennych liczba zwierząt na linii Vis Baek Aydial 1013415 zmniejszyła się z 44,17% do 31,3%, Montwick Chiftein 95679 z 7,94 do 7,05%, a liczba zwierząt na linii Reflex Sawring 198998 wzrosła z 13,30% do 25,6%; populacja innych linii zmniejszyła się z 11,0% do 8,47%, nastąpił również spadek liczby zwierząt należących do linii: Bawełna (4,57-3,68%), Kwiat (19,74-2,9%), Limona (2,96-0,93%).

Tabela 3.Główne linie genealogiczne stada hodowlanego rasyholmogorsk w gospodarstwach centralnego okręgu federalnego

Linia	2005 r.		2010 r.		2010 do 2005,%.
	Cel	%	Cel	%	
W plemiennych fabrykach.					
Vis Beck Adial 1013415	6396	36,6	6375	36,2	99,7
Montwick Chiftein 95679	2457	14,07	2423	13,8	98,6
Pilarka refleksyjna 198998	4908	28,09	4316	24,5	87,9
Romandale Shilimar 265607	-	-	575	3,27	-
Peeling Trijun Rockit 252803	671	3,84	686	3,89	102,2
Najlepszy 7252	326	1,86	146	0,83	44,8
Zabawne	26	0,14	459	2,60	176,5
Aliasek 19	486	2,78	350	1,98	72,0
Kwiat	799	4,57	490	2,78	61,3
Lemon	573	3,28	562	3,19	98,0
Bawełniarz	502	2,87	316	1,79	62,9
Inne linie	323	1,85	783	4,45	242,4
Razem .	174467	100	17594	100	100,8
W reprodukcjach plemiennych.					
Vis Beck Adial 1013415	3927	44,17	1880	31,3	47,9
Montwick Chiftein 95679	606	7,94	423	7,05	69,8
Pilarka refleksyjna 198998	1232	13,30	1540	25,6	125,0
Romandale Shilimar 265607	-	-	1021	17,0	-
Aliasek 19	607	6,83	173	2,88	28,5
Kwiat	866	9,74	176	2,9	20,3
Lemon	263	2,96	56	0,93	21,3
Bawełniarz	406	4,57	221	3,68	54,4
Inne linie	507	11,0	508	8,47	100,2
Razem .	8885	100	5998	100	67,5

W genealogii rasy **simentalskiej**, zgodnie z wynikami bonifikacji, w gospodarstwach Centralnego Okręgu Federalnego nastąpiły następujące zmiany (tabela 4).

Na tle spadku liczby bydła następuje rotacja niektórych linii, a mianowicie: w zakładach hodowlanych rośnie liczba zwierząt linii Vis Baek Aydial 1013415 (2,89 razy), Reflex Sawring 198998(1,89), Montwick Chiftein 95679 (1,79), Neolit 8593 (4,23 razy).

W reprodukcjach plemiennych, przy ogólnym wzroście populacji, największa liczba zwierząt należała do linii: Vis Back Aydial 1013415 (4x wzrost), neolit 8593 (1.2) i inne linie (1.7x).

Tabela 4 - Główne linie genealogiczne stada hodowlanego rasy symetrycznej w gospodarstwach Centralnego Okręgu Federalnego

Linia	2005 r.		2010 r		2010 r. do roku 2005,%.
	Cel	%	Cel	%	
W plemiennych fabrykach.					
Vis Beck Adial 1013415	491	5,56	1419	19,2	289
Montwick Chiftein 95679	285	3,30	511	6,9	179,3
Pilarka refleksyjna 198998	1113	12,6	2104	28,5	189
Peeling Trijun Rockit 252803	395	4,47	112	1,5	28,4
neolit 8593	335	3,80	1419	19,2	423,6
Radonis 838	235	2,66	92	1,24	39,1
Fasada 642	938	10,70	165	2,2	17,6
Florian 374	1177	13,33	340	4,6	28,9
Sałatka 979	367	4,20	154	2,08	42,0
Inne linie	3491	39,55	2479	33,6	71,0
To jest to:	8827	100	7376	100	83,6
W reprodukcjach plemiennych.					
Vis Beck Adial 1013415	369	1,81	1495	6,68	405,0
Montwick Chiftein 95679	2589	12,80	1547	6,9	59,8
Pilarka refleksyjna 198998	3391	16,70	2351	10,5	69,3
neolit 8593	679	3,30	835	3,73	122,9
Radonis 838	2986	14,70	2833	12,7	94.9
Sygnał 4863	1649	8,10	1636	7,3	99,2
Toreador 146	474	2,30	322	1,4	67,9
Fasada 642	1926	9,50	1716	7,67	89,1
Florian 374	1558	7,70	1087	4,86	69,8
Inne linie	5207	23,25	8853	39,6	170,
To jest to:	20354	100	22353	100	109,8

Dlatego też ustalona struktura genealogiczna ras bydła hodowanych w Rosji pozwala na utrzymanie wystarczająco dużej zmienności genetycznej w populacji i skuteczną pracę nad dalszym budowaniem potencjału wydajności mlecznej zwierząt.

1.3 Poprawa stanu zwierząt gospodarskich czarnych i plamistych

Rasa czarna i jęczmienna jest hodowana w Rosji na zasadzie krzyżowania lokalnego bydła z różnych stref kraju z powiązanymi rasami bydła czarnego i jęczmiennego o korzeniach holenderskich. Rasa została zatwierdzona w lipcu 1959 roku. (Rozporządzenie Ministerstwa Rolnictwa ZSRR nr 148).

Z historii powstania czarno-pierestrojki wiadomo, że składa się ona z trzech dużych populacji: środkowo rosyjskiej, uralijskiej i syberyjskiej [[22], [23],].[24]

Zwierzęta w tych populacjach mają pewne różnice w masie ciała, wydajności zewnętrznej i mlecznej. Tak więc zwierzęta z grupy centralnej mają bardziej zwartą budowę ciała, o żywej wadze 550-650 kg; wydajność mleczna - 5000-6000 kg, o zawartości tłuszczu 3,6-3,7%. Zwierzęta rasy Urals mają lżejszy typ ciała, ich żywa waga wynosi 500-600 kg; wysoka wydajność mleczna jest taka sama jak u zwierząt typu centralnego, ale z wyższą zawartością tłuszczu -3,8-3,9%. Zwierzęta szczurów syberyjskich mają nieco mniejszą wagę żywą - 450-550 kg, lekki typ budowy ciała, wydajność mleczną na poziomie -4500-5000 kg przy średniej zawartości tłuszczu 3,7-3,8%.

Z wielu źródeł wiadomo, że krowy rasy czarnej i pstrokatej, będące najobfitszą rasą mleczną, mają najlepsze formy budowy, lepszą zdolność adaptacji do doju maszynowego. Pod względem tempa rozszerzania zasięgu rasa ta otrzymuje wiodącą rolę w produkcji mleczarskiej i w związku z tym wydaje się celowe przeanalizowanie sposobów i metod doskonalenia bydła czarnego i ćmianowatego w aspekcie historycznym [A.S.Dankvert,].[25]

W naszym kraju bydło mleczne zaczęło być ulepszane na szeroką skalę przez producentów rasy holsztyńskiej od 1974 roku [L. Nikiforova,[26]]. Opracowano programy produkcji wysokowydajnych typów strefowych w

---

[22] Arzumanyan, E.A. Stan i problemy hodowli bydła czarnego i motylkowego na Uralu / E.A. Arzumanyan, S.S. Timofeeva // Hodowla bydła mlecznego i mięsnego. - 1984. - № 5. - C. 38-42.

[23] Dankvert, A.G. Animal husbandry: a training manual / A.G. Dankvert. - M.: Repro Center, 2011. - 376 s. C.166-184.

[24] Mymrın, B.C. Characteristics of the Ural type black and motley cattle population condition (in Russian) // Dairy and meat cattle breeding. - – 2012. - Specjalistyczne zagadnienie dotyczące hodowli bydła mlecznego. - – C. 22-24.

[25] Dankvert, A.G. Animal husbandry: a training manual / A.G. Dankvert. - M.: Repro Center, 2011. - 376 s. C.185-188.

[26] Nikiforova, L.E. Holsteinization efektywności w zakładach hodowlanych obwodu briańskiego (w języku rosyjskim) / L.Nikiforova // Hodowla bydła mlecznego i mięsnego.

oparciu o zasoby hodowlane rasy holsztyńskiej [27,2829,]30.

W obwodzie moskiewskim wyspecjalizowani hodowcy stowarzyszenia produkcyjnego "Moskowskoje", WNIIZh, MGAVM i NPO "Obwód Moskiewski" zajmowali się hodowlą moskiewskiego typu bydła czarnego i motylkowego, wykorzystując pulę genową rasy czarnej i motylkowej Holsztyńskiej [31,].32

Celem tego programu jest stworzenie znaczącego wachlarza wysoko wydajnych zwierząt, charakteryzujących się długowiecznością, silnym szkieletem, dobrze rozwiniętym wymionem i nadających się do utrzymywania w nowoczesnych zmechanizowanych gospodarstwach.

Krowy przyjmowane do hodowli powinny spełniać następujące minimalne wymagania (dla stada rodowodowego): mleczność w laktacji - 6500 - 7000 kg; zawartość tłuszczu w mleku - 3,8 - 3,9%; żywa waga 620 - 650 kg; intensywność produkcji mleka - 2,0 - 2,5 kg/min; wskaźnik wymion - 43-45%; wysokość w koronie - 138 cm [33,s.86].

Potencjał genetyczny zwierząt jest obecnie udoskonalany w następujących obszarach: 1) hodowla w obrębie populacji (populacja zamknięta) oraz 2) wykorzystanie najlepszej światowej puli genetycznej pokrewnych ras (populacja otwarta). Główne metody hodowli bydła mlecznego w populacjach zamkniętych to hodowla czystorasowa i selekcja wewnątrzrasowa [34, s. 132].

Celem doboru rasy jest jednoczesna poprawa wydajności mleczarskiej i mięsnej, gdyż w warunkach naszego kraju preferowane są zwierzęta o podwójnym kierunku wydajności, przy preferencyjnym rozwoju mleczarstwa.

Obecnie w Federacji Rosyjskiej hoduje się wiele typów wewnątrzrasowych ras czarnoskórych i borsuków na podstawie ich krzyżowania z podobnymi rasami holsztyńskiej selekcji amerykańskiej,

---

27 Dunin, I.M. Ways to improve red and motley dairy cattle/ I.M. Dunin, A.I. Prudov, K.K. Adzhibekov // Zootekhnia.- 2003. - № 4. - C. 2-4.

28 Zavertyaev, B.P. Perfection of the dairy cattle breeding and selection system (in Russian) // Zootekhnia. - – 2000.- №8.– C. 8 -12.

29 Prokhorenko, P.N. Potencjał bydła mlecznego (w języku rosyjskim) / P.N. Prokhorenko // Hodowla zwierząt gospodarskich w Rosji. - 2005. - № 1. - C. 29-30.

30 Ernst, L.K. Rasa czarno-biała - złoty fundusz hodowli bydła mlecznego w kraju (w języku rosyjskim) / L.K. Ernst, A.P. Kałasznikow, N.G. Dmitriev, E.A. Arzumanian, A.I. Beach // Zootekhnia. - 1990.- № 2. - C. 2-6.

31 Grigoriev, Yu.N. Nowy typ czarnego i pstrego bydła Nepetsinskiy (po rosyjsku) / Yu.N. Grigoriev, I.N. Artyukhina, V.T. Artyukhin // Zootekhnia. -2004.- № 3.- C. 5-7.

32 Gulko, D.M. Hodowla i metody technologiczne mające na celu poprawę cech produkcyjnych krów w dużych gospodarstwach mlecznych dysk. ...Cand. of Agricultural Sciences: 06.02.04 / D.M. Gulko.- Forest polany, 2004.- 122 s. STR. 70-72; STR. 78-83.

33 Strekozov, N.I. Intensification of the dairy cattle breeding in Russia [Tekst] / N.I. Strekozov, V.K. Chernushenko, V.I. Tsys. - Smoleńsk, 1997. - 240 c. C. 86.

34 Hodowla bydła mlecznego w Rosji (w ramach priorytetowego projektu krajowego "Rozwój kompleksu rolno-przemysłowego w Rosji")/Pod redakcją N.I. Strekozova, H.A. Amerkhanova. - Moskwa, 2006. - 604 s. C.132.

kanadyjskiej i europejskiej: Leningrad, Lesnovsky, Moskwa, Nepecin, Barybinsky, Petrovsky, Uralsky, Irmensky itp., które charakteryzują się wysoką mlecznością. The Association for the Improvement of Black Spotted and Ayrshire Livestock znajduje się w Sankt Petersburgu.

W ciągu ostatnich 10-15 lat znacznie wzrosło zainteresowanie problemem poprawy wydajności mlecznej krów przy przeprawie bydła czarnego i pstrokatego z Holsztynem w nowych warunkach gospodarczych i środowiskowych naszego kraju, co znajduje odzwierciedlenie w wielu pracach naukowców [[35],[36],[37][38],].[39]

Według Amerkhanova H.A., N.I. Strekozova [[40]] bydło czarne i pstrokate hodowane jest w 56 poddanych Federacji Rosyjskiej, ale największa populacja znajduje się w Republice Tatarstanu, Moskwie, Leningradzie i Swierdłowsku innych regionach. Bydło z regionów moskiewskiego i wołogardzkiego wyróżnia się walorami produkcyjnymi i hodowlanymi.

Realizacja genetycznie uwarunkowanej wydajności mlecznej zwierząt mieszanych w opinii E.N. Martynova i innych.[41][[42],[43], [44][45],][46],[47]zależy od szeregu czynników: żywienia - jednego z najważniejszych, do 70% - decydującego o poziomie wydajności mlecznej, wpływu poprawiającego się genotypu rasy, wartości hodowlanej wykorzystywanych buhajów, poziomu

---

[35] Zhebrovskiy, L.S. Hodowla zwierząt: podręcznik dla szkół wyższych (w języku rosyjskim) / L.S. Zhebrovskiy. - St. Petersburg: Lan, 2002. - 256 P.C.34-60;

[36] Martynov, N.V. Cechy charakterystyczne adaptacji czarno-białych krów różnego pochodzenia i różnego rodzaju odporności na naprężenia w warunkach kompleksu przemysłowego: Dis. ...Cand. s.-h. sciences /N.V. Martynov. - – M., 1991. - – 176 c. C.44-50;

[37] Martynova, E.V. Przydatne gospodarcze oznaki importowanych krów czarnych i motylkowych w Niemczech w zależności od poziomu żywienia (w języku rosyjskim) / E.V. Martynova // Bul. Instytut Badawczy Hodowli i Genetyki Zwierząt Rolniczych.-1991. - № 126. - C. 29-32.

[38] Onipede, S.F. Wzrost efektywności ekonomicznej produkcji mleka na przykładzie gospodarstw regionu moskiewskiego: Cand. ...Cand. S.F. Onipede. - M.: SHH, 2001. - – 146 c.

[39] Shichkin, G.I. Nowoczesny stan i tendencje rozwoju hodowli bydła mlecznego w Rosji (w języku rosyjskim) / G.I. Shichkin // Hodowla bydła mlecznego i mięsnego. - 2002. - № 2. - C. 2-13.

[40] Amerkhanov, H.A. Scientific maintenance of the dairy cattle breeding competition (in Russian) // Dairy and meat cattle breeding. - 2012. - Specjalistyczne zagadnienie dotyczące hodowli bydła mlecznego. - – C. 2-6.

[41] Martynova, E.N. Właściwości biologiczne i produkcyjne bydła czarnego i puchatego z zachodniego stada Pre-Urals Diss. E.N.Martynov. - M., 2004.-406s.

[42] Vinogradov, V.N. Nowoczesne podejście do wykorzystania pasz treściwych w hodowli bydła mlecznego (po rosyjsku) / V.N. Vinogradov, M.P. Kirilov, S.V. Kumarin (po rosyjsku) // Zootekhnia.

[43] Kovalyuk, N.V. Zastosowanie markerów genetycznych dla zwiększenia wydajności mlecznej krów (w języku rosyjskim) / N.V. Kovalyuk, V.F. Satsuk, E.V. Machulskaya // Zootekhnia.

[44] Tinaev, A. Tribal resources of the bulls-producentów rasy czarno-białej / A. Tinaev, L. Kalashnikova, T. Ganchenkova // Hodowla bydła mlecznego i mięsnego. - 2009. - № 1. - C. 5-7.

[45] Janczukow, I. Organizacja do szacowania producentów byków przez potomstwo w obwodzie moskiewskim / I. Janczukow, A. Ermilow, S. Charitonow // Hodowla bydła mlecznego i mięsnego. - 2011. - № 5. - C. 5-7.

[46] Blasiah, J. Acomparison of the vit ro genotoxicity of tni - and hexavalent chromium /J. Blasiah, J. Kowlik // Badania mutacji. - – 2000. - № 469(1).-P. 135-145.

[47] Mikołajczew, W. Wpływ żywienia krów rasy suchej BVMK na wydajność mleczną i zdolności reprodukcyjne (w języku rosyjskim) / W. Mikołajczew, W. Czystak, W. Praht // Hodowla bydła mlecznego i mięsnego. 3.- P.30-31.

uzdrowienia krów w pierwszej laktacji, wydajności stada hodowlanego, młodych naprawczych hodowlanych itp.

Romanenko L.V. i inni. [ ][48]donoszą, że należy zwrócić uwagę na jałówki rosnące w gospodarstwach o wysokiej wydajności mlecznej od 7000 do 10 000 w okresie laktacji, tak jak ma to miejsce w większości gospodarstw hodowlanych obwodu leningradzkiego, gdzie standardy jałówek rosnących w innych krajach są zorientowane. Na przykład w Wielkiej Brytanii dużą uwagę zwraca się na wysokość zwierząt na wzgórzu jako integralny wskaźnik ich wzrostu i rozwoju [[49],[50]]. Tak więc standard holsztyńskich piskląt rosnących na wysokości w koronie wynosi 6 miesięcy - 105 cm, przy żywej wadze 182 kg, 12 miesięcy - 120 cm, przy żywej wadze 323 kg i 18 miesięcy. - odpowiednio 129 cm, 474 kg [[51],[52],][53]

Według Kutrovsky'ego V.N. i innych. [[54],],[55]aby uzyskać roczną mleczność krów w ilości 7000-8000 kg konieczne jest zapewnienie do wieku pierwszej inseminacji (17-18 miesięcy) żywej wagi jałówek nie mniejszej niż 420 kg, pierwszej jałówki - nie mniejszej niż 550 kg.

W miarę jak sektor hodowli bydła mlecznego w naszym kraju przechodzi na stosowanie technologii przemysłowych, na pierwszym miejscu stawia się zapotrzebowanie na wysoce wydajne, dobrze przystosowane do takich technologii bydło mleczne. Na całym świecie rasa bydła holsztyńskiego jest uważana za niedoścignioną w tych wskaźnikach. W różnych regionach świata z pewnością ma swoje własne cechy, ale zachowuje swoje główne cechy: wysoką wydajność mleczną i dobrą zdolność adaptacji do nowoczesnych przemysłowych warunków utrzymania i doju.

---

[48] Romanenko, L.V. Monitoring hodowli jałówek rasy czarno-białej pochodzenia holsztyńskiego w gospodarstwach hodowlanych (w języku rosyjskim) / L.V. Romanenko, V.I. Volgin, Z.L. Fedorova // Zootekhnia. - 2011. - № 4 - C. 9-12.

[49] Sel'tzov, V. Realizacja potencjału produkcyjnego pierwszych jałówek w zależności od genotypu i warunków środowiskowych (w języku rosyjskim) / V. Sel'tzov, G. Kaliyevskaya // Hodowla bydła mlecznego i mięsnego. - 2009. - № 7. - C. 8-10.

[50] Kostomachin, N. Do jałówek wysokowydajnych krów // Żywy inwentarz Rosji. 2004.- № 11.- P.24-25.

[51] Abylkasymov, N.P. Sudarev, K.Yu. Stopień realizacji potencjału produktywności i rodzaj ciała krów / D.A. Abylkasymov, N.P. Sudarev, K.Yu. - № 6. - C. 2-4.

[52] Yushkova, L.G. Uprawianie technologii naprawy młodego inwentarza pozwalającego na uzyskanie przez 17-18 miesięcy jałówek o żywej wadze 380-420 kg / L.G. Yushkova, O.I. Solovyova. - Moskwa, 1999 - 7 p.- Dep. w VNIITelagroprom 30.11.1999, № 117 / 60 VS-99.

[53] Haworth, G.M. Relationships between age at first calving and first lactation milk yield, and lifetime productivity and longevity in dairy cows / G.M. Haworth, W.P. Tranter, J.N. Chuck, Z. Cheng, D.C. Wathes // The Veterinary Record. - 2008. - Vol. 162. - P. 643-647

[54] Kutrovskiy, W.N. Wpływ żywienia bydła na produktywność i opłacalność hodowli bydła mlecznego / W.N. Kutrovskiy, N.I. Ivanova, W.M. Puretsky, N.K. Volkov // Współczesne osiągnięcia i problemy kompleksu rolno-przemysłowego w obszarze centralnym strefy Non-chernozem: Przebieg konferencji naukowo-praktycznej / NIISKh CRISS.- M., 2006.-P. 366-370.

[55] Puretsky, W.M. Racjonalna technologia produkcji mleka - ważny czynnik wzrostu wydajności krów (w języku rosyjskim) / W.M. Puretsky, N.I. Ivanova, W.N. Kutrovskiy, P.A. Prakht // Sb. artykułów naukowych "Główne wyniki badań naukowych dotyczących rolnictwa w centralnym obszarze nieczarnej strefy ziemskiej Rosji": (70 lat C.I.C.I.S.). - Moskwa: Niemczinowka, 2001. - – C. 440-443.

Obecnie większość autorów[56,5758, , 236[59]] uważa, że bydło holsztyńskie będzie dobrze funkcjonować w różnych regionach kraju, utrzymując wysoką wydajność tylko przy w pełni zbilansowanym żywieniu.

D.S. Aduszinow [[60], s. 158, 159] w swojej pracy nad poprawą jakości hodowlanej, produkcyjnej i technologicznej holsztynizowanego bydła czarnego i ćmętego z Syberii Wschodniej donosi, że wykorzystanie puli genowej holsztyńskiej miało poprawiający się wpływ na rozwój głównych cech ekonomicznie użytecznych. Zwierzęta o najwyższym współczynniku typowości produkcyjnej (3,72) różniły się od rasy holsztyńskiej 75% zawartością krwi. Autorka uważa, że dla dalszej konsolidacji populacji rasy czarnej i psiowatej na obszarze Wschodniej Syberii najbardziej wskazane jest hodowanie zwierząt ze specyficznym udziałem krwi holsztyńskiej w zakresie 37,5-62,5%.

W pracach wielu badaczy zauważa się zależność wydajności od wielu wskaźników. Według V.V. Lyashchenko [[61]], na przykład, pula genów rasy holsztyńskiej w procesie ulepszania bydła czarnego i pstrokatego w ogóle miała pozytywny wpływ na jego cechy ekonomiczne i biologiczne. Jednocześnie wraz ze wzrostem liczebności krów rasy holsztyńskiej w masywie krów czarnych i pstrokatych w dorzeczu Wołgi, w wielu przypadkach obniżają się główne wskaźniki wydajności (mleczność oraz zawartość tłuszczu i mleka). W związku z tym proponuje się, aby dalszy rozwój hodowli bydła na tym obszarze opierał się na wewnętrznej hodowli bydła holsztynizowanego o zawartości krwi około 50%, przy dominującym wykorzystaniu krajowej i regionalnej selekcji byków.

Według A.S. Szuwarikowa [[62]], do produkcji mleka pełnego zaleca się stosowanie odpowiednio 5/8-krwi i ¾-krwi krów rasy holsztyńskiej.

---

[56] Amerchanow, H.A. Productivity and qualitative composition of the milk of the zebubovid cows (in Russian) / H.A. Amerkhanov, O.I. Solovyova, N.M. Skok // Hodowla bydła mlecznego i mięsnego. - – 2008. - № 7. - – C. 12 -14.

[57] Prokhorenko, P.N. Genetics and selection of the dairy cattle (in Russian) / P.N. Prokhorenko, B.P. Zavertyaev // Zootekhnia. - – 2004. - № 9. - – C. 2-6.

[58] Abilov, A.I. Hybrydyzacja mieszanek symmentalno-holsztyńskich z zebą (po rosyjsku) / A.I. Abilov, A.F. Farajov, Z.A. Takhirova // Zootekhnia. - 1994. - № 6 . - C. 8-10.

[59] Kharitonov, S.N. Estimation of the genetic trend by the main signs of the dairy productivity in the black and motley cattle population in Moscow region (in Russian) / S.N. Kharitonov, I.N. Yanchukov, A.N. Ermilov, O.Yu. Osadchaya // Zootekhnia. - 2011. - № 12. - C. 5-6.

[60] Adushinov, D.S. Perfekcja jakości hodowlanych, produkcyjnych i technologicznych holsztynizowanego bydła czarnego i pstrego z Wschodniej Syberii :. ...z Dr. Sci. - (S.A.) 06.02.04.- Irkuck, 2006 - 314 str. C.104-147.

[61] Lyashenko, V.V. Intensyfikacja produkcji mleka i wołowiny w regionie Wołgi na odcinku leśnym [Tekst] : Dezertacja ... Dr. Sci. : 06.02.04 M., 2006 - 412 p. C.135-138;

[62] Szuwarikow, A.S. Zastosowanie czynników genetycznych i paratysfunkcyjnych w zwiększaniu wydajności i jakości mleka... Dr. Sci. (Moskwa) : 06.02.04, 06.02.01 : Moskwa, 2004 - 288 s. C. 109-125,155.

Według B. Mymrin i inni. Na 63terytorium Uralu bydło czarne i pstrokate zajmuje wiodącą pozycję pod względem liczby i poziomu wydajności mlecznej wśród zwierząt innych ras. Według danych z żniw 2011 roku, po raz pierwszy wydajność mleczna krów wyniosła 5004 kg w okresie laktacji, przy 3,82% tłuszczu i 3,08% białka. Jedną z ważnych kwestii Rady ds. Koordynacji Hodowli jest poprawa reprodukcji.

Współczynniki reprodukcji są w pewnym stopniu skorelowane z dojem krów [[64],][65]. Tak więc, na przykład, pomiędzy dojeniem krów pełnoletnich w ciągu 305 dni laktacji a liczbą krów wypuszczanych przez niską płodność, wykazano dodatnią korelację (*r* =+52). U potomstwa buhajów współczynnik korelacji (r) między mleczarstwem a długością okresu użytkowania mieścił się w przedziale od - 0,08 do +0,47.

Ustalono, że wraz z czynnikami genetycznymi osiągnięto postęp w wydajności mlecznej krów holsztyńskich poprzez poprawę ich żywienia i warunków bytowania.

N.B. Ipatowa [[66]], prowadząc badania nad oceną ekonomicznie użytecznych cech moskiewskiego typu krów czarno-białych w różnych sposobach utrzymania, ustaliła, że potencjalne możliwości wydajności mlecznej zwierząt są pełniej realizowane przy niezwiązanym sposobie utrzymania. Udział wpływu sposobu utrzymania krów na poziom wydajności mlecznej wyniósł 17,6%.

Szereg publikacji [[67],[68697071], ,][72]przedstawia materiały na temat cech żywienia holsztynizowanego inwentarza żywego. Zauważono na przykład, że w strukturze diety stosunek paszy podstawowej do koncentratów powinien wynosić 60:40. Jednocześnie niewystarczająca zawartość we krwi

63 Mymrin, B.C. Characteristics of the black and motley cattle population of the Ural type (in Russian) / V.S. Mymrin (in Russian) // Dairy and meat cattle breeding. - – 2012. - Specjalistyczne zagadnienie dotyczące hodowli bydła mlecznego. - – C. 22-24.

64 Reshetnikova, N. Nowoczesny stan i strategia reprodukcji stada przy wzroście wydajności mlecznej bydła / N. Reshetnikova, G. Eskin, N. Kombarova, E. Poroshina, I. Shavirin // Hodowla bydła mlecznego i mięsnego. - 2011. - № 3. - C. 2-4.

65 Ehlers, T. Badania porównawcze zależności między wydajnością i płodnością krów w stadach problemowych z zaburzeniami rozrodu / T. Ehlers, R. Dehnining, T. Spranger, E. // Tierarztl. Umsch, Grunert. - FRG, 1989. - T. 44, № 8. - – C. 459-463.

66 Ipatova, N.B. Oszacowanie cech ekonomicznych i użytkowych moskiewskiego typu krów czarno-motylkowych przy różnych metodach chowu : dis. ...Kandydatka Nauk /N.B.Ipatowa. - Moskwa, 2006. - 146s.

67 Babkova, N.M. Commercial and Productive Properties of Cows of Different Blood Cultures obtained by Crossing Black-Spotted and Holstein Cows (in Russian) / N.M. Babkova, M.M. Cat (in Russian) // Izv. - 1992.- C. 129-138

68 Buryakov, N.P. Feeding of the highly productive dairy cattle (w języku rosyjskim). - Moskwa: Prospekt, 2009 r. - 415 s.

69 A.W. Wostroiłow, A.W. Poziom karmienia wpływa na wyniki doskonalenia bydła Simmental (w języku rosyjskim) / A.W. Wostroiłow, A.N. Murejewa, I.A. Skorkina, E.W. Rodiukova // Zootekhnia. - – 2005. - №5. - – c.4 – 6 .

70 Kibkalo, L.I. Meat productivity of the symmental-golshtin mixtures (in Russian) / L.I. Kibkalo // Dairy and meat cattle breeding. - – 2003.- № 2. - C. 29-31.

71 Frost, M.T. Feeding of cattle / M.T. Moroz; AMA NZ RF. - St. Petersburg, 2014.-272s. C.7-50,63-77.

72 Morozova, L.A. Glikol propylenowy jako źródło energii dla wysokowydajnych krów / L.A. Morozova, I.N. Mikolaychik // Żywienie zwierząt rolniczych i produkcja pasz. 2009.- № 5.- P.25-27.

dorosłego krowy białka pospolitego, witamin C, K i B, świadczy głównie o zaburzeniu trawienia blizn w porównaniu z niedoborem tych substancji w diecie.

Martynova E.N. [[73]] zaleca stosowanie sianokiszonki z prosa, ponieważ optymalizuje ona proporcje składników odżywczych w diecie i poprawia strawność.

Według E.A.Voronina i innych[[74],[7576]] obecnie ważne jest zbadanie wariantów doboru zwierząt o różnych genotypach i liniowej przynależności do warunków intensywnej technologii w celu wykorzystania najskuteczniejszych z nich do podniesienia jakości produkcyjnych i hodowlanych bydła rasy czarnej i chłopskiej.

Jako otwarty system gospodarczy, przemysł mleczarski podlega wpływom czynników zewnętrznych i wewnętrznych, ma swoje specyficzne cechy, które ostatecznie decydują o korelacji między tendencją rozwoju jego zasobów i potencjału produkcyjnego. Konieczne jest poszukiwanie radykalnych środków mających na celu poprawę wydajności produkcji mleka poprzez wprowadzenie innowacyjnych technik w technologii produkcji mleka i poprawę jego jakości [[77],[78]].

W wyniku badań przeprowadzonych przez N.G. Byshova et al.[7980]Stwierdzono, że maksymalny plon w pierwszych dwóch laktacjach uzyskano z córek buhajów z linii Reflexhen Sawring: dla pierwszej - 6441 kg (zawartość tłuszczu - 4,07%); dla drugiej laktacji - 6738 kg (zawartość tłuszczu - 3,98%). Wydajność tłuszczu mlecznego wynosiła odpowiednio 261,9 i 268,1 kg. Maksymalną zawartość białka w mleku w obu laktacjach obserwowano również u córek buhajów z linii Reflexhen Sawring: w pierwszej laktacji - 3,08%, a w drugiej - 3,12%.

Liczne badania mające na celu zbadanie zależności między czynnikami genetycznymi i środowiskowymi (technologicznymi) w

---

[73] Martynova, E.N. Właściwości biologiczne i produkcyjne bydła czarnego i jarzębinowego oraz bydła pagórkowatego z zachodniej części Uralu: Dezercja. ...Dr. Sci. / E.N.Martynova. - M., 2004.- 406s.

[74] Voronina, E.A. Cow selection variants influence on their dairy productivity (in Russian) / E.A. Voronina, N.I. Strekozov, F.N. Abrampalskiy, D.A. Abylkasymov // Dairy and meat cattle breeding.

[75] Zhebrovsky, L.S. Efektywność wykorzystania jednorodnej selekcji i niejednorodnej selekcji przy doskonaleniu puli genów o cechach plemiennych i produkcyjnych ras czarno-białej w stadach przemysłowych / L.S. Zhebrovsky, Z.Z. Bakayev, G.S. Matveeva // Zachowanie i doskonalenie puli genów o cechach plemiennych zwierząt rolniczych: St.-Petersburg - Ufa, 2001. - – C. 27-35.

[76] Czy jesteś gotowy na Genomics - Genomics Proof? // Hotspots. - – 2011. - Zima. - C. 48-49.

[77] Byshova, N.G. Poprawa technologii produkcji mleka w związku z zastosowaniem innowacji : rozprawa doktorska ... Kandydat naukowy. Ryazan. P.168. P.64-67.

[78] Moroz, M.T. Management of Dairy Cattle Breeding from "Farm" to "Region" (using information technologies) / M.T. Moroz, E.N. Tyurenkova; AMA NZ RF. - SPb, 2013.-152s. C.10,25,29.

[79] Samusenko, L. Wydajność mleczna krów w zależności od ich przynależności liniowej / L. Samusenko // Hodowla bydła mlecznego i mięsnego. - 2011. - № 2. - C. 30-31

[80] Orlov, A.V. Kombinacja linii w hodowli bydła Simmental i jego mieszanek z czerwonym i motylkowym Holsztynem w regionie Wołgi / A.V. Orlov, O.I. Solovyova, M.S. Volkov // Dokl. TSHA.- 2001. 273, p.2.- P.3-10.

rozwoju hodowli zwierząt [[81],[82],[8384858687],[88]] wykazały, że w sektorze rolnictwa należy określić parametry technologiczne optymalnych gospodarstw mlecznych.

Wiadomo, że właściwe podejście do badania prawidłowości jednoczesnego wpływu czynników genetycznych i technologicznych pozwala na zwiększenie ogólnej wydajności w działalności produkcyjnej gospodarstw mleczarskich [[89],[90],].[91]

N.A.Popov i V.Yu.Sidorova [[92]] donosi, że genotyp zwierzęcia stanowił 25%, systemy żywienia i utrzymania -35%, sezonowość wycielenia 15%, zdrowie - 25%, wydajność mleczna 8578 kg przy zawartości tłuszczu 3,74%, a także badania nad optymalizacją czynników genetycznych i technologicznych w hodowli bydła mlecznego w małych i średnich przedsiębiorstwach określiły model genetyczny i technologiczny: $0,25\,x + 0,15\,y + 0,2\,z + 0,2\,k + 0,2\,w = 1$, gdzie x jest czynnikiem genetycznym, y jest czynnikiem systemów utrzymania zwierząt, z jest czynnikiem żywieniowym, k jest czynnikiem zdrowotnym, w jest czynnikiem ludzkim. Tak więc w gospodarstwach Federacji Rosyjskiej współczynnik korelacji między liczbą krów mlecznych w stadach (z krowami od 40 do 863 sztuk i wydajnością mleczną 5001 - 6715 kg) wynosił r = - 0,6; między podobnymi wskaźnikami w gospodarstwach Republiki Kirgiskiej (z wydajnością 2042,2 - 3379,2 kg w laktacji) r = - 0,489.

---

[81] Alifanov, V.V. Technological Peculistics of New Dairy Cattle Type / V.V. Alifanov, L.G. Khromova, I.V. Baylova // Ways to Increase Animal Productivity: Proceedings of Scientific and Practical Conf. - Voronezh, 2001. 7.- C. 13.

[82] Państwowy program rozwoju rolnictwa i regulacji rynków produktów rolnych, surowców i środków spożywczych na lata 2013-2020: zatwierdzony uchwałą Rządu Federacji Rosyjskiej z dnia 14.07.2012 r. № 717 [Zasób elektroniczny]. - Tryb dostępu: http://www/mcx. ru/navigation/docfeeder/show/342.htm

[83] Krasnoludki, D. Hodowla stada mlecznego w "Aksinyino" / D. Krasnoludki, G. Karlikova // Żywy inwentarz Rosji. 2004.- ¹ 9.- P.10-12.

[84] Merkuryeva, E.K. Genetics with biometrics basics (in Russian) / E.K. Merkuryeva, G.N. Shangin-Berezovsky et al. - Moskwa: Kolos, 1983. - 400 stron.

[85] Petukhov, V.L. Genetic bases of the animals selection (in Russian) / V.L. Petukhov, L.K. Ernst, I.I. Gudilin et al.; edited by V.L. Petukhova, I.I. Gudilin. - Moskwa: Agroproizdat, 1989. - – 448 c. S.69-70; S.391-395.

[86] Strekozov, N.I. Intensification of the dairy cattle breeding in Russia [Tekst] / N.I. Strekozov, V.K. Chernushenko, V.I. Tsys. - Smoleńsk, 1997. - 240 c. C.187-190.

[87] Morozova, N.I. Wydajność mleczna i jakość mleka holsztyńskich krów w utrzymaniu całorocznym (w języku rosyjskim) / N.I. Morozova, S.R. Podol, M.A. Ul'kina // Zootekhnia.

[88] Ernst, L.K. Cattle breeding / L.K. Ernst, A.P. Beguchev, D.L. Levantin.-M.: Kolos, 2003.-238s.

[89] Surowcew, V. Zwiększenie efektywności hodowli bydła mlecznego poprzez wydłużenie okresu produktywności krów / V. Surowcew, Yu. Nikulina // Hodowla bydła mlecznego i mięsnego. 14-16.

[90] Turenkova, E.N. Wpływ różnych czynników na efektywność ekonomiczną hodowli bydła mlecznego (w języku rosyjskim) / E.N. Tyurenkova // Instrukcje metodyczne. - Petersburg: AMA NZ RF, 2008. - – C.20-24

[91] Szibajewa, E.P. Efektywność ekonomiczna wykorzystania czarno-białych krów o różnych genotypach (w języku rosyjskim) / E.P. Szibajewa, D.A. Nikiforow // Zootekhnia. - 2009. - № 11. - C. 12-13.

[92] Popov, N.A. Genetyczno-technologiczny model efektywnej produkcji mleka w warunkach małego przedsiębiorstwa (w języku rosyjskim) / N.A. Popov, V.Yu. Sidorova; RAMZh // Proc. międzynarodowej konferencji naukowo-praktycznej. - Bykovo, 2007. - Okay. 12: Zwiększenie konkurencyjności produkcji zwierzęcej i cele dotyczące personelu. - C. 86-92.

Optymalna wielkość stada krów rasy holsztyńskiej w USA, o średniej mleczności 8578 kg na krowę w laktacji, wynosi 109 sztuk; w Kirgistanie - 29 sztuk, o mleczności 4574,7 kg, a w regionie moskiewskim - 580 krów, o mleczności 6516 kg w standardowej laktacji.

W rozwoju każdego rodzaju zwierząt istotną rolę odgrywa rodzaj budowy ciała wykorzystywanej w rozmnażaniu zwierząt. W wyniku przeprowadzonej analizy [[93]] stwierdzono, że u kontrolowanych krów z poprawą podstawowych wskaźników charakteryzujących ich wygląd zewnętrzny, a przede wszystkim stan wymion i kończyn, następuje wzrost wydajności mlecznej, a także zawartości tłuszczu i białka.

W chwili obecnej istnieje duże zainteresowanie długowiecznością zwierząt hodowlanych. Cecha ta jest istotna zarówno z punktu widzenia ekonomicznego, jak i hodowlanego [[94], [95][96][97][98], [99], [100]][101].

E. Bydantseva i inni.[102]Badając kwestie hodowli bydła mlecznego pod kątem bezpieczeństwa cieląt i długowieczności produkcyjnej ich matek, stwierdzono, że wraz ze wzrostem wydajności mlecznej krów istnieje tendencja do zwiększania marnotrawstwa ich potomstwa. Tak więc bezpieczeństwo cieląt uzyskanych od krów o średniej mleczności do 5000 kg było o 7,11-6,99% większe niż u krów bardziej wydajnych.

N.M.Kostomakhin [ ] [103]ustalił, że wraz ze wzrostem potencjału mleczności byków-producentów obniża się żywotność ich potomstwa. Stwierdzono na przykład zwiększony odjazd cieląt pochodzących od buhajów czystej krwi i wysokokrwistych rasy Holsteiner. Zachowanie córek przed pierwszą inseminacją wynosiło 78,26-76,94%, a córek byków czarnych i motylkowych -87,40%. Częstotliwość aborcji krów i porodów

---

[93] Strekozov, N.I. Guidelines for the assessment of the cow exterior of dairy and meat breeds / N.I. Strekozov, G.N. Krylova, A.E. Shcheglov, B.S. Iolchiev, P.V. Pavlov, etc. - Dubrovitsy: VNIIPlem, 2001. - 116 s.S.9-10; 82-99.

[94] Grigoriev, Yu.N. Breeding dairy cows with productive longevity: methodology recommendations / Yu.N. Grigoriev, O.Yu.

[95] Kerzhiev, R.O. O długowieczności produkcyjnej krów (w języku rosyjskim) / R.O. Kerzhiev // Hodowla bydła mlecznego i mięsnego. -1996. - № 4.- C.15-17

[96] Swan, E.Y. Cow in a private yard / E.Y. Swan. - Moskwa: Akwarium, 2007. - 336 c.

[97]Moskalenko, L.P. Czas trwania gospodarczego wykorzystania krów Jaroslavl Holsteinized (w języku rosyjskim) / L.P. Moskalenko, E.A. Zvereva (w języku rosyjskim) // Hodowla bydła mlecznego i mięsnego. 2008. - № 11.- P.24-25.

[98] Polupan, Yu.P. Early selection of the cows by efficiency of the lifetime use (in Russian) / Yu.P. Polupan, T.P. Koval // Zootekhnia. - C. 4-5.

[99] Hodowla krów mlecznych o długiej żywotności produkcyjnej : zalecenia metodologiczne. - Dubrovica, 2005. - – 28 c.

[100] Caraviello, D.Z. Prediction of longevity breeding values for US Holtein sires using survival analysis methodology / D.Z. Caraviello, K.A. Weigel, D. Gianola // J. Dairy Sci. - 2004. - Vol. 87. - P. 3518-3525.

[101] Hare, E. Survival rates and productive herd life of dairy cattle in the United States / E. Hare , H.D. Norman , J.R. Wright // J. Dairy Sci. - 2006. - Vol. 89, N 9. - P. 3713-372.

[102] Litvinov, I. O rozszerzeniu warunków użytkowania rolniczego krów / I. Litvinov, N. Litvinova // Hodowla bydła mlecznego i mięsnego. 2003.- № 8.- P.33-35.

[103] Kostomachina, N.M. Dynamika wieku komórek immunokompetentnych u jałówek rasy czarno-białej (po rosyjsku) / N.M. Kostomakhin // Sb. artykułów naukowych dla studentów podyplomowych i młodych naukowców OmGaU. - Omsk, 1996.-P.120-122.

martwych cieląt u potomstwa byków pochodzenia krajowego była o 2% niższa niż u potomstwa byków sprowadzanych z zagranicy.

Jedną ze szczególnych cech charakterystycznych dla tej rasy jest skład mleka. Wzrostowi zawartości tłuszczu w mleku towarzyszy wzrost zawartości witamin rozpuszczalnych w tłuszczach A, D i karotenu. Jednocześnie zwiększa się zawartość białka i suchej masy. Zwierzęta o wyższej zawartości tłuszczu w mleku "płacą" za żywność lepiej niż zwierzęta o niskiej zawartości tłuszczu [[104],][105].

Zdaniem większości badaczy, aby zwiększyć wydajność mleczarską i wydajność najcenniejszych składników odżywczych, konieczna jest selekcja i stworzenie pewnych warunków żywienia i utrzymania zwierząt [ ].[106]

W badaniu problemu wykorzystania czynników genetycznych i paratypicznych w zwiększaniu wydajności i jakości mleka krów A.S. Szuwarikowa i in. Stwierdzono[107][108], że najlepsze właściwości technologiczne mleka stwierdzono u krów 5/8 i 7/8 - krwi rasy holsztyńskiej, miały one najwyższy stopień wykorzystania tłuszczu mlecznego (98%) w masarnictwie i najniższe spożycie mleka do produkcji 1 kg masła. W produkcji prosa, twarogu, kwaśnej śmietany dla krów rasy holsztyńskiej 5/8 i 7/8, spożycie mleka było również autentycznie niższe niż w przypadku krów półkrwi.

Według A.S. Szuwarikowa [[109]], wraz ze wzrostem ilości krwi u krów czarnych i pstrokatych rasy holsztyńskiej (z 1/2 do 7/8) w ogóle, następuje wzrost wydajności mlecznej, poprawa składu i właściwości technologicznych mieszanek mlecznych, uzyskanie większej ilości zwierząt odpowiadających pożądanemu typowi moskiewskiego bydła czarnego i pstrokatego. Zauważa się jednak, że najwyższa wydajność mleczna występowała u krów czarno-białych rasy 5/8 - krwistej rasy holsztyńskiej; ich przewaga nad rówieśnikami półkrwistymi wynosiła: w wydajności mlecznej - ponad 600 kg, w ilości tłuszczu i białka mleka w laktacji - odpowiednio około 49 i 29 kg.

---

[104] Drummers, N.V. Jakość mleka i produktów mlecznych / N.V. Drummerschikov. - Moskwa: Kolos, 1980. - 255 str.

[105] Hasyanov, I.Sh. Estimation of Holstein cows and their mixtures with black and blonde breed on milk productivity and technological properties of milk in the production of children's dairy products : Dis. ...cand. s.-h. sciences /I.S.Hasyanov. - M., 2006. - – 143 c.

[106] Bergere, J.-L. Predictable evolution of processing techniques and milk production / J.-L. Bergere // La Production Laitiere francaise, I.N.R.A.Publ. - 1981. - P. 389-394.

[107] Ipatov, N.N. Nowe podejścia do poprawy asortymentu serów miękkich wzbogaconych o fizjologiczne węglowodany, białkowo-witaminowe składniki roślinnych i owocowych upraw rolnych (w języku rosyjskim) / N.N. Ipatov, V.V. Kuzniecow // Zdrowy przemysł spożywczy trzeciego tysiąclecia (człowiek, nauka, technologia, gospodarka). -M, 1999. -H.2.-P.105-106.

[108] Szuwarikow, A.S. Zastosowanie czynników genetycznych i paratysfunkcyjnych w zwiększaniu wydajności i jakości mleka... Dr. Sci. (Moskwa) : 06.02.04, 06.02.01 : Moskwa, 2004 288 p. C. 109-125.

[109] Szuwarikow, A.S. Zastosowanie czynników genetycznych i paratysfunkcyjnych w zwiększaniu wydajności i jakości mleka... Naukowcy : 06.02.04, 06.02.01 : Moskwa, 2004 288 - P.155.

Według N.G. Byshowej [110] maksymalna ilość suchej masy w mleku miała córki byków z linii Reflexion Sawring - 12,78%. Przeroczyły one córki byków linii Montwick Chiftein i Vis Beck Aydial: pod względem zachowania suchej masy - na 0,32-0,34 %, pod względem ułamka masy tłuszczu - na 0,16-0,12 %, białka - na 0,05-0,08 % i laktozy - odpowiednio na 0,08-0,13 %, przy wiarygodnej różnicy.

Ustalono, że wzrost walorów użytkowych bydła czarnego i pstrokatego następuje wraz ze wzrostem udziału krwi w rasie holsztyńskiej ze względu na intensywność metabolizmu lipidów w piersiach i dobrą strawność składników odżywczych diety. Jednocześnie w mleku krów na wszystkich krzyżach zwiększa się zawartość tłuszczu (o 0,05-0,10%), białka (o 0,05-0,20%), odtłuszczonego mleka w proszku (o 0,04-0,20%). Najwyższą wartością biologiczną było mleko krów o ¾ zawartości krwi uzyskanej z hodowli "samej w sobie" [ ].[111]

V.N. Kutrovsky et al. [112,113] donoszą, że wartość biologiczna białka mleka zależy w dużym stopniu od zawartości w nim niezbędnych i zastępowalnych aminokwasów. W badaniach przeprowadzonych na krowach rasy czarnej i ćmy GUP ESP "Niemczinowka" i rasy Kholmogorsk ustalono, że mleko od krów o genotypie beta-laktoglobuliny BB charakteryzuje się wyższą wartością biologiczną.

Głównym czynnikiem wpływającym na zwiększenie tempa poprawy u bydła jest skuteczne wykorzystanie monitoringu genetycznego do identyfikacji nosicieli wad genetycznych. U bydła stwierdzono ponad 40 anomalii, które można zidentyfikować w badaniach genetycznych. Ich częstotliwości są małe, więc nie ma oceny byków. W przypadku braku kontroli genetycznej mogą one gromadzić się w stadach i utrudniać rozród młodych zwierząt.

N. Bukarov et al.[114,115] zauważa, że technologia znacznikowa jest wykorzystywana nie tylko do poprawy wiarygodności wskaźników ocenianych młodych byków (Insir), ale także do identyfikacji wad genetycznych. Wyniki te pokazują również, że właściwe monitorowanie

---

110 Byshova, N.G. Poprawa technologii produkcji mleka w związku z wykorzystaniem innowacji : rozprawa doktorska ... Kandydat naukowy. Ryazan. P.168. P.80-84.88.

111 Lubimov, A.I. Syroprofitability of milk of the black-pastoralized and holsteinized cows / A.I. Lubimov, V.A. Sergeeva // Zootekhnia.- 1997. - № 5.- C. 24-26.

112 Kutrovskiy, V.N. Aminoacid Composition of Milk of High-Productive Black-and-White Cows with Different Genotypes of Cappa-Casein and Beta-Lactoglobulin / V.N. Kutrovskiy, O.E. Pokusay // Zootekhnia.- 2011.- № 8.- P.6-7.

113 Hossain, M. Genetyczne warianty białka mleka i ich znaczenie dla hodowli bydła mlecznego / M. Hossain. - 1974. – № 1. – P. 18-65.

114 Bukarov, N. Kod genetyczny BY-Brahispin w świadectwach rasy holsztyńskiej / N. Bukarov // Hodowla bydła mlecznego i mięsnego. 21-22.

115 Medrano, J.F. Polymerase chain reaction amplification of bovine - lactoglobulin genomic sequences and identification of genetic variants by RFLP analysis / J.F. Medrano, E. Aguilar-Cordova // Animal Biotechnology. - 1990. - V. 1. - P. 73-77.

sytuacji genetycznej w hodowli bydła mlecznego jest warunkiem wstępnym jej pomyślnego funkcjonowania.

Cechą charakterystyczną selekcji bydła w Federacji Rosyjskiej jest to, że genetyczne doskonalenie bydła mlecznego odbywa się głównie za pośrednictwem byków-producentów wykorzystywanych do reprodukcji pogłowia, a także za pośrednictwem bardziej wartościowych krów, jałówek i jałówek (w tym - importowanych) kupowanych w celach hodowlanych. Badanie efektywności wykorzystania krów rasy holsztyńskiej, hodowanych w warunkach gospodarstw naszego kraju i sprowadzanych z krajów o rozwiniętej hodowli bydła mlecznego, wykazało, że krajowe krowy rasy holsztyńskie nie ustępują pod względem wydajności produkcji zwierzętom sprowadzanym z zagranicy [ ].[116]

W wyniku wieloletniej pracy nad wykorzystaniem rasy holsztyńskiej jako poprawy na wielu obszarach, pojawiają się populacje bliskie Holsztynowi w zakresie wskaźników produktywności i jakości. Na przykład, w obwodzie leningradzkim, według W. Surowcewa [[117]], z powodu celowej selekcji i działalności plemiennej, produkcyjny potencjał genetyczny przekroczył 10.000 kg mleka rocznie od krowy; 69 zakładów hodowlanych hoduje 79% krów w obwodzie i produkuje 77,6% mleka. Urzeczywistnienie produktywnego potencjału genetycznego daje szansę na otrzymanie rocznie dodatkowo 70-80 kg (w zaawansowanych zakładach hodowlanych na 80-100 kg) od krowy.

H.A. Amerhanov, N.I. Ważka, itd. [[118],[119]] zaleca, aby leningradzka populacja bydła czarnego i ćmianowatego została uznana za rasę holsztyńską selekcji krajowej. Populacja ta jest hodowana w oparciu o chłonne krzyżowanie krów czarnych i motylkowych Holsteinów z bykami czarnymi i motylkowymi Holsteinów przez 5-6 pokoleń, a 90% jest potomkami byków holsztyńskich.

Podsumowując powyższe, można stwierdzić, że w nowych warunkach ekonomicznych hodowli bydła mlecznego najlepsze perspektywy rozwoju pod względem wydajności ma rasa czarno-biała, ulepszona przy wykorzystaniu puli genów holsztyńskich. Jednocześnie jego dalsza poprawa

---

[116] Amerkhanov, H. Peculistics of selection of the dairy cattle in the Russian Federation / H. Amerkhanov, I. Yanchukov, A. Ermilov, S. Kharitonov // Hodowla bydła mlecznego i mięsnego. - – 2012. - Specjalistyczne zagadnienie dotyczące hodowli bydła mlecznego. - – C. 15-17.

[117] Surowcew, W. Problemy związane ze wzrostem konkurencyjności produkcji mleka w obwodzie leningradzkim podczas przystąpienia Rosji do WTO (w języku rosyjskim) / W. Surowcew // Hodowla bydła mlecznego i mięsnego. - – 2012. - Specjalistyczne zagadnienie dotyczące hodowli bydła mlecznego. - – C. 10-14.

[118] Amerkhanov, H.A. Scientific maintenance of the dairy cattle breeding competition (in Russian) // Dairy and meat cattle breeding. - 2012. - Specjalistyczne zagadnienie dotyczące hodowli bydła mlecznego. - – C. 2-6.

[119] P.N.Prokhorenko, P.N.Tribal business in dairy husbandry./ P.N.Prokhorenko, A.V.Yeghizaryan// Milk industry.-2009 - № 4.-C.48-50.

powinna nastąpić zarówno poprzez hodowlę czystorasową, jak i holsztynizację w gospodarstwach o wysokim poziomie żywienia stada hodowlanego.

Materiały i metody badawcze

Badania nad ekonomiczną i biologiczną charakterystyką bydła czarnego i jarego prowadzono w latach 1993-2012 w zakładach hodowlanych "Barybino", "Zelenogradskoe", Gorky SPK, centrum szkoleniowo-produkcyjnym - stacja zoologiczna RGAU - Akademia Rolnicza K.A. Timiryazeva, gospodarstwo szkoleniowo-doświadczalne RGAU-MSHA imienia K.A. Timiryazeva,

Cechy ekonomiczno-biologiczne bydła czarnego i jęczmiennego typu "Barybinsky" badano w warunkach zakładu hodowlanego "Barybino" obwodu Domodedovskiego obwodu moskiewskiego, na populacji 3200 krów; Produktywność mleczną krów uwzględniono za pomocą programu komputerowego "Alpro" i "Dairy Plan C21" (codziennie - przy nie wiązanej hodowli krów i miesięcznie - przy wiązanej, przy przeprowadzaniu doju kontrolnego). Zawartość tłuszczu, białka i komórek somatycznych w mleku oznaczono w laboratorium Katedry Hodowli Mleczarstwa i Bydła Mięsnego Rosyjskiego Państwowego Uniwersytetu Rolniczego im. K.A. Tymiriazowa, FSUE "MosPlem" i laboratorium Zakładu Mleczarskiego Lianozovsky (Moskwa). Raz w miesiącu badaliśmy wskaźniki fizyko-chemiczne mleka w poszczególnych próbkach (n=30): zawartość suchej masy, odtłuszczonego mleka w proszku (%) według wzoru Farringtona, kwasowość miareczkującą $^{(0T)}$ - metodą miareczkowania, gęstość ($^{oA)-}$ laktodensymetrem, liczbę komórek somatycznych (tys.d/cm3) - na urządzeniu "Phosomatic". grupa czystości - metodą filtracyjną, klasa seminacji bakteryjnej - próbka reduktazy z Rezazuryną. Termostabilność została ustalona zgodnie z testem alkoholowym (GOST -25228 -82) w poszczególnych próbkach mleka również raz w miesiącu.

Cechy konstytucyjne nowego typu zwierząt zostały określone za pomocą liniowej oceny budowy krowy ("Wytyczne dotyczące oceny zewnętrznej", Dubrovica, 2001).

Właściwości morfofunkcjonalne wymion krów badano zgodnie z instrukcją metodologiczną "Ocena użytkowości wymion i mleczności krów ras mlecznych i mięsnych" (1970) oraz instrukcją metodologiczną VASHNILA (1985).

Wskaźniki charakteryzujące laktację analizowano metodą określania jednorodności laktacji (V.B. Veselovsky, cytowany w: V.F. Beauty et al., 1990), a także współczynnikiem stabilności.

Czas trwania użytkowania ekonomicznego i użytkowości życiowej krów określono na podstawie materiałów z pierwotnej rachunkowości zootechnicznej (Formularz 2-Mol), przeanalizowano również przyczyny utylizacji zwierząt (wg doniesień).

Cechy rozrodcze zwierząt badano za pomocą następujących wskaźników: wiek i masa ciała jałówek przy pierwszej inseminacji, w hotelu pierwszej jałówki oraz czas trwania służby.

Parametry hodowlano-genetyczne krów wyznaczono wspólnymi metodami: zmienność - przez obliczenie CV; powtarzalność - przez wewnątrzgrupową korelację cechy w różnych okresach (r); koniugację cech - przez współczynnik korelacji (r); dziedziczność - przez podwójny współczynnik korelacji w grupach matka-córka $^{(h2 = 2r)}$.

1.3.1. Charakterystyka ekonomiczna i biologiczna bydła czarnego i jęczmiennego typu "Barybinsky

Badania w TZ "Barybino" były prowadzone wspólnie z N.B.Ipatovą i I.Sh.Khasyanovem. Zakład plemienny "Barybino", w którym prowadziliśmy badania, na zlecenie Ministerstwa Rolnictwa z dnia 14 lutego 1992 roku został przekształcony w zakład hodowlany do hodowli bydła czarnego i jarego.

Główne cele zakładu hodowlanego: doskonalenie rasy bydła czarnego i pszczelego, hodowla nowego typu "Barybinsky", pozyskiwanie i rozwój elitarnej hodowli młodych zwierząt w celu zapewnienia wysokiej wartości zwierząt hodowlanych innych gospodarstw, przedsiębiorstw puszystych i stacji do sztucznego zapłodnienia zwierząt gospodarskich.

Specjaliści z zakładów hodowlanych "Barybino", FSUE CCIO, VIZha, FSUE "Moskovskoye" do pracy rodowodowej opracowali nowy typ mleka rasy czarno-mlecznej "Barybinsky" poprzez intensywne wykorzystanie puli genowej rasy holsztyńskiej w kierunku zwiększenia obfitości mleka mlecznego, tłuszczowego, poprawa kształtu wymion i przydatności do doju maszynowego, pozyskanie zwierząt o mocnej budowie i dobrze rozwiniętym szkielecie, przystosowanych do stosowania w gospodarstwach, które wdrożyły nowoczesne rozwiązania technologiczne i techniczne w zakresie utrzymania i doju krów (patent nr 22731 z 13). 04. 2004).

Prace nad stworzeniem nowego typu zostały przeprowadzone według naukowego schematu (załącznik 4), proces hodowlany opierał się na ujednoliceniu cech dziedzicznych trzech ras (czarnej i pstrej rosyjskiej, holenderskiej i czarnej i pstrej niemieckiej Holsztynu, starannej selekcji zwierząt zdolnych do wyprodukowania dość dużej ilości mleka w warunkach intensywnych technologii produkcji zwierzęcej [D.M.Gulko,][120].

W przypadku stosowania krajowej rasy czarno-motylowej, na konserwowanie ukierunkowano następujące wskaźniki: spożycie większej ilości paszy, dostosowanie do intensywnych technologii produkcji mleka i warunków lokalnych, odporność na choroby, względną lekkość wycielenia.

Charakterystyka wzrostu jałówek i rozwoju różnych linii

W opinii A.P.Begucheva [[121]] racjonalna technologia hodowli i wykorzystania bydła mlecznego powinna opierać się na biologicznych prawidłowościach rozwoju wieku organizmu i sprzyjać kształtowaniu się pożądanego kierunku i poziomu wydajności u zwierząt, być ekonomicznie efektywna.

W gospodarstwie CC "Barybino" przez wiele lat prowadzono prace nad stworzeniem nowego typu mlecznego rasy czarnej i motylkowej, a w 2004 roku zatwierdzono typ "Barybinsky". Nasze badania prowadziliśmy w tym gospodarstwie od 2000 roku, a w latach 2001-2003 badaliśmy specyfikę wzrostu i rozwoju naprawczych młodych piskląt nowego typu. Do badań wybrano trzy grupy piskląt metodą par najczęściej występujących linii: Wes Ideal, Reflexion Sawring i Montwig Chiftein. W grupach było 20 celów: - w grupie I - linia piskląt Wes Ideal (UI), w grupie II - linia piskląt Reflex Sawring (RS), w grupie III - Montwick Chiftein (MCH). Ponadto, analizując otrzymane wyniki, użyjemy warunkowego skrótu tych linii.

---

[120] Gulko, D.M. Hodowla i metody technologiczne podnoszenia walorów użytkowych krów w dużych gospodarstwach mlecznych: dis. ...Cand. of Agricultural Sciences: 06.02.04 / D.M. Gulko.- Forest polany, 2004.- 122 s. STR. 70-72; STR. 78-83.

[121] Beguchev, A.P. Formacja wydajności mlecznej bydła (w języku rosyjskim) / A.P. Beguchev. - Moskwa: Kolos, 1969. - – 328 c.

Zmiana żywej wagi w zależności od wieku

Otrzymane dane dotyczące żywej wagi jałówek przedstawiono w tabeli 5.

Tabela 5 - Dynamika żywej wagi piskląt doświadczalnych (M±m), kg

Grupa	Wiek, monsieur.					
	w chwili urodzenia	3	6	9	12	14
I	28,6±0,4	93,7±0,4	167,3±0,5	258,2±0,8**aa	351,5±0,8*a	380,3±0,9a
II	28,8±0,4	93,2±0,4	166,8±0,5	252,2±0,5	346,1±0,5	378,3±0,6
III	27,6±0,4	92,8±0,5	166,0±0,6	252,1±1,2	344,2±1,3	375,2±1,2

Uwaga: tutaj i dalej różnica jest wiarygodna: przy porównywaniu grup I i II: * - p≤ 0,05; **- p≤ 0,01; I grupa z III: a - p≤ 0,05; a - p≤ 0,01;

Analiza danych z tabeli 5 pokazuje, że średnia żywa waga przy urodzeniu jałówek wynosi 27,6 ... 28,8 kg i nie ma wiarygodnej różnicy w grupach do 9 miesięcy. Jednocześnie jałówki z grupy II (linia RS) mają tendencję do większej masy ciała przy urodzeniu w porównaniu z jałówkami z grup I i III.

W wieku 3... 6 miesięcy istnieje tendencja do zwiększania żywej wagi piskląt z Grupy I. W wieku 3 miesięcy średnia żywa waga w podziale na grupy wynosi 92,8 ... 93,7 kg, a w wieku 6 miesięcy 166,0 ... 167,3.

W wieku 9 miesięcy istnieje pewna przewaga żywej wagi jałówek grupy I nad jałówkami grupy II i III, odpowiednio - o 6,1 i 6,0 kg, przy P ≤ 0,01. Stosunek ten objawia się również w wieku 12 miesięcy - żywa waga jałówek grupy I w tym wieku wynosi 351,5 kg, czyli o 5,4 i 7,3 kg więcej niż jałówek grupy II i III (P≤ 0,05). W wieku 14 miesięcy jałówki I grupy mają tendencję do zwiększania masy ciała w porównaniu z jałówkami II grupy (o 2 kg) i wiarygodny wzrost w porównaniu z III grupą o 5,1 kg (P ≤ 0,05). Zmiana wagi żywej w podziale na grupy jałówek jest wyraźniej przedstawiona na rys. 1.

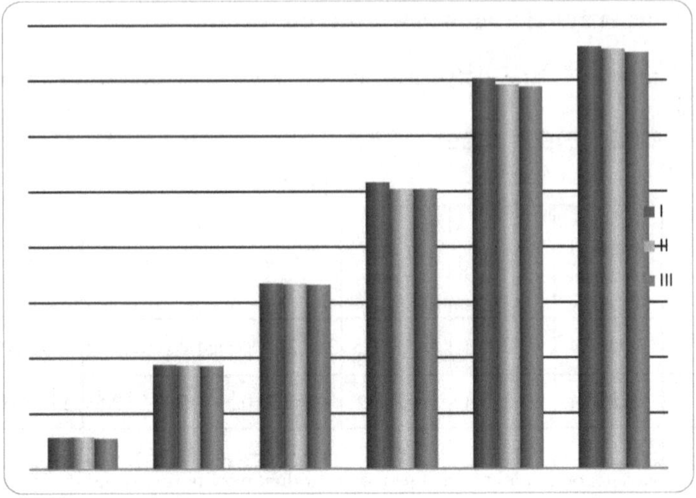

Rysunek 1- Zmiana żywej wagi jałówek rasy czarnomotylkowej typu "Barybinsky".

Według literatury [N.I.Strekozov i in.[122]], w różnych okresach wiekowych, od urodzenia do 18 miesiąca życia, 30-85% jałówek wykazuje taką samą intensywność wzrostu. Wielkość żywej wagi w wieku 12 miesięcy ma wysoką powtarzalność, w porównaniu z kolejnymi okresami rozwoju zwierząt, średnio 55%.

Tak więc pisklęta różnych linii w okresie mleczarskim nie mają praktycznie żadnej różnicy w żywej wadze, której objawy obserwuje się dopiero w wieku 9, 12 i 14 miesięcy. Najlepszy występ odnotowano u piskląt z linii AI.

Zmiana średniego dziennego zysku

Średni dzienny przyrost żywej wagi jest najbardziej obiektywnym ilościowym wyrażeniem charakteru przyrostu bezwzględnego w pewnych okresach wiekowych, są one jednym z czynników normotwórczych w żywieniu zwierząt i wskaźnikiem intensywności ich uprawy.

Zwierzęta doświadczalne charakteryzowały się dość wysokim przyrostem średniej dziennej żywej wagi (tabela 6).

Tabela 6 - Dynamika przyrostu średniej dobowej masy ciała jałówek (M±m),d

[122] Hodowla bydła mlecznego w Rosji (w ramach priorytetowego projektu krajowego "Rozwój kompleksu rolno-przemysłowego w Rosji")/Pod redakcją N.I. Strekozova, H.A. Amerkhanova. - Moskwa, 2006. - 604 s. C.31-56. C.132.

Grupa	Wiek, monsieur.				
	0..3	0…6	0…9	0…12	0…14
I	723,0±12,6	770,5±8,7	924,4±6,8**aaa	896,9±4,2**aaah	837,3±3,6a
II	715,5±9,2	766,6±10,1	901,4±5,3	881,4±3,7	832,1±2,7
III	724,4±9,8	768,8±10,2	905,6±5,0	879,4±3,0	827,6±2,6

Uwaga: tutaj i dalej różnica jest wiarygodna: przy porównywaniu grup I i II: **- P≤ 0,01; grupa I z III: a- P≤ 0,05; aa - P≤ 0,01;

Analiza porównawcza wykazała pewne różnice między zwierzętami w pewnych okresach wiekowych. Tak więc zmiana średniego dziennego przyrostu żywej wagi u badanych zwierząt wskazuje, że w okresie dojrzewania - od urodzenia do 3 miesiąca życia - jałówki mają prawie identyczny przyrost, ale tendencja do najmniejszego przyrostu różni jałówki z grupy II (715,5±9,2). Należy zauważyć, że ich żywa waga po urodzeniu była nieco wyższa niż innych grup.

W następnym okresie wiekowym - od urodzenia do 6 miesięcy - średni dzienny przyrost żywej wagi w grupach pozostawał prawie taki sam (średnio od 766,6±10,1 do 770,5±8,7).

W okresie od urodzenia do 9, 12, 14 miesięcy. znajduje się niezawodną przewagę w średnim dziennym wzroście jałówek linii Wes Ideal (grupa I). W wieku 9 miesięcy średni przyrost dobowy jałówek w tej grupie był istotnie wyższy niż jałówek w grupach II i III (o 23 i 18,8 g), przy P≤0,01.

W okresie do 12 miesięcy średni dobowy przyrost żywej wagi u jałówek z grupy I wyniósł 896,9±4,2 g, czyli znacznie więcej niż u jałówek z grup II i III (o 17, 5 i 15,5 g), przy P≤0,01.

Od urodzenia do 14 miesiąca życia jałówki z grupy I miały o 9,7 g większy średni dobowy przyrost niż jałówki z grupy III, który wynosił średnio 837,3±3,6 g (p≤0,05).

Tak więc analiza średniego dobowego przyrostu żywej wagi jałówek od urodzenia do 14 miesiąca życia różnych linii wykazała, że najlepszy przyrost (837,3±3,6 g) obserwuje się u jałówek z grupy I (linie UI), który niezawodnie przekracza podobny wskaźnik u jałówek z grupy III (linie MF) o 9,7 g, przy $p \leq 0,05$. Pisklęta z Grupy II (linie RS) mają średnio wskaźnik pośredni wynoszący 832,1±2,7 lat. (rys. 2).

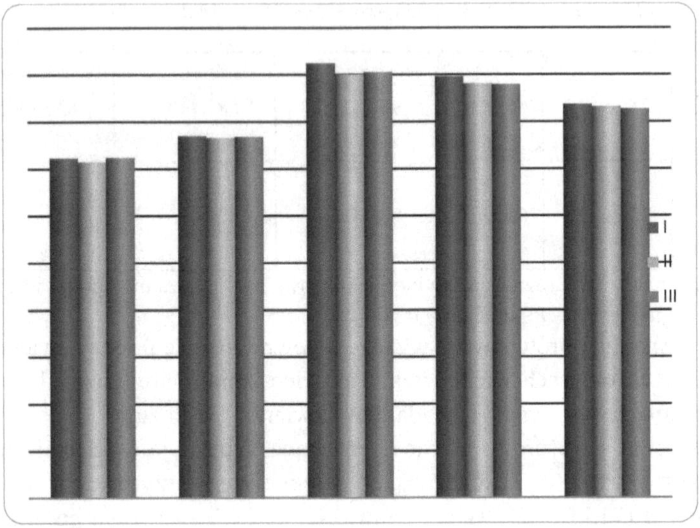

Rysunek 2 - Zmiana średniego dziennego przyrostu jałówek rasy czarnomotylowej typu Barybinsky

Zmiana bezwzględnego przyrostu żywej wagi

Na podstawie danych z ważenia systematycznego możliwe jest określenie tempa wzrostu. Wskaźnik ten jest ważny: w innych równorzędnych warunkach szybko rosnące zwierzęta zużywają mniej składników odżywczych na jednostkę wzrostu i osiągają dojrzałość gospodarstwa szybciej niż zwierzęta o powolnym wzroście. Oprócz wartości względnych, stopa wzrostu jest również wyrażona w wartościach bezwzględnych. Dane, które uzyskaliśmy, zostały przedstawione w tabeli 7.

Tabela 7 - Dynamika bezwzględnego przyrostu żywej wagi jałówek (M± m), kg

Grupa	Wiek (masa)				
	0.. 3	0.. 6	0.. 9	0.. 12	0.. 14
I	65,1±1,8	138,7±1,4	249,6±1,0**	322,9 ±1,3*	351,7±1,2*
II	64,4±1,5	138,0±1,7	243,4±1,2	317,3±1,4	349,5±1,4
III	65,2±1,9	138,4±1,5	244,5±1,0	316,6 ±1,5	347,6±1,6

Uwaga: przy porównywaniu grup I i II : * -P≤ 0,05; **- P≤ 0,01;

W okresie od urodzenia do 3 miesięcy najwyższą bezwzględną tendencję wzrostową zaobserwowano w MCH 65,2±1,9 i UI 65,1±1,8, czyli o 0,8 kg więcej w porównaniu do zwierząt linii RS.

W okresie od urodzenia do 6 miesiąca życia wzrost bezwzględny u jałówek linii MCH jest o 0,3 kg większy od wzrostu bezwzględnego u jałówek linii MS i o 0,7 kg większy od wzrostu bezwzględnego u jałówek linii RS. Ponadto, dynamika zmian w przyrostach bezwzględnych utrzymuje tendencję do wzrostu we wszystkich kolejnych kategoriach wiekowych - od urodzenia do 9,12,14 miesiąca. Jednocześnie bezwzględny wzrost żywej wagi jałówek linii AI jest wyższy w porównaniu ze zwierzętami linii MF - o 4,1 kg (P≤0,05) i o 2,2 kg w wieku 14 miesięcy. (351,7±1,2).

Przedstawiając wzrost jako proces ciągły, którego intensywność jest proporcjonalna do rosnącej masy, należy zauważyć, że wielkość wzrostu bezwzględnego nie definiuje jeszcze w pełni istoty procesu: nie odzwierciedla wzajemnych relacji między wielkością rosnącej masy ciała zwierząt a szybkością ich wzrostu. W związku z tym, aby dokonać obiektywnej oceny intensywności wzrostu zwierząt, wymagane są wskaźniki względne, jak również bezwzględne.

Zmiana względnej stopy wzrostu

Aby dokonać oceny napięcia wzrostu jałówek należących do różnych grup genealogicznych, określiliśmy względne tempo wzrostu w różnych okresach wiekowych. Otrzymane materiały zostały przedstawione w tabeli 8.

Stwierdzono, że względne tempo wzrostu jałówek wszystkich badanych grup zmniejsza się wraz z wiekiem. Tak więc okres od urodzenia do trzech miesięcy charakteryzuje się najbardziej intensywnym wzrostem i wynosi 106,4 ... 108,3%.

Tabela 8- Zmiana względnego tempa wzrostu jałówek doświadczalnych (M± m),%.

Grupa	Wiek, monsieur.								
	0…3	3…6	0…6	6…9	0…9	9…12	0…12	12…14	0..14
I	106,4±2,7	56,3±2,8	141,6±1,6	49,7±1,2	162,7±1,0	23,2±1,8	169,9±2,2	7,9±0,9	172,0±0,6
II	106,8±3,0	56,6±1,7	141,1±2,1	48,0±0,3	161,7±3,3	23,9±0,2	169,2±2,0	8,9±2,3	171,7±1,6
III	108,3±3,0	56,5±1,7	142,9±2,1	48,4±0,3	163,1±3,3	23,3±0,2	170,3±2,0	8,6±2,3	172,6±1,6

W tym okresie najwyższe tempo wzrostu zaobserwowano u jałówek z grupy III - linii MF i wynosi ono 108,3%, co ma tendencję do przekraczania tego wskaźnika u zwierząt linii AI i RS.

W kolejnym okresie - od 3 do 6 miesięcy - zwierzęta linii MF i RS są wiodące pod względem tempa wzrostu - 0,2-0,3%. W okresach - 0... 6; 0... 9; 0... 12 i 0... 14 miesięcy wskaźniki względnego tempa wzrostu zwierząt linii MF (grupa III) są nieco wyższe od wskaźników pozostałych dwóch grup (rys.3).

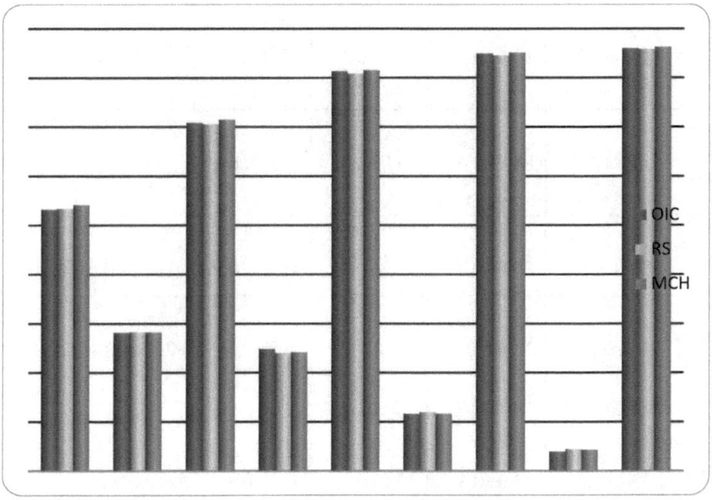

Rysunek 3 - Zmiana średniego dziennego przyrostu jałówek rasy czarnomotylowej typu Barybinsky

W związku z tym dostępna literatura potwierdza, że im niższa jest żywa waga po urodzeniu, tym większe jest względne tempo wzrostu.

Zmiana liniowego przyrostu młodych zwierząt

Ważnym wskaźnikiem charakteryzującym wzrost zwierząt hodowlanych są pomiary poszczególnych artykułów ciała ze względu na wiek, charakteryzujące pewne cechy w rozwoju młodych zwierząt. Główne próbki jałówek, uzyskane przez nas w CC "Barybino", od urodzenia do - 6mes. wieku, przedstawia tabela 9.

Tabela 9 - Podstawowe pomiary kurcząt od urodzenia do 6 miesiąca życia. (M±m), patrz.

Wskaźnik	Wiek					
	w chwili urodzenia			Sześć miesięcy.		
	grupa liniowa					
	I	II	III	I	II	III
Wysokość w koronie	77,2±0,3	77,0±0,3	76,3±0,4	101,7±0,3	101,7±0,3	100,3±0,5
Wysokość w sacrum	80,7±0,2	80,8±0,2	79,7±0,3	104,8±0,3	103,8±0,3	103,3±0,7
Głębokość klatki piersiowej	32,4±0,4	32,0±0,3	31,7±0,3	44,7±0,2	44,3±0,3	43,3±0,3

Szerokość klatki piersiowej	14,9±0,3	14,6±0,3	14,4±0,3	22,2±0,3	21,9±0,3	20,7±0,3
Obwód klatki piersiowej	84,8±0,4	84,7±0,4	83,7±0,4	118,9±0,4	117,9±0,5	116,7±0,4
Skośna długość tułowia	80,8±0,7	80,3±0,5	79,3±0,3	102,3±0,7	101,5±0,6	101,3±0,3
Szerokość w makakach.	18,7±0,2	18,4±0,2	18,0±0,2	24,7±0,3	24,3±0,14	24,5±0,2
Szerokość w wybojach kulszowych	13,1±0,3	13,0±0,3	13,0±0,3	17,0±0,3	16,80±0,2	16,7±0,2
Pięciobozny obwód	12,0±0,05	12,0±0,04	12,1±0,09	14,2±0,09	14,3±0,10	14,4±0,13

Główne pomiary jałówek w wieku 12...15 miesięcy przedstawiono w tabeli 10.

Tabela 10 - Główne pomiary jałówek w wieku 12...15 miesięcy (M±m), patrz tabela 10.

Wskaźnik	Wiek					
	12 miesięcy.			15 miesięcy.		
	grupa liniowa					
	I	II	III	I	II	III
Wysokość w koronie	120,0±0,2	119,9±0,4	119,7±0,3	130,9±0,5	129,9±0,4	130,1±0,4
Wysokość w sacrum	123,0±0,2	122,8±0,3	122,6±0,3	133,9±0,2	132,8±0,3	133,6±0,3
Głębokość klatki piersiowej	55,3±0,4	53,9±0,4	53,3±0,3	60,6±0,5	58,9±0,3	58,3±0,3
Szerokość klatki piersiowej	33,2±0,4	31,7±0,5	32,2±0,6	37,0±1,0	35,6±2,0	35,1±0,6
Obwód klatki piersiowej	150,7±0,4*a a	147,7+0,4	146,0±0,6	170,9±0,5* a	167,6±0,4	166,7±0,7
Długość skośna kufry	125,0±0,4	124,0±0,4	122,7±0,3	142,7±0,4	141,7±0,4	140,2±0,3

Szerokość w krzyżówkach	36,2±0,5	36,0±0,4	35,0±0,4	42,0±0,6	41,5±0,5	41,0±0,2
Szerokość w wybojach kulszowych	26,4±0,3	26,2±0,3	25,4±0,3	27,2±0,4	27,0±0,3	26,4±0,3
Pięcioboczny obwód	16,4±0,2	16,4±0,3	16,8±0,2	16,6±0,17	16,6±0,17	17,0±0,15

Niniejsze tabele 9 i 10 stanowią uzupełnienie istniejącego materiału dotyczącego rozwoju zwierząt. Przedstawiamy dynamikę rozwoju piskląt w głównych okresach wiekowych (od urodzenia do 15 miesięcy). W wieku 12 miesięcy obwód klatki piersiowej jałówek linii AI wynosi 150,7±1,1 cm, czyli znacznie więcej niż jałówek linii MF i RS - odpowiednio o 4,7 i 3,0 cm (przy $p \leq 0,01$ i $p \leq 0,05$). Skośna długość ciała również ma tendencję do zwiększania się u jałówek grupy I w porównaniu z innymi i wynosi 125,0±1,4 cm. W wieku 15 miesięcy te dwa wskaźniki mają tę samą tendencję.

W związku z tym specyfika procesów wzrostu i rozwoju zależy głównie od genotypu zwierząt i warunków ich hodowli. W tych samych warunkach utrzymania i karmienia pisklęta z linii AI miały najlepsze wskaźniki przyrostu bezwzględnej żywej wagi od urodzenia do 15 miesięcy (351,7 kg), średniego przyrostu dziennego (837,3 g), wzrostu w grzebieniu (130 cm) i obwodu biustu (170,9 cm).

Krowy zewnętrzne rasy czarnej i motylkowej typu "Barybinsky"

Ocena wyglądu zewnętrznego, jako zewnętrznej ekspresji form zwierzęcych, była od dawna stosowana w hodowli bydła i doprowadziła do określenia przeznaczenia zwierzęcia. Wyniki naszych badań wykazały, że krowy nowego typu "Barybinsky" odpowiadają podstawowym wymaganiom stawianym krowie kierunku mlecznego [220[123]]. Wyniki pomiarów na podstawowych statuetkach ciała pierwszej krowy przedstawiono w tabeli 11.

Tabela 11 - Cechy zewnętrzne krów typu "Barybinsky" (n=45)

Wskaźnik	**Wymiary, patrz(M±m)**
Wysokość w koronie	144±0,23

[123] Strekozov, N.I. Guidelines for the assessment of the cow exterior of dairy and meat breeds / N.I. Strekozov, G.N. Krylova, A.E. Shcheglov, B.S. Iolchiev, P.V. Pavlov, etc. - Dubrovitsy: VNIIPlem, 2001. - 116 s.S.9-10; 82-99.

Skośna długość tułowia	166±0,27
Długość głowy	49,4±0,21
Szerokość czoła	21,0±0,10
Głębokość klatki piersiowej	73,76±0,25
Szerokość klatki piersiowej	45,7± 0,24
Obwód klatki piersiowej	195,7±0,5
Szerokość w krzyżówkach	51,1±0,18
Szerokość w wybojach kulszowych	39,08±0,19
Szerokość w stawach biodrowych	49,7±0,15
Pięcioboczny obwód	21,14±0,08

Z analizy danych z Tabeli 11 wynika, że nasze wyniki dotyczące podstawowych posągów krów typu "Barybinsky" są zgodne z materiałami badawczymi przedstawionymi wcześniej w pracy D.M. Gulko [[124]].

Rysunek 4 - Widok ogólny krowy typu "Barybinsky", wydajność mleka 9118 kg; % tłuszczu4,74, % białka3,51;

[124] Gulko, D.M. Hodowla i metody technologiczne podnoszenia walorów użytkowych krów w dużych gospodarstwach mlecznych: dis. ...Cand. of Agricultural Sciences: 06.02.04 / D.M. Gulko.- Forest polany, 2004.- 122 s. STR. 70-72; STR. 78-83.

Ocena liniowa krów w punktach (tabela 12) potwierdza ocenę zewnętrzną przez główne posągi nowego typu zwierząt, biorąc pod uwagę ekspresję pożądanych cech, siłę budowy, przydatność do doju maszynowego, jakość kończyn.

Tabela 12 - Ocena wskaźników linii krowy, punkty (n=35)

Symbol	Wskaźnik
Wzrost	7,20±0,09
Głębokość ciała	5,81±0,10
Pozycja miednicowa	5,20±0,12
Szerokość miednicy	5,56±0,09
Pozycjonowanie tylnych nóg (widok z boku)	5,02±0,09
Wysokość pięty	4,97±0,10
Załóż nogi z tyłu.	5,57±0,10
Mocowanie przednich płatów wymion	6,91±0,12
Wysokość mocowania tylnej części wymion	6,90±0,10
Głębokość wymion	5,90±0,10
Położenie sutków przednich	4,61±0,12
	Kontynuacja tabeli 12
Długość brodawki sutkowej	5,02±0,10
Twierdza cielesna	5,25±0,12
Typ mleczny	6,85±0,10
Długość płatów przednich wymion	7,02±0,12
Łącznik kołyskowy z tyłu	5,80±0,09

W konsekwencji złożone podejście do hodowli przyczyniło się do uzyskania silnych zwierząt o wyraźnym typie mlecznym, proporcjonalnej budowie, dobrze rozwiniętej objętości wymion (rys. 4).

Postęp w hodowli bydła mlecznego opiera się na połączeniu możliwości technologicznych i biologii zwierząt. Przykładem tego jest maszynowe dojenie krów. Industrializacja hodowli zwierząt wymaga ekstensywnego wprowadzania hodowli zwierząt na podstawie właściwości morfologicznych wymion i intensywności wydajności mlecznej. Pozwala to na szybsze wdrożenie automatyzacji krów w gospodarstwach.

Wyniki badań nad właściwościami morfofunkcjonalnymi wymion przedstawiono w tabeli 13.

Tabela 13. Właściwości morfofofunkcjonalne krów wymionowych

Symbol	Wskaźnik
Kształt wymion (n=45), %.	
Miska	70,2
Runda	29,8
Wymiary wymion i sutków, patrz (n=45)	
Pomiary: Długość	43,4±0,43
Szerokość	42,0±0,40
Zakres stosowania	150,1±0,91
Długości sutków: przednie	5,8±0,02
Z tyłu	5,4±0,03
Średnica brodawki sutkowej: przednia	2,8±0,04
Z tyłu	2,7±0,03
Odległość od dna wymion do podłogi, cm	65,6±0,50
Właściwości funkcjonalne wymion(n=45)	
Dzienna wydajność mleczna, kg	24,0±0,78
Wydajność mleka, kg/min.	1,88±0,11
Wskaźnik wymion, %	44,3±0,92

Analiza danych z tabeli 13 pokazuje, że krowy w CC "Barybino" są dość odpowiednie do doju maszynowego w warunkach intensywnej technologii produkcji mleka. Mają one najlepszy kształt wymion (w kształcie kubka - do 70 %), a pod względem odstępów między wymionami, intensywności oddawania mleka i wskaźnika wymion jako całości w pełni odpowiadają nowoczesnym wymaganiom technologicznym.

1.3.2 Wydajność mleczna krów rasy czarnej i pieprzowej typu "Barybinsky"

Produktywność jest główną ekonomicznie użyteczną własnością zwierząt. Wszelkie prace zootechniczne w gospodarstwie (rozmnażanie, hodowla, uprawa, karmienie, przetrzymywanie) mają na celu uzyskanie od zwierząt jak najwyższej jakości produktów. Wydajność zwierząt jest bardzo zróżnicowana. W obrębie gatunku, płci i wieku, na poziom, charakter i jakość wydajności wpływają dwa wiodące czynniki: 1) dziedziczne - skały oraz 2) warunki istnienia i eksploatacji.

Nasze badania poświęcone były badaniu wydajności mlecznej krów rasy czarnej i chłopskiej nowego typu mlecznego "Barybinsky". Określono wpływ genotypu zwierzęcego na wydajność mleczną w 3 laktacjach. Do doświadczenia wybrano 6 grup krów po 20 bramek, należących do głównych linii hodowlanych zwierząt w stadzie: linie Wes Ideal (WI), Reflection Sawring (RS), Montwick Ciftine (MF), Seling Trijun Rockit (S.T.R.), Pabst

Gaverner (PG), Inne (PL). Wyniki zmian w wydajności mlecznej przedstawia tabela 14.

Tabela 14.Wydajność mleczna krów rasy czarnej i jęczmiennej typu "Barybinsky" różnych linii (n = 120) (mleczność, kg, c",%).

lactation	Linia					
	OIC	MCH	RS	STR	PG	PL
I	6922±184**	5962±287	5963±277	5907±216	6050±173	5594±241
	16,22	19,99	24,57	30,19	18,84	21,01
II	7080±194*	6360±229	6231±206	6333±267	6579±243	5957±184
	18,22	25,00	26,26	28,06	21,28	23,00
III	6959±201*	6311±247	6046±367	6536±386	6623±350	6085±255
	19,91	23,50	24,30	31,32	25,89	26,54
M±m	6987±193**	6211±254	6080±283	6258±289	6417±255	5878±226

Uwaga: tutaj i dalej * (p ≤ 0,05), ** (p ≤0,01), *** (p ≤0,001)

Z analizy danych z tabeli 14 wynika, że najwyższa mleczność dla I laktacji dotyczy krów linii AI: wynosi ona średnio 6922±184 kg, co przekracza mleczność linii MF, RS, STR, PG, PL odpowiednio o 960 kg, 959,1015,872 (p ≤0,01) i 1328 kg (p ≤0,001).

Według II laktacji wydajność krów linii AI wynosiła 7080±194 kg, co przekracza średnie wartości mleczności linii MS i RS o 720 (p ≤0,01) i 849 kg (p ≤0,001), o 747 kg krów linii STR, o 501 krów linii GH (p ≤0,01) i o 1123 kg krów linii PL (p ≤ 0,001).

Sytuacja uległa zmianie w laktacji III. Wydajność krów linii AI niezawodnie przewyższa wydajność krów linii PL o 874 kg (p≤0,05), w porównaniu z innymi liniami pozostała również tendencja do wzrostu wydajności. Średnio dla 3. laktacji wydajność krów linii UI przekroczyła wydajność linii RS o 907 kg (p ≤ 0,01), linii MF o 776 kg (p ≤ 0,05), S.T.R. o 729 kg, linii GH o 570, ale różnica nie jest wiarygodna. Jednocześnie wszystkie krowy typu "Barybinsky" mają tendencję do zwiększania wydajności głównie do drugiej laktacji, a do trzeciej laktacji następuje niewielki wzrost. Widać to wyraźniej na rysunku 5.

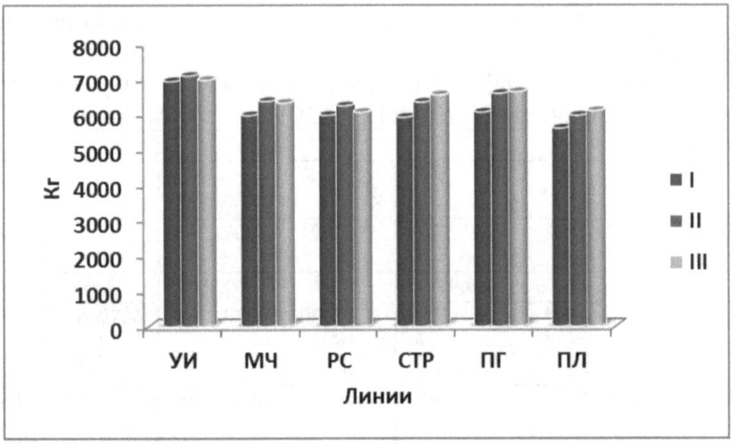

Rysunek 5 - Zmiany w mleczności krów rasy czarnojęczmiennej typu "Barybinsky" z wiekiem laktacji

Równie ważny jest wskaźnik jakości mleka, a mianowicie zawartość procentowa białka i tłuszczu w mleku. Należy podkreślić, że typ "Barybinsky" został stworzony w celu zwiększenia tych właśnie wskaźników. Wyniki naszych badań zostały przedstawione w tabeli 15.

Tabela 15. Zmiana zawartości tłuszczu i białka w mleku krów rasy czarnej i pieprzowej typu "Barybinsky" z wiekiem, przez laktacje

numer aktu.	Linie					
	OIC	MCH	RS	STR	PG	PL
	Białko, %					
	Tłuszcz, %					
I	3,18±0,01	3,16±0,01	3,20±0,01	3,17±0,03	3,21±0,03**	3,08±0,03
	3,86±0,02	4,18±0,03	4,11±0,02	4,13±0,04	4,23±0,05**	4,08±0,04
II	3,24±0,02*	3,18±0,02	3,16±0,02	3,12±0,03	3,22±0,04	3,17±0,02
	3,88±0,02	4,18±0,03	4,21±0,03**	4,02±0,04	4,02±0,04	3,99±0,04
III	3,17±0,02	3,08±0,02	3,16±0,02	3,17±0,04	3,18±0,03	3,33±0,02**
	3,81±0,04	4,25±0,04**	4,18±0,03	4,03±0,08	4,14±0,11	4,19±0,05

M±m	3,18±0,01	3,14±0,02	3,17±0,01	3,15±0,01	3,20±0,01	3,19±0,06
	3,85±0,02	4,20±0,02	4,17±0,02	4,07±0,02	4,13±0,05	4,09±0,05

* -(p ≤ 0,05), **- (p ≤0,01)

Z analizy danych z tabeli 15 wynika, że najwyższa zawartość białka w 1 laktacji występuje u krów rasy PG: wynosi ona 3,21%, co jest wiarygodnie wyższe od średniej zawartości białka w mleku krów PL o 0,13% (p≤0,01).

W laktacji II najwyższa średnia wartość procentowa zawartości białka występowała u krów linii UI (3,24%); przekracza ona średnią wartość procentową zawartości białka w mleku krów linii MF, MS, PL i krów linii STR o 0,06; 0,08; 0,07 (p ≤0,05) 0,12% (p ≤0,001).

Zgodnie z III laktacją najwyższy procent zawartości białka zaobserwowano u krów linii PL (3,33%), co przekracza średnie wartości procentowe zawartości białka u krów linii - MF, MS,AI, STR,PG odpowiednio o 0,25%, 0,17, 0,16,0,16 i 0,15% (P ≤ 0,01). Podobna sytuacja ma miejsce, jeśli chodzi o zawartość tłuszczu. Tak więc najwyższa zawartość tłuszczu wynosząca 4,23% występuje u krów z linii GHG, która jest o 0,37% (P ≤ 0,01) wyższa od średniej dla zwierząt z linii UI, 0,15% (p ≤ 0,01), 0,12% (p ≤ 0,01), różnica nie jest wiarygodna dla krów z linii - MF i STR - 0,05 i 0,10%.

Według II laktacji najwyższy procent zawartości tłuszczu występuje u krów linii RS - 4,21%, co rzetelnie przekracza podobny wskaźnik u krów linii AI o 0,33% (p≤0,01), MF - o 0,03 (p≤0,01), S.T.R - o 0,19 (p≤0,01), PL - o 0,15% (p≤0,01).

Według III laktacji najwyższy procent zawartości tłuszczu występuje u krów linii MI - 4,25%; jest on wyższy niż u krów linii MI o 0,44% (P≤0,01), STR - o 0,22 (p≤0,01), PC - o 0,07 (P≤0,01), PG - o 0,11 (p≤0,01), a PL krów - o 0,06% (p≤0,01).

Tak więc krowy z linii GHG mają najwyższy średni procent zawartości białka, a krowy z linii MF mają najwyższy średni procent zawartości tłuszczu w 3 laktacjach. Całkowita ilość tłuszczu i białka w mleku jest przedstawiona w tabeli 16.

Wiele uwagi poświęcono ostatnio całkowitej wydajności tłuszczu i białka. W pierwszej laktacji najlepszym wynikiem w produkcji tłuszczu mlecznego było 267 kg krów z linii AI, istotnie więcej niż krów z PL o 39 kg (p ≤ 0,01), STR - o 23 kg (p ≤ 0,05), DC - o 22 kg (p ≤ 0,05); wystąpiła tendencja do zwiększania ilości tłuszczu mlecznego u krów z linii AI (o 18 kg) i GH (o 11 kg).

Tabela 16 - Wydajność tłuszczu i białka mleka M±m,kg

Nie ma lakty.	Krowy liniowe					
	OIC	MCH	RS	STR	PG	PL
	Tłuszcz, kg					
I	267±9,4 **	249±6,7	245±5,8	244±4,4	256±5,4	228±6,7
II	274±8,0 **	265±5,5	262±7,7	254±5,1	253±6,3	237±7,9
III	265±6,5	268±6,4	252±9,4	256±6,3	274± 6,5*	254±7,5
	Białko, kg					
I	220±6,1 **	188±5,5	190±8,7	187±6,1	194±6,8	172±5,7
II	229±8,3 **	220±6,5	197±6,2	197±5,4	211±7,0	178±4,9
III	220±6,5 **	194±7,4	191±8,1	207± 5,5	210± 6,3	202±6,9
	Tłuszcz + białko, kg					
I	487±8,5 *	437±6,4	435±5,7	431±5,9	450±9,0	400±5,8
II	504±8,9 *	486±6,3	459±6,5	452±5,8	463±5,3	415±6,2
III	485±8,5 *	462± 9,7	443±8,1	463± 5,8	484±6,8	457±8,2

Według II laktacji krowy linii AI miały najwyższy wskaźnik w ilości tłuszczu mlecznego - 274 kg, który jest istotnie wyższy od krów linii PL, GH, STR odpowiednio o 37 kg ($p \leq 0{,}01$), 21 i 20 kg ($p \leq 0{,}05$).

Zgodnie z III laktacją krowy z linii GHG miały najwyższą wydajność tłuszczu mlecznego - również 274 kg; wydajność ta jest o 20 i 18 kg ($p \leq 0{,}05$) większa niż krowy z linii PL, STR, SW, MF - 22; 9 i 6 kg.

Pod względem wydajności białka we wszystkich trzech laktacjach krowy z linii AI są lepsze. Wydajność białka w pierwszej laktacji krów linii AI wynosiła 220 kg, co jest znacznie wyższa od tego samego wskaźnika dla krów linii - MF o 32 kg ($p \leq 0{,}01$), DC - o 30 kg ($p \leq 0{,}01$), STR - o 33 ($p \leq 0{,}01$), linii GH - o 26 ($p \leq 0{,}01$), PL - o 48 kg ($p \leq 0{,}01$). Krowy linii PL w I laktacji miały najniższe wskaźniki - 172 kg, ale w III laktacji całkowita wydajność białka wzrosła i wyniosła 202 kg.

Średnio najwyższe wskaźniki całkowitej wydajności tłuszczu i białka mleka osiągnęły krowy linii AI; różnica wynosiła 37-87 kg (PG - PL) w I laktacji, 52- 89 kg (STR - PL) w II laktacji, 28-42 kg (RS - PL) w III laktacji.

Tak więc wyniki badań wydajności mlecznej dla 3 laktacji pokazują, że najlepsze pod względem wydajności mlecznej były krowy linii UI, przez procentową zawartość tłuszczu - krowa linii MF, przez procentową zawartość białka - krowa linii PG.

1.3.3 Analiza struktury genealogicznej stada i ocena producentów buhajów

Stado Fabryki Hodowli Barybino wywodzi się z dużej liczby byków wszystkich linii holsztynizowanego bydła czarnego i motylkowego: Reflexion Sawring 198988, Wes Ideal 933122, Montwick Ciftine 95679, Seling Tridjoon Rockit 252803, Pabst Governer 882933, Romandale Shailimar 265607. W tabeli 17 przedstawiono analizę struktury genealogicznej stada hodowlanego na podstawie wyników rozruchu w 2012 roku. Dotychczas Wes Ideal Line posiada gałąź Round Oak Round Apple Elevation 1491007, potomstwo byka Paklamar Astronaut 1458744 ma niewielką wagę właściwą w stadzie hodowlanym zakładu hodowlanego - 4,5%. The gałąź the byk R.O.R.E.E. Elewacja reprezentować głównie the potomek the syn the byk Hanoverhill Starbuck 352790 i Sweet Haven Tradycja 1682485.

W Liście Odbicia Piła198998 oddział Pavny Farm Arlinda Chif jest potomkiem byka Rosaifa Cityshna267150, a następnie synów i wnuków wybitnych producentów Valiant 1650414, K.K.K.Charmena 17237741.

Linia Montwick Chiftein 95679 jest reprezentowana przez dwa oddziały L.F. Hope 1243697 i Osboridale lvanhoe 1189870.

Pabst Governer Line 882933 - Witter Farms Ned Boy 1806201.

Tabela 17. Analiza struktury genealogicznej stada hodowlanego "Barybino".

Linia	Ludność			
	włącznie z krowami		włącznie z jałówkami dziewicami	włącznie z laskami w każdym wieku
	Abs.	%		
Wes Idealny 933122	1388	35,6	470	947
Piłowanie Reflex198998	1328	34,1	425	1121
Montwick Chifteina 95679	930	23,8	384	938
Trijun Rokita Peeling 252803	63	1,62		27
Gubernator Pabst 882933	168	4,31	64	401
Inni	23	0,59	6	
To jest to:	3900	100,0	1349	3434

Wyniki naszych badań wykazały, że stado hodowli Barybino jest zdominowane w 93,5% przez potomków byków holsztyńskich Wes Ideal

(35,6%), linii Reflexion Sawring (34,1%), Montwick Chifteina (23,8%) i 6,5% - potomków linii byków Pabst Goverener (4,31%), Seling Tridjoon Rokita (1,62%) i 0,59% innych.

Intensywne wykorzystanie zasobów hodowlanych rasy holsztyńskiej selekcji północnoamerykańskiej i europejskiej pozwoliło na znaczne przekształcenie ras bydła domowego w Rosji. Obecnie w naszym kraju istnieją stada krów mlecznych, w których mleczność na jedną krowę rocznie przekracza 8000 kg mleka [ ].[125]

Jednym z ważnych czynników zapewniających powodzenie tworzenia nowych zwierząt pożądanego typu było pełne żywienie, przyczyniające się do maksymalnego przejawiania potencjału genetycznego krów mlecznych [[126]]. Przy tworzeniu niezbędnych warunków utrzymania i karmienia, przy hodowli jałówek, a następnie - przy eksploatacji krów można skuteczniej i pewniej oszacować selekcję zwierząt do dalszej hodowli.

Jednocześnie selekcja zwierząt według jakości technologicznej prowadzi do zmniejszenia różnorodności krów w stadzie o szereg istotnych cech (np. mleczność). Intensywna technologia powinna również uwzględniać takie oznaki, jak stabilność racic, wytrzymałość kończyn, zdolność zwierząt do zjedzenia dużej ilości paszy).

Ocena producentów buhajów pod kątem jakości ich potomstwa jest jednym z ważnych środków hodowlanych mających na celu poprawę jakości hodowlanej i produkcyjnej bydła mlecznego. Wyniki realizacji zadań selekcyjnych w zakładzie hodowlanym "Barybinsky" wykazały, że stado zakładu hodowlanego jest związane z wieloma gospodarstwami hodowlanymi regionu. Wynikało to z wykorzystania tych samych byków-producentów: w przypadku gdy byk jest prehistorycznym ulepszeniem, ta praktyka przywiązywania go do wielu gospodarstw przynosi dobre rezultaty.

Ponieważ zakład hodowlany "Barybino" jest przedsiębiorstwem zajmującym się testowaniem byków-producentów na jakość potomstwa, to odpowiednio potomstwo

pochodzi od dużej liczby byczków z różnych linii. Według danych dotyczących premii za 2012 rok, ich liczba zbliżyła się do 144.

Tabela 18 przedstawia wskaźniki charakteryzujące córki byków, ich matki i rówieśników, co pozwala na dokładniejsze określenie wartości hodowlanej byków-producentów.

---

[125] Tozliyan, K.M. Breeding and technological modernisation of the intensive milk type cow stad (in Russian) / K.M. Tozliyan, Yu. - Dubrovica: Wydawnictwo Instytutu Badawczego Produkcji Zwierzęcej, 2008. - 192 c. C.67-71

[126] Grigoriev, Yu.N. Nowy typ czarnego i pstrego bydła Nepetsinskiy (po rosyjsku) / Yu.N. Grigoriev, I.N. Artyukhina, V.T. Artyukhin // Zootekhnia. -2004.- № 3.- C. 5-7.

Tak więc w pierwszej linii można zauważyć byki zwane Grand, Laert, Lenker i Stinger; ich córki przewyższają swoich rówieśników odpowiednio o 183.453.251 i 151 kg mleka w laktacji, ale córki Laerta mają niewielki spadek procentowy zawartości tłuszczu i białka w stosunku do swoich rówieśników, co wydaje się być wyjaśnione wzrostem ilości mleka. Stwierdzono, że najlepsze byki z Laert41, Lenkerne 37 to byki z oddziału S.H.Traditionsn1682485, najgorsze arcydzieło 9734 i Alexander 4 z oddziału Hannoverhill Starbuck 352790.

Od linii M. Chiftein 'a byki nie różnią się wysokimi wskaźnikami córek, choć ilość tłuszczu i białka w nich jest znacznie wyższa. Byk o pseudonimie Morela 6326 dobrze się sprawdził, odsetek tłuszczu córek, który przekracza wskaźniki dla rówieśników o 0,24 %; u córek byka Jordana - nadwyżka nad rówieśnikami na wiewiórce, wynosi 0,06 %. Najlepszym morelowym bykiem w branży jest O. Ivanhoe, a najgorszy byk w Pickland jest z tej samej branży. Ale byk Pickland 102 jest, wraz z najlepszą zawartością białka Aleksandra 4. Wśród zwierząt linii R. Sawring można wyróżnić tylko jednego przedstawiciela, byka o imieniu Broker - gałąź Valiant 1650414, która ma przewagę córek nad ich rówieśnikami, nie tylko w odniesieniu do mleka, ale i tłuszczu, choć białko pozostaje na tym samym poziomie. Nadmiar wynosi 184 kg mleka i 0,21 % tłuszczu. Najgorszym bykiem jest byk Masona z Valiant 1650414.

Mango i byki Orby były używane na linii gubernatora Pabsta. Ocena jakości potomstwa wykazała, że krowy, które wychowywały byka z Mango, miały nadwagę w postaci mleka i tłuszczu; córki byka z Orby nie były wystarczająco dobre, miały obniżoną zawartość mleka o 112 kg i obniżoną zawartość tłuszczu mlecznego o 4,4 kg. Córki byka Orby były nieco gorsze od swoich rówieśników na polu. Oba te byki należą do tej samej gałęzi Witter Farms Ned Boy 1806201.

Tabela 13 - Charakterystyka byków rasy holsztyńskiej wykorzystywanych w CC "Barybino".

Nazywa się. Byk, kategoria		Produktywność córek					Wydajność rówieśników					Wydajność matek		
		n	Udoi, kg	Gruby, %	Mol. Tłusty, kg	Białko, %		Udoi, kg	Tłuszcz, %	Mol. Tłusty, kg	Białko, %	Udoi, kg	Gruby, %	Mol. Tłusty, kg
Linia: Wes Idealna														
Aleksander 4	H	52	5746	3,98	228,7	3,27	1021	6081	3,90	237,2	3,15	13249	4,8	636
Grand5170	A2	143	7649	3,65	279,2	3,04	3633	7466	3,70	276,2	3,06	20277	3,8	770,5
Laert 41	A1	135	6304	3,65	266,0	3,05	2870	5851	3,79	221,8	3,08	13603	4,9	667
Lenker37	A1	85	6674	3,96	262,3	3,13	832	6423	3,93	252,4	3,13	8745	5,6	489,7
Ramses8502	H	38	6157	3,96	243,8	2,98	460	6799	4,01	272,6	3,01	14076	3,9	549
Samsung 271	H	111	6512	3,80	247,5	2,98	1197	6453	3,86	249,1	3,04	14034	4,2	589
Stinger 243	A2	120	6640	3,88	257,6	3,06	4254	6489	3,86	250,5	3,08	18897	4,5	850,4
Masterpiece 9734	H	74	6372	4,14	263,8	3,06	433	6601	4,05	267,3	3,04	11990	4,53	543
Linia: Montwick Chiftein														

Morela 6326	Б1	26	6464	4,29	277,3	3,03	401	6664	4,05	269,9	3,02	13928	4,86	676,9
Jordane48		H128	6033	3,89	234,7	3,10	1253	5986	3,88	232,3	3,04	-	-	-
Piklandia102		H116	5433	3,92	213,0	3,27	960	5543	3,9	216,2	3,26	13422	6	805,3
Linia: Piłowanie refleksyjne														
Ayr 2008		H139	7324	3,72	274,6	3,12	3677	7719	3,66	282,5	3,08	11218	4	449
Lider129		H16	4070	4,13	168,1	-	168	3886	3,92	152,3	-	10315	5,03	518,8
Broker218724	Б3	127	7567	3,88	277,9	3,09	5800	7383	3,67	284,5	3,08	15120	4,1	620
Mason 5091		H69	7589	3,71	281,6	3,13	3855	7635	3,76	287,1	3,1	20000	4	800
Linia: Gubernator Pabst														
Mango 1007	A1	95	6432	3,89	250,2	3,15	1163	6131	3,94	241,6	3,13	13109	4,3	564
Orby2437	H	102	5725	3,93	225,0	3,09	1580	5837	3,93	229,4	3,09	10786	3,8	410

W związku z tym można stwierdzić, że byki Grand, Laert, Lenker, Stinger z linii W.Ideal; Mango z linii P.Governer są ulepszeniami w wydajności mlecznej. Byki Stinger'a pojawiły się jako procent tłuszczu wśród zwierząt z najlepszymi wzmacniaczami nagród, Broker. Należy zauważyć, że córki byka o imieniu Morela 6326 miały przewagę nad swoimi rówieśnikami nie tylko w procentach tłuszczu, ale i zawartości białka, co jest ważnym faktem dla dalszej pracy hodowlanej.

Tak więc najlepsze byki na śliwce należą do linii UI (oddział S.H.Traditionshn1682485), na tłuszczu do linii MF (oddział Osboridale lvanhoe 1189870), a na białku należy odnotować byka Pikland 102 linii MF (oddział Osboridale lvanhoe 1189870) o średniej zawartości białka 3,27 %.

1.3.4. Parametry genetyczne hodowli krów czarnojęczmiennych typu "Barybinsky".

Podstawowym zadaniem badania potencjału genetycznego każdej populacji jest ocena zależności funkcjonalnych, które charakteryzują tę populację, tj. ocena parametrów fenotypowych i genetycznych. Wśród parametrów fenotypowych populacji najważniejsze są współczynniki zmienności, powtarzalności, korelacji fenotypowych. Główne parametry genetyczne - współczynniki dziedziczności i korelacje genetyczne [112[127], 228[128]].

Według literatury naukowej współczynniki zmienności cech ekonomicznie użytecznych krów wahają się w następujących granicach: mleczność 12 - 30%; zawartość tłuszczu w mleku 5 -14; zawartość białka w mleku - od 2,5 do 9,3%, produkcja tłuszczu mlecznego 18 - 32%; masa ciała krów 7 - 14%; czas trwania służby 34 - 52% [ ].[129]

Tabela 19 - Charakterystyczne współczynniki zmienności hodowców krów "Barybinsky

Wskaźnik	n	M±m	Cv, %
Wydajność krów w okresie I laktacji, kg	240	6698±135	16,2
Zawartość tłuszczu,%	240	3,97±0,18	5,9
Zawartość białka,%	240	3,18±0,12	6,4
Masa ciała, kg	240	584±10,6	5,2

[127] Kuzniecow, W.M. Podstawy badań w hodowli zwierząt / W.M. Kuzniecow.- Kirow, 2006 - 568s. C.471-475.

[128] Tozliyan, K.M. Breeding and technological modernisation of the intensive milk type cow stad (in Russian) / K.M. Tozliyan, Yu. - Dubrovica: Wydawnictwo Instytutu Badawczego Produkcji Zwierzęcej, 2008. - 192 c. C.67-71

[129] Zhebrovskiy, L.S. Hodowla zwierząt: podręcznik dla szkół wyższych (w języku rosyjskim) / L.S. Zhebrovskiy. - St. Petersburg: Lan, 2002. - 256 p.C.34-60; p.195-206.

Z tabeli 19 wynika, że współczynniki zmienności cech ekonomicznych krów czarno-białych typu "Barybinsky" nie różnią się istotnie od ogólnie przyjętych granic. Ogólnie rzecz biorąc, stopień zmienności cech produkcyjnych u krów rasy "Barybinsky" czarno-motylowej może być podstawą do wyboru najlepszych zwierząt.

Współczynnik dziedziczności odzwierciedla udział zmienności genotypowej w całkowitej zmienności danej cechy. Współczynniki dziedziczenia przedstawiono w następujących tabelach

Tabela 20. Czynniki dziedziczenia oznak wydajności mlecznej u krów

Wskaźnik	n	Współczynniki dziedziczności (h2)
Krowy mleczne w okresie I laktacji	240	0,24
Zawartość tłuszczu w mleku	240	0,27
Zawartość białka w mleku	240	0,34
Długowieczność, laktacja.	240	0,14

W zakresie produktywności krów, współczynniki odziedziczenia mleczności i zawartości tłuszczu wynoszą odpowiednio 0,24 i 0,27. Nie odbiegają one od danych z literatury i wartości przyjętych w zootechnice i praktyce.

Powtarzalność cech w wieku jest szeroko stosowana do grupowej oceny cech dziedzicznych i produkcyjnych zwierząt w jak najwcześniejszym wieku w pracy hodowlanej z bydłem mlecznym. Badanie wskaźników powtarzalności oznak wydajności mlecznej, żywej masy ciała, okresu użytkowania u krów typu "Barybinsky" w pierwszych trzech i wyższych laktacjach wykazało pewien charakter ich zmiany (tab. 21).

Powtarzalność doju u krów typu "Barybinsky" we wszystkich badanych okresach była wystarczająco wysoka: 0,62 dla I-II laktacji, 0,47 dla I-III laktacji i 0,65 pomiędzy I a wyższym.

Tabela 21. Współczynniki powtarzalności cech ekonomicznych krów rasy czarnej i pieprzowej typu "Barybinsky".

Laktacja	Wskaźniki			
	wydajność mleczna, kg	tłusty, %	Serwis okres, dno.	żywej wagi, kg
1-2	0,64	0,40	0,07	0,43
1-3	0,47	0,32	0,15	0,43
góra 1	0,65	0,48	0,34	0,43

Tempo powtarzania się tłuszczu w mleku było stosunkowo niskie i wahało się między 0,32 a 0,48.

Powtarzalność masy żywej mieściła się w granicach 0,43 dla całego badanego stada krów typu "Barybinsky", a współczynnik powtarzalności okresu użytkowania w I-II laktacji (0,08) był niski, wzrastał pomiędzy I a wyższymi laktacjami (0,34).

Dlatego wysoka powtarzalność oznak wydajności mlecznej u krów rasy czarnej i pieprzowej typu "Barybinsky" potwierdza wysoką wiarygodność selekcji zwierząt pod względem wydajności dla pierwszej laktacji.

Znajomość korelacji pomiędzy kilkoma ekonomicznie użytecznymi cechami zwierzęcia pozwala na określenie ich korelacji i uniknięcie unilateralizmu. Stopień i charakter korelacji pomiędzy poszczególnymi atrybutami różni się w zależności od kierunku selekcji i warunków hodowlanych [ ].[130]

Studium porównawcze zależności pomiędzy cechami ekonomicznie użytecznymi u krów rasy czarno-białej typu "Barybinsky" przedstawiono w tabeli 22.

Analiza danych w niniejszej tabeli 22 wskazuje na pozytywną korelację pomiędzy wiekiem I hotelu a najwyższą laktacją. Istnieje dodatnia korelacja pomiędzy wydajnością mleka, zawartością tłuszczu i białka w 1 i 2 laktacjach.

Tabela 22. Współczynniki korelacji między cechami biologicznymi i produkcyjnymi u krów typu "Barybinsky".

Wskaźnik	**Znaczenie**
Wiek pierwszego hotelu:	
wydajność w laktacji	-0,01
wydajność w laktacji	0,01
Masa ciała:	
wydajność w laktacji	0,02
wydajność w laktacji	-0,09
1 laktacja - wyższa laktacja	0,39
Uderz w pierwszą laktację:	
% tłuszczu	0,05
białko %	0,04
okres służby	0,17
żywa waga	-0,03
Hit dla wyższej laktacji:	
% tłuszczu	0,08
białko %	0,03

130 Zhebrovskiy, L.S. Hodowla zwierząt: podręcznik dla szkół wyższych (w języku rosyjskim) / L.S. Zhebrovskiy. - St. Petersburg: Lan, 2002. - 256 p.C.34-60; p.195-206.

okres służby	0,18
Procentowa zawartość tłuszczu w pierwszej laktacji:	
% białka, 1 laktacja	0,30
% białka, 2 laktacje	0,20
% białka, 3 laktacje	-0,15
% białka, wyższa laktacja	0,13

Istnieją negatywne korelacje między żywą wagą a wydajnością mleka w pierwszej laktacji, a także zawartością tłuszczu i białka w trzeciej laktacji. Należy jednak zauważyć, że negatywna korelacja między mleczarstwem a zawartością procentową tłuszczu i białka została przezwyciężona.

Tym samym ustaliliśmy, że zastosowanie technik hodowlanych zapewniło wysoką wydajność mleczną krów rasy czarno-białej "Barybino" - 7003 kg. Wyniki szacunków byków pokazały, że z 18 szacowanych byków najlepsze było 5 byków z linii Wes Ideal (gałęzie S.H.Traditionshn 1682485 i G.Starbaka 352790), a najgorsze były również byki z tych samych gałęzi. W związku z tym wykorzystanie byków-producentów liderów w hodowli jest bardzo racjonalne, a ewidencja linii pozwala na uniknięcie tylko bliskiego chowu wsobnego.

Parametry hodowlane i genetyczne cech ekonomicznych krów czarno-białych nie różnią się istotnie od przeciętnych danych literaturowych. Należy jednak zauważyć, że negatywna korelacja między mleczarstwem a zawartością procentową tłuszczu i białka została przezwyciężona.

1.4. Wykorzystanie puli genów buhajów holsztyńskich w doskonaleniu inwentarza żywego rasy kholmogorskiej

Intensyfikacja hodowli bydła mlecznego w Rosji znacząco zwiększa konkurencję międzyrasową, co prowadzi do poszerzenia asortymentu i liczby zwierząt najbardziej konkurencyjnych ras. Zwierzęta rasy kholmogorskiej zawsze różniły się większą zdolnością adaptacyjną w porównaniu z innymi rasami bydła mlecznego kierunku wydajności. Jest to spowodowane przede wszystkim ekstremalnymi warunkami klimatycznymi w strefie formowania się bydła kholmogorskiego [[131],].[132]

Obecnie w 13 regionach Federacji Rosyjskiej hoduje się bydło rasy Kholmogorsk.

Pod względem liczebności populacji rasa Kholmogorska zajmuje trzecie miejsce po czarno-białej i symetrycznej. Jego specyficzna waga, według Wszechrosyjskiego Instytutu Badań nad Plemiennictwem, wynosi 8,8%. W 1985 roku VNIIPlem, wraz ze specjalistami z innych instytucji, opracował program "Wykorzystanie rasy holsztyńskiej w celu poprawy stanu stad mlecznych bydła rasy Kholmogorsk w różnych regionach Federacji Rosyjskiej". Program określa zawartość krwi w mieszankach (od 37,5 do 75% dla Holsztynu), normy warunkowe, etapy pracy, tworzenie struktury genealogicznej. Główną zasadą metodologiczną jest selekcja zwierząt pożądanego typu nie poprzez proporcję "krwi" poprawiającej rasę, ale poprzez cechy produkcyjne [[133],].[134]

Krowy rasyholmogorsk mają dość wysoki potencjał genetyczny wydajności mlecznej w obwodzie ich utrzymania; region moskiewski jest liderem w wydajności - mleczność na krowę w 2011 roku wynosiła 5911 kg, mleczność dożywotnia - 19684 kg[[135],[136]].

Najlepszą krową według wyników bootowania na rok 2011 była Machekha 8341 o wydajności mlecznej 15925 kg, zawartości tłuszczu 3,56% (według trzeciej laktacji, o intensywności wydajności 3,65 kg / min (MUSP, Kovdorsky Agro Complex).

W ostatnich latach struktura pogłowia bydła w Kholmogorsku uległa znacznym zmianom w genealogii ze względu na aktywne wykorzystanie byków holsztyńskich. V.G.Trufanov i inni. [[137],[138],[139]] stwierdził, że zwierzęta czystej krwi należą do wiodących linii tej rasy: Alichka, Best, Cotton i Flower. Większość wzgórz x zwierzęta holsztyńskie zostały

---

[131] Program doskonalenia pogłowia bydła rasy Centralnej typu Kholmogorsky w Centralnym Okręgu Federalnym w kierunku zwiększenia zawartości białka. /I.M. Dunin, L.A. Parkhomenko, N.S. Nikulin i inni; FSNU VNIIPlem - Polany Leśne, 2009.-76s.

[132] Program hodowli bydła i doskonalenia rasy kholmogorskiej na lata 2010-2015 / I.M. Dunin, L.A. Parkhomenko, N.S. Nikulkin, V.M. Wysockaja. - Polany Lesnaya, 2010. - – 65 c.

[133] Praca plemienna z bydłem rasyholmogorsk (w języku rosyjskim) / I.M. Dunin, L.A. Parkhomenko, W.I. Szarkajew, N.S. Nikulkin, W.M. Wysockaja. - Leśne łąki, 2011. - – 88 c.

[134] Prudov, A.I. Use of the Holstein breed for intensification of the dairy cattle breeding (in Russian) / A.I. Prudov, I.M. Dunin. - – M., 1992. - 142 c.

[135] Rocznik pracy rodowodowej w hodowli bydła mlecznego i gospodarstwach Federacji Rosyjskiej (2010,2011,2013) / I.M.Dunin, V.V.Shapochkin, H.A.Amerhanov et al., VNIIPlem.- M., 2013.- 282 s.

[136] Parkhomenko, B.L. Wyniki szacunkowe producentów byków ras mięsnej i mlecznej z uwzględnieniem zawartości białka i mleka w córkach (w języku rosyjskim) / B.L. Parkhomenko // Zootekhnia. - 2011. - № 4.- C. 7-9.

[137] Abramowa, N.I. Stan bydła rasy kholmogorskiej (po rosyjsku) / N.I. Abramowa, L.N. Bogoradowa, G.M. Woronin // Zootekhnia. 2008. - Nr 7.- S. 2-5.

[138] Bogdanova, T. Cechy produkcyjne krów rasy Kholmogorsk typu centralnego w warunkach obwodu riazańskiego / T. Bogdanova, V. Trufanov, A. Gulyaev // Hodowla bydła mlecznego i mięsnego.

[139] Gajudukova, E.V. Osobliwości rozwoju i mleczarskiej wydajności zwierząt kholmogorskiej rasy o różnej liniowości / E.V. Gajudukova // Zootekhnia.- 2011.- № 8.- P.4-5.

pozyskane od producentów holsztyńskich linii Vis Beck Aydial, Reflexen Sawring i Montwick Chiftein. W warunkach Centralnego Okręgu Federalnego do 50,1 % nowoczesnej populacji rasyholmogorsk spełnia wymogi docelowej normy nowego typu rasy "Centralna".

W warunkach regionu Ryazan 52,3-57,1 % krów nowej rasy typu "Central" ma wymię w kształcie pucharu, o intensywności mleczności 1,58-1,67 kg/min. Charakteryzują się one większą odpornością na masturbację (o 6,3%). Ponadto wydajność krów rasy kholmogorskiej, z udziałem krwi 62,5-75,0% rasy holsztyńskiej, w najwyższej laktacji wynosiła 5683-5807 kg, co stanowi 632-756 kg mleka, jest znacznie wyższa w porównaniu z krowami czystej krwi, bez zmniejszenia ilości mleka tłuszczowego [[140]].

Obecnie istnieje potrzeba stworzenia stad nowych, wysokowydajnych typów zwierząt o wydajności 5,5-7,0 tys. kg mleka w okresie laktacji. Jednym ze sposobów na rozwiązanie tego problemu jest wykorzystanie wysokiego potencjału genetycznego rasy holsztyńskiej w zakresie wydajności mlecznej przy krzyżowaniu z Hillhornogorską. Na tle pełnego karmienia, metoda ta pozwala w krótkim czasie stworzyć stada wysokoproduktywne. Oprócz obfitego doju, bydło rasy holsztyńskiej charakteryzuje się dobrą adaptacyjnością do doju maszynowego i efektywnym wykorzystaniem paszy [[141],].[142]

Rasa ta ma największy rozkład w Republice Tatarstanu, gdzie jest najlepszą rodzimą rasą pod względem jakości plemiennej i produkcyjnej, zajmując pierwsze miejsce wśród innych ras pod względem liczby populacji.

G.S. Sharafutdinov [[143],[144]] odkryto, że krowy Kholmogorsk z linii Alichka są dobrze połączone tylko z bykami z linii V.Aydial; linia Topol - z bykami z linii M.Chiftein. W celu osiągnięcia wydajności mlecznej w stadach hodowlanych 5000-5500 kg mleka, w stadach handlowych - 4000-4500 kg, utrzymania zawartości tłuszczu i mleka w zakresie 3,7-3,8% i stosunkowo dobrej jakości mięsa, wskazane jest, zdaniem badacza, zaprzestanie hodowli zwierząt z krwią na rasie holsztyńskiej 62,5-75,0%. Zaleca on wykorzystanie obiecujących linii Vestnik Ń Õ-140 i Limon ŃÕ-

---

[140] Trufanov, V.G. Comparative estimation of the population and prospects of breeding of the Kholmogorsk breed of cattle in the Central Federal District of the Russian Federation : Doc. - Ryazan, 2006.-343c. C.89-93,192-199.

[141] Zakharov, V.A. Ulepszanie bydła czarnego i motylkowego z wykorzystaniem krajowej i importowanej puli genów (w języku rosyjskim) / V.A. Zakharov. - Riazan: Russian Word, 2000.- 286 s.

[142] Ivanova, N.I. Poprawa jakości produkcyjnej i technologicznej bydła czarnego, motylkowego i kholmogorskiego przy tworzeniu stad mlecznych intensywnego typu : dis. ...Doktor nauk: 06.02.04 / N.I.Ivanova. - Moskwa, 2004.- 335 s. C.24-30;.

[143] Sharafutdinov, G.S. Improvement of the hills cattle in Tatarstan : rozprawa doktora Sci. - M., 2000. - – 270 c. C.87-94.

[144] Sharafutdinov, G.S. Productive qualities of the Holmogorsk-Holstein mixtures in the Tatarstan conditions (in Russian) // Agrarian science. - 2000. - № 2. - C. 18-19.

0721 w pracy z rasą Kholmogorsk w szerszym zakresie w hodowli byków czystej krwi.

A.I.Ljubimow [[145]] ustalił zależność krów mlecznych od ich liniowej przynależności i jakości rodziców. Tak więc krowy z linii Montwick Chifteina miały wydajność mleczną 68,38...431,56 kg większą niż ich rówieśnicy z innych pokrewnych grup, a krowy z linii Reflection Sawring (czarno-petryfikowany Golstein) - również więcej, odpowiednio, o 148,89...793,10. Wysoki poziom wydajności i stopień rozcieńczenia wykazały córka byka Old Man 26 linia M. Chiftein (skała Kholmogorska) i Zateynik 4526 linia R. Sawering (skała czarno-biała).

Córki buhajów rasy poprawiającej jako całość również miały najlepsze wskaźniki składu chemicznego i jakości mleka, zwłaszcza krowy rasy czarnej i ćmy oraz rasy kholmogorskiej z ¾ zawartością krwi, otrzymane w hodowli "same w sobie".

Częstość występowania mastitis u krów zależy między innymi od wieku zwierząt w okresie laktacji. W mniejszym stopniu (25,6%), krowy o grupie krwi ¾ uzyskane z hodowli "same w sobie" (nasienie -61,4%) [ ].[146]

Wykorzystanie holsztyńskiej puli genowej w procesie uszlachetniania kholmogorskich skał czarnych i tłuczniowych w pewnym stopniu zmieniło ich cechy ekonomiczne i biologiczne, znacząco wpłynęło na strukturę genealogiczną tych skał, ich wartość hodowlaną, produkcyjną i technologiczną [[147],].[148]

E.N.Martynova donosi [[149],s.338.339], że wykorzystanie puli genowej rasy holsztyńskiej w doskonałości Kholmogorska oraz krów czarnych i pstrokatych z zachodniego przeduralu pozwoliło na stworzenie stad zwierząt mieszanych, spełniających wymogi docelowej normy dla nowych (pożądanych) typów bydła mlecznego: mleczność 5000-5500 kg przez 305 dni laktacji, zawartość tłuszczu 3,65-4,10%. W tym samym czasie E. Anisimova [[150]] ustaliła różnice w składzie chemicznym mleka międzyrasowego i wewnętrznego. Mieszanki Black-pestro-Holstein i krowy pożądanego typu autentycznie przewyższały mieszanki hilmogoro-Holstein pod względem ilości substancji suchej w mleku na 0,76-0,59 %, COMO - na

---

[145] Lubimow, A.I. Stan i perspektywy rozwoju hodowli bydła mlecznego w zachodniej części Uralu: Dezercja. ...Dr. S.-H. Sciences/A.I. Lyubimov. - M., 2003. - 451s. C.133,134,141,145;.

[146] Lubimow, A.I. Stan i perspektywy rozwoju hodowli bydła mlecznego w zachodniej części Uralu: Dezercja. ...Dr. S.-H. Sciences/A.I. Lyubimov. - M., 2003. - 451s. C. -154,197,214-219.

[147] Zuev, A.V. Alfabet hodowli zwierząt. 100 pytań i odpowiedzi / A.V. Zuev, T.V. Zueva, O.Yu. - Ezd. 2, dodatkowo. - M., 2007. - 155c.

[148] Kuzniecow, W.M. Podstawy badań w hodowli zwierząt / W.M. Kuzniecow.- Kirow, 2006.- 568s. C.471-475.

[149] Martynova, E.N. Właściwości biologiczne i produkcyjne bydła czarnego i jarzębinowego oraz bydła pagórkowatego z zachodniej części Uralu: Dezercja. E.N.Martynov. - M., 2004.-406s. C338,339.

[150] Anisimova, E. I. Anisimova. -Kinel, 2011.-307s. Naukowe uzasadnienie doskonalenia bydła Simmental z wykorzystaniem typów wewnątrzrasowych w Środkowej Wołdze... Doktor nauk. C.5,29,169,175,200-208.

0,09 %, pod względem utrzymywania tłuszczu w mleku - na 0,67-0,66 %, białka - 0,14-0,06 %, rzeczy mineralnych - 0,09-0,06 %, ale przyznawały je pod względem utrzymywania laktozy na 0,15-0,19 %. Wykazano wiarygodny wpływ producentów byków na skład chemiczny mleka córek.

E.YU. Savelieva i in. [[151],][152]donoszą, że mleko krów rasy Hilmogoro-Holstein i czarno-pestro-Golstein nie różniło się składem; jednocześnie wraz ze wzrostem krwi holsztyńskiej u krów czarno-pestro-Golstein zmniejszała się masa kazeiny micelowej w mleku, a u krów rasy Hilmogoro-Holstein - wzrost średniej średnicy kulek tłuszczu.

S.D. Batanov i inni. [[153],[154]] twierdzą, że na obecnym etapie rozwoju hodowli zwierząt zadaniem selekcji powinno być tworzenie takich genotypów, które łączą w sobie wysoką wydajność produkcyjną z właściwościami pozwalającymi na wykazanie ich w warunkach technologii przemysłowej, w obecności dużej liczby czynników stresowych. Maksymalny potencjał genetyczny dla wydajności, przy jednoczesnym zachowaniu zdrowia i zdolności reprodukcyjnych, jest możliwy u zwierząt o wysokiej zdolności adaptacyjnej, pod warunkiem pełnego odżywiania.

Przedłużające się wykorzystanie (od 1984 roku) puli genów rasy holsztyńskiej do ulepszania Kholmogorska i bydła czarno-białego umożliwiło stworzenie w gospodarstwach Republiki Udmurckiej puli mieszanej Kholmogoro-Holsztynu i czarno-białego bydła holsztyńskiego o szybkim i ekspresyjnym typie mlecznym.

Wyniki badań przeprowadzonych przez A.I. Lubimowa i innych. [[155],[156],][157]świadczą o tym, że mieszanki półkrwi są znacznie wyższe pod względem mleczności, zawartości tłuszczu i całkowitej zawartości tłuszczu w mleku zarówno krów rasy Hillhornogorsk czystej, jak i zwierząt o mniejszej zawartości krwi rasy holsztyńskiej. W warunkach dobrego żywienia (45 - 50 centnerów jednostek paszowych rocznie na zwierzę) efekt krzyżowania krów (o mleczności 4000 kg) z holsztynem jest silniejszy.

---

[151]Kałasznikowa, L.A. Wpływ genotypu kappa-kazeiny na wydajność mleczną i właściwości technologiczne krów rasy Kholmogorsk / L.A. Kałasznikowa, W.G. Trufanow // Raporty Rosyjskiej Akademii Nauk Rolniczych.

[152] Savelieva, E.Yu. Economic and biological qualities of mixtures of Kholmogorskaya and black-and-black-and-black-and-black color rocks with Holsteinskaya : dis. ...Cand. of sciences / E.Yu. Savelieva. M., 2003. 168 c. C.93-95.

[153] Batanov, S. Wpływ pochodzenia krów na czas wykorzystania gospodarczego / S. Batanov, G. Berezkina, E. Shkarupa // Hodowla bydła mlecznego i mięsnego. - 2012.- № 3.- P.19-21.

[154] Beach, A.I. Hodowla bydła mlecznego i mięsnego / A.I. Beach // Zootekhnia.-2002. - – C. 5 – 8.

[155] Trufanov, W.G. Metody hodowli bydła rasy kholmogorskiej w Centralnym Okręgu Federalnym Federacji Rosyjskiej / W.G. Trufanov // Doświadczenia i problemy państwowej regulacji produkcji rolno-przemysłowej i rynku żywności: Postępowanie międzyregionalnego konfederatu naukowo-praktycznego - Riazan: Riazan GSHA, 2002. - – C. 239-242.

[156] Sharafutdinov, G.S. Productive qualities of the Holmogorsk-Holstein mixtures in the Tatarstan conditions (in Russian) // Agrarian science. - 2000. - № 2. - C. 18-19.

[157] Lubimow, A.I. Stan i perspektywy rozwoju hodowli bydła mlecznego w zachodniej części Uralu: Dezercja. ...Dr. S.-H. Sciences/A.I. Lyubimov. - M., 2003. - 451s. C.133,134,141;

Badania wykazały, że krowy pożądanych typów mają wysoki potencjał genetyczny w zakresie wydajności mlecznej. Pierwsza laktacja była o 1392 kg wyższa od pierwszej, 1073 kg wyższa od drugiej i -1344 kg wyższa od krów tego typu w pełnym wieku. Krowy rasy Black-pestro-Golshtin pożądanego typu przewyższyły swoich rówieśników pod względem mleczności o 1049 kg w pierwszej laktacji, o 985,5 kg w pełnym wieku o 1198 kg. Według innych autorów, jałówki pomeznye pierwsze przekroczyły w mleczności o 400-500 kg, a w najlepszych gospodarstwach o 600-800 kg Gaidukova E.V. [[158]]. Stwierdzono również, że istnieje przewaga krów mieszanych nad czystorasowymi pod względem wydajności mlecznej do IV laktacji. W pierwszej laktacji wydajność krów mieszanych przekroczyła wydajność rówieśników czystorasowych o 912 kg mleka, w drugiej - 1356, w trzeciej - o 1019, w IV laktacji - o 972 kg [[159]]. Jednocześnie wyższą produkcyjność mleczną charakteryzowały się krowy pożądanych typów, mające w pierwszym hotelu w wieku 27-28 miesięcy, wagę żywą -450-500 kg (mieszanki z rasą Kholmogorskaya) i 500-550 kg (mieszanki z rasą czarną i pierzastą).

Ważne jest również, aby ocenić aktywność krów w okresie laktacji [[160]], bardziej wyrównane krzywe mają mieszane wzgórza i krowy Gaulshtina.

Wykorzystanie holsztyńskich byków-producentów przyczyniło się do uzyskania zwierząt o lepszych właściwościach morfologicznych wymion[[161]]. Największa liczba zwierząt z pożądanym wymieniem w kształcie miseczki, o sutkach cylindrycznych i stożkowych, optymalnych rozmiarach wymion i brodawek sutkowych, o intensywności produkcji mleka 1,75-1,77 kg/min, znajdowała się w populacji ¾ Hilmogoro-Holstein Mixtures [ ].[162]

Golsztynizacja miała również pozytywny wpływ na wygląd zewnętrzny zwierząt. Według A.I.Ljubimowa i innych. Najwyraźniejsza[163]mleczna budowa ciała jest typowa dla jałówek rasy kholmogorskiej i czarno-białej z 5/8,3/4 i ¾ "samym w sobie" udziałem krwi rasy holsztyńskiej. W wieku 18 miesięcy pisklęta Hilmogoro-Holstein osiągnęły żywą wagę 384,9-392,4 kg, czyli o 22,7-30,2 kg więcej niż

---

[158] Gajudukova, E.V. Osobliwości rozwoju i mleczarskiej wydajności zwierząt kholmogorskiej rasy o różnej liniowości / E.V. Gajudukova // Zootekhnia.- 2011.- № 8.- P.4-5.

[159] Łoś, N.F. Wydajność krów w zależności od wieku i okresu użytkowania/ N.F. Łoś // Zootekhnia.- 2002.- Nr 7.- S. 2-4.

[160] Shpis, A.A. Assessment of lactation activity of cows of different genotypes [electronic resource]/A.A.Shpis. - Tryb dostępu: http://www.rusnauka.com/NPM/Veterenaria/2_2_+shpis.doc.htm

[161] Ovcharenko, M.N. Chernyaeva, E.V. Przetwórstwo mleka: technologia, urządzenia, produkty. - 2006. - № 12. - C. 52-56.

[162] Pereverzev, D.B. Basics of selection effect increase at breeding of the Kholmogorsk cattle: Methodical recommendations (in Russian) / D.B. Pereverzev, I.M. Dunin, A.G. Kozankov et al.; VNIIPlem. - Leśne łąki, 2000. - 44 c.

[163] Prozherin, V.P. Zewnętrzne szacunki bydła górskiego-Holstein (w języku rosyjskim) / V.P. Prozherin, I.V. Kuvakina, Yu. - 1999. - № 1. -C. 8-9.

pisklęta czystej krwi ($p \leq 0,05$). Wyższe wskaźniki żywej masy ciała wykazywały mieszanki Hilligana-Holsteina z 3/4 krwią.

Według szeregu autorów [164] przy doborze i selekcji byków, biorąc pod uwagę liniową ocenę eksterieru córek, możliwe jest osiągnięcie poprawy stanu kończyn, wydłużenie czasu ekonomicznego wykorzystania zwierząt.

Zgodnie z wynikami badań przeprowadzonych w regionie Ryazan przez V.G. Trufanova [165], wskaźniki długowieczności produkcyjnej krów rasy pagórkowatej i holsztyńskiej przy wzroście krwi u poprawiającej się rasy nieznacznie spadły, ale wzrosła intensywność ich wykorzystania ekonomicznego. Maksymalną dożywotnią mleczność (23190 kg mleka) i mleczną zawartość tłuszczu (887 kg) uzyskano od krów o 37,5% holsztyńskiej krwi. Jest to odpowiednio 8,9 % i 11,7 % więcej niż w przypadku zwierząt czystorasowych. Pavlovoy i inni. [166] z oceny zasobów byków rasy Gholmogorsk na genach białek mleka wynika, że w przedsiębiorstwie opłucnej archangielskiej dominują byki o genotypie beta-laktoglobuliny BB.

Wielu badaczy [167,168,169] zauważa, że krowy czystorasowe Kholmogorsk były bardziej odporne na białaczkę niż zwierzęta rasy czarnej i pstrokatej selekcji domowej. Potomstwo buhajów holsztyńskich zwiększyło podatność na białaczkę (25,0% RID-ów dodatnich w rasieholmogorsk i 29,2% w rasie czarno-motylowej) w porównaniu ze zwierzętami czystej krwi (odpowiednio 9,3% i 13,2%). Wskazuje to na tolerancję rasy na białaczkę u bydła.

O.Yu. Osadchaya i inni. [170], analizując aspekty nowoczesnej hodowli zwierząt, proponuje się tworzenie kompleksów rasowych (bydło czarne i pstrokate, czerwone i brązowe) z tendencją do zmniejszania liczby wykorzystywanych ras. Zwierzęta godowe, należące nominalnie do różnych ras, ale tworzące jeden kompleks (populacja syntetyczna), jak zauważają autorzy, są rasami czystej krwi. Już w 2007 roku w naszym kraju ok. 80%

---

[164] Prozherin, V.P. Zewnętrzne szacunki bydła górskiego-Holstein (w języku rosyjskim) / V.P. Prozherin, I.V. Kuvakina, Yu. - 1999. - № 1. -C. 8-9.

[165] Trufanov, V.G. Ocena porównawcza pogłowia i perspektyw hodowli bydła rasy Kholmogorsk w Centralnym Okręgu Federalnym Federacji Rosyjskiej [Tekst]: dr Sci. - Ryazan, 2006.-343c. C.192-199.

[166] Pavlova, I.Yu. Oszacowanie zasobów hodowlanych buhajów rasy Kholmogorsk według genów białka mleka (w języku rosyjskim) / I.Yu. Pavlova, L.A. Kalashnikova, V.L. Yaluga, T.A. Rukhlova // Zootekhnia. - 2011. - № 3. - C. 6-9.

[167] Annenkova, N.V. Cechy produkcyjne i odporność na masturbację krów ras thoroughbred i mieszanych: dis. ...cand. s. - x. sciences /N.V. Annenkova. - Kursk, 1999. - – 141c

[168] Smirnov, Yu.P. Rozwój procesu białaczkowego u krów zakażonych VLDCS w zależności od ich wieku (w języku rosyjskim) // Medycyna weterynaryjna. - 1999. - № 12. - C. 15-17.

[169] Sulimova, G.E. DNA polimorfizm genu Wola-DRB3 u bydła ze względu na stabilność i podatność na białaczkę (w języku rosyjskim) / G.E. Sulimova, I.G. Udina, G.O. Shaikhayev, I.A. Zakharov // Genetyka. - 1995. - № 9. - C. 1294-1299.

[170] Osadchaya, O.Yu. Historyczne aspekty tworzenia rosyjskiej bazy hodowli bydła mlecznego (w języku rosyjskim) / O.Yu. Osadchaya, O.A. Pershina. - Materiały Międzynarodowej Konferencji Naukowo-Praktycznej 21-23.10.2008.-Dubrovichi-VISH 2008.-C.116-118.

pogłowia bydła w Kholmogorsku posiadało krew rasy czarno-białej holsztyńskiej.

Tak więc, dostępne dane dotyczące wykorzystania puli genowej buhajów rasy holsztyńskiej wskazują, że krzyżowanie ma pozytywny wpływ na zwiększenie wydajności mlecznej krów, pomaga poprawić ich przydatność do doju maszynowego. W optymalnych warunkach karmienia i utrzymania, holsztynizacja może być z powodzeniem stosowana w celu szybkiej poprawy jakości produkcyjnej inwentarza zboczowego.

Do tej pory nie przeprowadzono jednak wystarczających badań, aby określić wpływ holsztynizacji na tworzenie nowych rodzajów bydła mlecznego w warunkach codziennego kontrolowanego żywienia i pomieszczeń, ze szczególnym uwzględnieniem lokalnych populacji zwierząt gospodarskich, jak również genealogii, jakości hodowlanych, zdolności produkcyjnych i adaptacji importowanych ras ulepszonych. Potrzebne są również materiały badawcze dotyczące skuteczności holsztynizacji w różnych wariantach wyboru.

Materiały i metody badawcze

Cechy ekonomiczno-biologiczne bydła **rasy** "Centralne" **Kholmogorsk** badano w warunkach zakładu hodowlanego "Zelenogradskoje" obwodu puszkinowskiego obwodu moskiewskiego (950 krów).

Wydajność mleczna krów została uwzględniona za pomocą programu komputerowego "Alpro" i "Dairy Plan C21" (codziennie - przy odchowie niezwiązanej krów i miesięcznie - przy wiązaniu, podczas doju kontrolnego). Zawartość tłuszczu, białka i komórek somatycznych w mleku oznaczono w laboratorium Katedry Hodowli Mleczarstwa i Mięsa K.A. Tymiriazowa Rosyjskiego Państwowego Uniwersytetu Rolniczego FSUE "MosPlem".

Raz w miesiącu badaliśmy wskaźniki fizykochemiczne mleka w poszczególnych próbkach (n=30): zawartość suchej masy, odtłuszczonego mleka w proszku (%) według wzoru Farringtona, kwasowość miareczkującą $^{(0T)}$ - metodą miareczkowania, gęstość ($^{oA)}$ $^{-}$ laktodensymetrem, liczbę komórek somatycznych (tys.d/cm3) - w urządzeniu "Phosomatic". grupa czystości - metodą filtracyjną, klasa seminacji bakteryjnej - próbka reduktazy z Rezazuryną.

Cechy konstytucyjne nowego typu zwierząt zostały określone za pomocą liniowej oceny budowy krowy ("Wytyczne dotyczące oceny zewnętrznej", Dubrovica, 2001).

Właściwości morfofunkcjonalne wymion krów badano zgodnie z instrukcją metodologiczną "Ocena użytkowości wymion i mleczności krów ras mlecznych i mięsnych" (1970) oraz instrukcją metodologiczną VASHNILA (1985).

Wskaźniki charakteryzujące laktację analizowano metodą określania jednorodności laktacji (V.B. Veselovsky, cytowany w: V.F. Beauty et al., 1990), a także współczynnikiem stabilności.

Czas trwania użytkowania ekonomicznego i użytkowości życiowej krów określono na podstawie materiałów z pierwotnej rachunkowości zootechnicznej (Formularz 2-Mol), przeanalizowano również przyczyny utylizacji zwierząt (wg doniesień).

Cechy rozrodcze zwierząt badano za pomocą następujących wskaźników: wiek i masa ciała jałówek przy pierwszej inseminacji, w hotelu pierwszej jałówki oraz czas trwania służby.

Parametry hodowlano-genetyczne krów wyznaczono wspólnymi metodami: zmienność - przez obliczenie CV; powtarzalność - przez wewnątrzgrupową korelację cechy w różnych okresach (r); koniugację cech - przez współczynnik korelacji (r); dziedziczność - przez podwójny współczynnik korelacji w grupach matka-córka $(^{h2=2r})$.

1.4.1 Właściwości rolnicze i biologiczne holsztynizowanego bydła rasy Kholmogor typu "centralnego

Badania zostały przeprowadzone wspólnie z głównym zootechnikiem gospodarstwa V.A. Chuvikovem.

Status zakładu hodowlanego dla rasy Kholmogorsk został przyznany ZAO Zelenogradskoje w 2003 r. Gospodarstwo jest jednym z podstawowych zakładów FGUP "Moskovskoye" w zakresie testowania buhajów na jakość potomstwa.

Prace nad stworzeniem nowego typu rasy Kholmogorsk zostały przeprowadzone zgodnie z "Programem wykorzystania rasy holsztyńskiej do poprawy stanu stad mlecznych bydła rasy Kholmogorsk w różnych regionach Federacji Rosyjskiej". (1987), opracowany przez pracowników Wszechrosyjskiego Instytutu Badawczego Hodowli. Doskonalenie bydła rasy Hillmore przez rasę holsztyńską odbywało się w kilku etapach.

Stworzenie nowego strefowego typu mleczarskiego bydła Kholmogorsk na Środkową Nieczarną Glebę przeprowadzono w latach 1981-2002 w gospodarstwach rolnych obwodu moskiewskiego, określonych na polecenie Ministerstwa Rolnictwa ZSRR: Gospodarstwo Hodowlane FGUP "Polany Leśne", Gospodarstwo Hodowlane - kołchoz "Borets", JSC "Chulkovskoe", kołchoz "Leninets", JSC "Zelenogradskoe"[[171],p.28] Typ "Central" zatwierdzony w 2003 roku.

---

[171] Program hodowli bydła i doskonalenia rasy kholmogorskiej na lata 2010-2015 / I.M. Dunin, L.A. Parkhomenko, N.S. Nikulkin, V.M. Wysockaja. - Polany Lesnaya, 2010. - – 65 c. C.28

Nowy wysokowydajny typ mleczny bydła Kholmogorsk został stworzony na bazie rasy Kholmogorsk (matka) z wykorzystaniem krzyżówki reprodukcyjnej z bykami - producentami rasy Holstein (ojciec). Tworzenie nowego typu odbywało się zgodnie z opracowanym schematem, zarówno w stadach hodowlanych, jak i komercyjnych. W gospodarstwach hodowlanych planowano pozyskanie zwierząt od 3/8 do 3/4 krwi rasy holsztyńskiej.

Wygląd zewnętrzny zwierząt z gatunku bydła Hillhornogor typu "Central"

Wykorzystanie byków holsztyńskich w stadzie bydła kholmogorskiego przyczyniło się do produkcji wyższych i masywniejszych zwierząt na zewnątrz. Wyniki naszych badań, przedstawione za pomocą głównych posągów (tabela 23) i liniowych danych oceny (tabela 24), wykazały, że krowy nowego typu "Central" mają

Tabela 23 - Cechy zewnętrzne krów z pierwszej jałówki typu "centralnego" (n=35)

Symbol	Wskaźnik, patrz (M±m)
Wysokość w koronie	142±0,23
Skośna długość tułowia	160±0,27
Długość głowy	49,4±0,21
Szerokość czoła	21±0,10
Głębokość klatki piersiowej	73±0,22
Szerokość klatki piersiowej	45,7± 0,20
Obwód klatki piersiowej	201,0±0,8
Szerokość w krzyżówkach	51,1±0,18
Szerokość w wybojach kulszowych	39,08±0,19
Szerokość w stawach biodrowych	49,7±0,15
Pięcioboczny obwód	20,4±0,08

Rysunek 6. Krowa Nuga Kholmogorska rasa typu "Central"

Tabela 24: Liniowa ocena budowy ciała krów pierwszej jałówki typu "Central" (n=35)

Wynik punktowy Symbole	Wartość statystyczna	
	M ± m	CV,%
Wzrost	6,20 ± 0,1	1,0
Głębokość ciała	6,5±0,1	7,7
Pozycja zadania	5,3±0,1	7,8
Szerokość zadania	5,3±0,1	6,2
Tylne nogi z boku.	4,5±0,1	14,9
"Pięta" (wysokość)	5,6±0,1	11,6
Nogi z tyłu.	5,8±0,1	8,6
Mocowanie akcji przednich	6,5±0,1	8,9
Wysokość części tylnej	6,8±0,1	8,8
więzadło pośrodkowe	5,6±0,1	14,8
Głębokość wymion	5,7±0,1	14,6
Pozycja sutka przedniego	4,3±0,1	15,6
Długość brodawki sutkowej	5,4±0,1	12,4
Twierdza	5,7±0,1	8,8
Typ mleczny	6,8±0,1	4,9
Długość płatów przednich wymion	6,5±0,1	10,3
Przeguby klinowe	4,6±0,0	7,2
Ocena krów na systemie 100-punktowym		
Typ mleczny	82,2 ± 0,1	0,8
Organ	82,8 ± 0,1	1,1
Kończyny	81,7± 0,1	1,1
Wymię	83,2± 0,1	1,2

Średni wynik	82,4± 0,1	0,6

wyraźny typ mleczny, a według złożonej oceny wyrobów i stanu zdrowia krów w 100 - punktowej skali, zewnętrzna część pierwszej jałówki typu "Central" należy do trzeciej kategorii - dobra "plus". Tak więc, średni wzrost jałówek w krzyżówce jest wystarczająco duży z bardzo małą zmiennością (1%). Głębokość tułowia i niektóre liczebności wymion są najwyższe, natomiast pozycje sutka przedniego i kończyny tylnej są niskie.

Właściwości morfologiczne i funkcjonalne wymion

Technologia przemysłowa produkcji mleka obejmuje dobór krów według ich przydatności do doju maszynowego. Jednym z głównych wskaźników jest intensywność produkcji mleka. W zakładzie hodowli "Zelenogradskoje" w ostatnich latach ten wskaźnik dla stada jest na poziomie 2 kg/min i więcej (tabela 25), co jest możliwe tylko przy odpowiednim pożądanym kształcie wymion. Jednocześnie intensywność produkcji mleka zarówno u jałówek jak i krów ma następującą tendencję: wzrost intensywności produkcji mleka jest spowodowany wzrostem średniej dziennej wydajności mlecznej.

Tabela 25 - Właściwości morfologiczne i użytkowe wymion krów i jałówek

Wskaźnik	2006 г	2009 г	2012 г
Wszystkie krowy są policzone, bramka.	747	757	773
Średnia dzienna wydajność mleczna, kg.	26,7	27,0	27,5
Średni czas trwania doju, min.	13,6	13,4	12,6
Wydajność mleka, kg/min.	1,96	2,02	2,19
Tylko pierwsza jałówka jest policzona, cel.	245	322	238
Średnia dzienna wydajność mleczna, kg	29,5	26,6	27,4
Średni czas trwania doju, kopalnie	13,5	13,0	12,1
Intensywność produkcji mleka, kg/min	2,19	2,05	2,25

Tak więc intensywna selekcja stada tworzonego nowego typu przyczyniła się do uzyskania silnych zwierząt o wyraźnym typie mlecznym, proporcjonalnej budowie, dobrze rozwiniętej objętości wymion

1.4.2 Wydajność mleczna i jakość mleka krów rasy Kholmogorsk typu "Central"

Poziom wydajności mlecznej zależy od wielu czynników. Badaliśmy wpływ sezonu wycielenia na wydajność mleczną krów różnych linii w ciągu 1 laktacji. W tabeli 26 przedstawiono dane dotyczące zmian w wydajności i składzie jakościowym mleka (tłuszcz, białko) krów rasy Zelenograd z linii Montwick Chiftein (MF), Wes Ideal (WI) i Reflex Sawring (RS) dla 1 laktacji w zależności od pory roku. Ponadto, analizując uzyskane wyniki, będziemy używać skrótu nad opisanymi liniami.

Z analizy danych z tabeli 26 wynika, że w okresie zimowym, podczas wycielania, najwyższa średnia mleczność w okresie I laktacji dotyczy krów z linii AI. Jest on równy 8027 kg (o średniej zawartości tłuszczu 3,82 %, czyli o 871 kg więcej niż średnia mleczność linii MF i 892 kg więcej niż średnia mleczność linii PC, odpowiednio ($P \geq 0,99$).

Odsetek tłuszczu w mleku krów linii AI był wyższy o 0,08 % niż w przypadku krów linii MS, ale niższy niż w przypadku krów linii MF o 0,14 %. Jednakże pod względem bezwzględnej zawartości tłuszczu mlecznego krowy pierwszej jałówki linii MF przekroczyły nie tylko pierwszą jałówkę linii RS o 39 kg ($p \geq 0,99$), ale również krowy linii MF - 22,4 kg ($p \geq 0,99$).

Pod względem zawartości białka w mleku w pierwszej laktacji najlepsze wyniki uzyskały zwierzęta z linii MF (3,12%), która przekracza wskaźnik zwierząt z linii AI o 0,05% oraz o 0,07% - pierwsze krowy z linii RS. Jednak pod względem wydajności białka mleka (w kg), najwyższy wskaźnik pozostaje również dla pierwszych krów z linii AI.

Tabela 26. Zmiana wydajności mlecznej krów rasy Kholmogorsk w zależności od sezonu wycielenia w I laktacji (M±m)

Sezon roku		Linie		
	Wskaźnik	OIC	MCH	RS
Zima	Mleko, kg	8027±173**	7156±218	7135±129
n=45	CJ%	16,1	20,2	16,2
	Tłuszcz, %	3,82±0,07	3,96±0,08	3,74±0,05
	Cv%	6,68	7,47	4,75
	Białko, %	3,08±0,03	3,12±0,04	3,06±0,03
	Cv%	4,05	4,44	3,55
	Tłuszcz mleczny, kg	306,6±5,5**	282,7±5,8	267,9±4,3

	Cv%	15,3	19,2	18,6
	Białko mleka, kg	247±10,5	223±12,2	218±9,5
	Cv%	14,8	18,9	15,1
Wiosna	Mleko, kg	7680±107	6305±167	7389±122
n=45	CJ%	13,8	14,7	15,1
	Tłuszcz, %	3,97±0,1	4,13±0,07	3,60±0,06
	Cv%	8,9	5,8	6,13
	Białko, %	3,04+±0,04	3,06±0,05	3,03±0,03
	Cv%	4,4	5,26	3,66
	Tłuszcz mleczny, kg	305,0±4,8**	260,9±6,8	265±3,9
				Kontynuacja tabeli 26
	Cv%	16,85	17,08	12,9
	Białko mleka, kg	233,4±3,3**	229,1±6,6	200,5±7,0
	Cv%	10,9	17,11	15,89
Lato	Mleko, kg	6653±188	6444±106	6662±173
n=45	CJ%	26,5	11,5	20,2
	Tłuszcz, %	4,03±0,07	4,40±0,08	4,05+±0,08
	Cv%	6,3	6,61	7,85
	Białko, %	3,13±0,04	3,21±0,03	3,19±0,04
	Cv%	4,4	4,03	4,17
	Tłuszcz mleczny, kg	267,4±9,4	284,3±11,5	270,8±19,4
	Cv%	26,2	14,5	26,2
	Białko mleka, kg	208,7±9,5	207,5±7,0	213±9,7
	Cv%	26,7	12,2	21,5
Jesień	Mleko, kg	7221±257	7014±233	7796±268*
n=45	Cv%	29,8	18,4	18,3
	Tłuszcz, %	3,71±0,1	3,99±0,07*	3,76±0,05
	Cv%	10,7	6,65	5,87
	Białko, %	3,12±0,03	3,15±0,04	3,08+0,03
	Cv%	10,7	6,63	5,87
	Tłuszcz mleczny, kg	274,3±6,0	278,2±6,2	291,9±6,8
	Cv%	31,11	15,3	16,57
	Białko mleka, kg	225±17,4	220,3±9,4	240±11,6
	Cv%	29,81	16,6	18,7

Uwaga: * P≥0,95; ** P≥0,99;

W związku z tym zwierzęta z linii AI, których wycielenie miało miejsce zimą, są najlepsze pod względem wyników I laktacji zarówno pod względem mleczności, jak i całkowitej ilości tłuszczu i białka, pomimo stosunkowo niskiego udziału procentowego w mleku.

Najwyższa mleczność u cieląt na wiosnę w okresie I laktacji była u krów linii AI: wynosiła ona 7680 kg, co jest wiarygodne (p≤0,001) przewyższa mleczność krów linii MF (o 1375 kg) i była o 291 kg większa od krów linii RS, ale różnica nie jest wiarygodna, istnieje tendencja.

Zawartość tłuszczu była 3,97% lub 0,18% wyższa niż u krów rasy MS, ale 0,16% niższa niż u krów MS.

Pod względem zawartości procentowej białka w mleku praktycznie nie było różnic między krowami różnych linii. Jednocześnie wydajność tłuszczu i białka mleka w cieleniu wiosennym u krów linii AI była istotnie wyższa niż u krów pozostałych linii i wynosiła odpowiednio 305,6±4,8 i 232,9 kg.

W hotelach w okresie letnim dojenia krów wszystkich trzech linii w pierwszej laktacji różniły się nieznacznie między sobą i wynosiły średnio 6653 kg (AI), 6444 kg (MF) i 6652 kg (PC), przy zawartości tłuszczu 4,03% i 4,05% odpowiednio u krów linii AI i PC. U krów linii MFL procent zawartości tłuszczu był wyższy niż u krów równorzędnych w I laktacji o 0,37% (SI) i 0,35% (RS) i wynosił 4,40%.

Zawartość białka w mleku krów linii MF była również najwyższa: 3,21%, natomiast u krów linii MF wynosiła 3,13%, a u krów linii PC 3,19%.

Najwyższą wydajność w hotelach jesienią w laktacji I uzyskano z krów linii RS: wynosiła ona 7796 kg, co rzetelnie przewyższa wydajność krów linii MF o 782 kg ($p \leq 0,001$) i była o 575 kg większa od wydajności krów linii AI, ale różnica ta nie jest wiarygodna, istnieje tylko trend. Jednocześnie średni procent zawartości tłuszczu w mleku krów z linii PC jest o 0,05% wyższy niż u krów z linii MCH, ale niższy od odpowiedniego wskaźnika u krów z linii MCH - o 0,23%; procent zawartości białka u krów z linii PC był niższy niż u krów z linii MCH o 0,04% i o 0,07% niż u krów z linii MCH.

Podobne liczby są uzyskiwane dla średniej ilości tłuszczu i białka mleka.

Ponadto, w celu potwierdzenia powyższych wniosków, przeprowadziliśmy dwuczynnikową analizę dyspersji, której wyniki przedstawiono w tabeli 27.

Tabela 27 - Wyniki dwuczynnikowej analizy dyspersji

Źródło zmienności	SS	df	MS	F	Wartość R	F krytyczne
Linia	74983689,85	2	37491845	17,767901	3,91402	3,017
Sezon	38675355,1	3	12891785	6,1095942	0,0004479	2,626
Interakcja	8960418,616	6	1493403	0,7077442	0,64353073	2,120
Wewnątrz .	886237200,4	420	2110089			

Razem .	1008856664	431				
η2						
Linia	7,432541462					
Sezon	3,833582756					
Interakcja	0,888175589					

Analiza tabeli 27 pokazuje, że największy wpływ na wydajność mleczarską ma przynależność genealogiczna (7,43 %). Siła takiego czynnika jak sezon hotelowy była mniejsza i wynosiła 3,83%.

Dynamikę wydajności mlecznej krów rasyholmogorsk przedstawia tabela 28.

Tabela 28 - Zmiany w wydajności mlecznej krów rasyholmogorsk w 3 laktacjach (M±m), n=105.

Symbol	Linia byków		
	OIC	MCH	RS
	I laktacja		
Mleko, kg	7396±181**	6729±180	7245±173
Zawartość tłuszczu,%	3,88±0,08	4,12±0,07**	3,79±0,06
Zawartość białka,%	3,10±0,07	3,14±0,04	3,09±0,04
	Laktacja II		
Mleko, kg	8378± 257	7632±225	8850±268***
Zawartość tłuszczu,%	4,01±0,07	4,19±0,08*	3,99±0,05
Zawartość białka,%	3,14±0,03	3,10±0,04	3,10±0,08
	III laktacja		
Mleko, kg	8538±188	7896±218	8917±129***
Zawartość tłuszczu,%	4,16±0,10	4,33±0,08**	4,06±0,08
Zawartość białka,%	3,13±0,04	3,20±0,04**	3,01±0,03

Z analizy danych z tabeli 28 wynika, że najwyższa mleczność w I laktacji była u krów linii AI: wynosiła 7396±181 kg, co przekracza średnią wartość mleczności linii MF o 667 kg mleka ($p \leq 0,01$) oraz o 152 kg zwierząt linii PC, ale różnica nie jest wiarygodna, istnieje tendencja. Analiza procentowa zawartości tłuszczu w laktacji I wykazuje, że krowy linii MF przewyższają zwierzęta linii RS i UI odpowiednio o 0,33 i 0,24 %, przy $p \leq 0,01$.

Zgodnie z II laktacją wydajność krów linii RS wynosiła 8850±268 kg, czyli o 1218 kg więcej niż wydajność krów linii MF, przy $p \leq 0,001$, oraz 474 kg - krów linii AI, ale różnica nie jest wiarygodna, istnieje tendencja.

Pod względem zawartości białka nie zaobserwowano istotnych różnic w I i II laktacji.

Zgodnie ze wskaźnikiem średniej procentowej zawartości tłuszczu w II i III laktacji krowy z linii MF są lepsze.

Zgodnie z III laktacją mleczność krów ze wszystkich 3 linii wzrosła, ale najwyższa wydajność krów linii RS, która wynosi 8917±129 kg, wiarygodnie przewyższa wydajność krów linii MF o 1021 kg, przy $p \leq 0,001$, i wyższa o 379 kg mleczność krów linii AI, ale różnica nie jest wiarygodna, istnieje tendencja.

Zauważono wiarygodne doskonałe krowy linii MF pod względem procentowym zawartości białka krów linii RS o 0,19%, przy $p \leq 0,01$.

Wyniki badań pokazują więc, że najwyższe wskaźniki laktacji od I do III obserwuje się u krów linii RS i AI (7245-8917 i 7396- 8538 kg), ale pod względem odsetka tłuszczu najlepsze są krowy linii MF (4,12-4,33%). W odniesieniu do zawartości białka stwierdzono wiarygodne różnice tylko w laktacji III.

Dynamikę wydajności mlecznej krów typu "centralnego" zakładu hodowlanego "Zelenogradskoje" za okres od 2000 do 2012 roku przedstawia tabela 29. W ciągu ostatnich 12 lat mleczność wzrosła z 4553 kg do 7813 kg, tj. o 3260 kg, czyli o 71,6%. Równocześnie z przyznaniem nagrody zaobserwowano wzrost ilości mleka tłuszczowego. Zawartość tłuszczu w mleku wzrosła o 0,40% i wyniosła 4,23%. W 2012 roku produkcja tłuszczu mlecznego wzrosła o 175,4 kg, do 349,9 kg w porównaniu z rokiem 2000. Nastąpił dość duży wzrost zawartości białka w mleku (o 0,37 %); przy produkcji białka mleka wzrost ten wyniósł 122,8 kg, czyli 93,7 %. Zgodnie z indeksem mleka, wskazującym na intensywność wykorzystania zwierząt, odnotowano również wzrost o 401 kg, czyli 42,2%.

Tabela 29 - Dynamika wydajności mlecznej krów w Zelenogradskoje CC

Wskaźnik	lata			±2012 к 2000	
	2000	2009	2012		
				w abs.	в %
Ilość, cel	741	617	869		
Mleko, kg	4553	7510	7813	+3260	171,6
Zawartość tłuszczu, %	3,83	4,07	4,23	+0,40	-
Ilość tłuszczu, kg	174,5	305,6	349,9	+175,4	200,5
Zawartość białka, %	2,88	3,08	3,25	+0,37	-
Ilość białka, kg	131,1	231,3	253,9	+122,8	+193,7
Żywa waga, kg	480	538	579	+99	120,6
Mleko Współczynnik wydajności, kg	948	1395	1349	+401	142,2

1.4.3 Wykorzystanie produkcyjne krów rasyholmogorskiej typu "Central".

Długość hodowli krów na obecnym etapie i w niedalekiej przyszłości będzie w dużej mierze decydować o efektywności ekonomicznej hodowli bydła mlecznego. Dlatego wskaźnik ten wymaga szczególnej uwagi, ponieważ wiadomo, że do normalnej pracy hodowlanej konieczny jest średni wiek krów 3,2 ... 3,5 cieląt [57]. W przeciwnym razie naruszona zostaje ciągłość pokoleń zwierząt i niemożliwa staje się ocena krów na podstawie jakości ich potomstwa. W zakładzie hodowlanym "Zelenogradskoje" odnotowano następujące zmiany w średnim wieku krów: od 2000 do 2012 roku stado odmłodniało o 0,7 (2,8-2,1) laktacji; wprowadzenie jałówek do stada miało odwrotną tendencję - wzrosło z 23,6% do 25%; największe wprowadzenie jałówek odnotowano w 2005 r. Pozytywnym zjawiskiem jest spadek średniego wieku pierwszej jałówki z 30,9 do 25,5 miesiąca. Długość okresu świadczenia usług wzrosła o 29 dni i w 2012 r. wyniosła 140 dni (tabela 30).

Tabela 30 Wskaźniki dotyczące zarządzania krowami w poszczególnych latach

Wskaźnik	Rok			
	2000	2009	2012	±2012/2000
Produkcja krów				
Średni wiek w hotelach, laktacja.	2,8	2,4	2,1	-0,7
Liczba sieci przeniesionych do stada, cel.	219	296	252	+33
%	23,6	30,0	25,0	+1,4
Średni wiek w I- hotelu, miesiąc.	30,9	24,1	25,5	-5,4
Czas trwania okresu użytkowania				
Przeciętnie, dni.	111	160	140	+29
Ponad 90 dni, bramka.	303	369	439	+136
Produkcja cieląt na 100 krów	85	65	71	-14
Czas trwania okresu suchego				
Przeciętnie, dni.	56	57	62	+6
51-70 dni, cel.	607	438	310	-297
Ponad 70 dni, bramka.	17	29	18	+1

Krowy opuszczają stado z różnych powodów (tabela 31).

Tabela 31. - Powody, dla których krowy opuszczają stado

Rok	Grupa zwierząt, n	Powody usuwania, choroby (bez, %)										
		ginekologia		wymiona		kończyny		Urazy, niezliczona ilość przypadków		inni (metabolizm)		Średni wiek krów w hotelach
		Abs.	%	Abs.	%	Abs.	%	Abs.	%	Abs.	%	
2009	Krowy n=289	61	21,1	11	3,8	95	32,8	36	12,4	86	29,7	2,7
	Pervolts n=93	21	22,6	4	4,3	28	30,1	19	20,4	21	22,6	
201	Krowy n=445	89	20,0	32	7,2	70	15,7	41	9,2	211	47,4	2,5
	Pervolts n=165	29	17,5	2	6,7	37	22,4	27	16,3	69	41,8	

Z analizy danych w tabeli 31 wynika, że głównymi przyczynami odchodzenia bydła na emeryturę są choroby ginekologiczne, choroby kończyn i choroby metaboliczne, co prowadzi do tego, że średni wiek odrzucanych zwierząt wynosi 2,5 ... 2,7 laktacji.

Ten wiek utylizacji nie odpowiada zaleceniom o stosowaniu krów w stadzie przez co najmniej 4,0 -4,5 laktacji i o wydajności życiowej wynoszącej 30 ton mleka lub więcej. [Ważki N.I.,][172]

1.4.4 Analiza struktury genealogicznej stada bydła typu centralnego Kholmogorsk oraz ocena buhajów

Doskonalenie bydła kholmogorskiego w Zelenogradskoje, CJSC poprzez wykorzystanie producentów holsztyńskich, prowadzone jest od 1991 r. W tym okresie struktura genealogiczna stada uległa zmianie (tabela 3.2.3.1). I tak już w 2000 r. 96,1% stada opierało się na zwierzętach czterech linii holsztyńskich, a tylko 3,9% stanowiły zwierzęta czystorasowe Kholmogorsk (linia kwiatowa CX-1139). Do 2005 roku nastąpiła zmiana

[172] Strekozov, N.I. Hodowla bydła mlecznego w Rosji i kierunek jej rozwoju (w języku rosyjskim) / N.I.Strekozov // Proc. of Intern. scientific-practical conf., 21-23.10.2008. - Dubrovica: VISION. - C. 29-32.

proporcji stada hodowlanego w zależności od jego przynależności liniowej i całkowite zanikanie bydła czystorasowego rasy Kholmogorsk.

Według materiałów z 2012 roku, w gospodarstwach hoduje się zwierzęta 4 linii holsztyńskich: Wes Ideal - 46,6%; Sawring Reflex - 40,2%; Pabst Governer - 6,6% i Montwick Chiftein - 5,7% (Tabela 32).

Tabela 32 - Analiza struktury genealogicznej stada według lat (populacja macicy, ogółem)

Główne linie	2000г		2009г		2012г	
	n	%	n	%	n	%
Wes Idealny	378	51,0	399,0	44,2	412,0	47,3
Montwick Chifteina	247	33,3	123,0	13,6	180	20,6
Odbicie piłowania	40	5,39	279,0	30,9	242	27,8
Peeling Trijun Rokita	47	6,34	-	-	-	-
Gubernator Pabst	-	-	101,0	11,2	30	3,4
Kwiat CX-1139	29	3,91	-	-	-	-
Inni					6	0,68
To wszystko:	741	100,0	902,0	100,0	870,0	100,0

Linie ideału Wes i refleksji piłowania dominują w populacji. W strukturze genealogicznej stada te dwie linie stanowią 75,1%, a zwierzęta Pabst Governer i Montwick Chiftein 24,0%. Każdy wiersz zawiera te same odgałęzienia, które zostały wcześniej opisane w punkcie 1.3.

Praca plemienna ma na celu stworzenie zwierząt, które są w stanie reagować na lepsze warunki karmienia i wysoką wydajność. Jednym z najskuteczniejszych sposobów pozyskiwania takich zwierząt jest wykorzystanie producentów, którzy znacznie przekraczają skład macicy pod względem cech ekonomicznych i są w stanie stale przenosić te cechy na potomstwo.

Ponieważ zakład hodowlany "Zelenogradskoje" jest przedsiębiorstwem zajmującym się kontrolą jakości potomstwa byków-producentów, istnieje odpowiednio duża liczba córek byków-producentów różnych linii. Liczba ojców krów zbliżyła się do 134 według danych z 2012 roku.

Wyniki wykorzystania byków-producentów w TZ "Zelenogradskoje" przedstawiono w tabeli 33. Tabela ta przedstawia dane dotyczące byków posiadających największe potomstwo w gospodarstwie w ostatnim roku.

Na podstawie oceny byków-producentów z największą liczbą potomstwa, stwierdzono, że na 8 byków z linii AI, trzy miały kategorię "neutralne". Do kategorii "wzmacniacz" o nagrodę zostały zaliczone następujące byki: Prank 396537 (A1) oddział G.Starbak 352790-503327, a najgorszy był Neriton 398411, Lel78948096, przeor 144 tego samego oddziału. Z linii M. Chiftein wzmacniacz tłuszczu jest taki sam jak w CC "Barybino" byka Apricot 6326 (oddział Osboridale lvango 1189870). Z linii

RS najlepszy na nagrodę był byk Zuid 1004 (A3B1) (oddział Valiant 1650414), z linii PG byki Mango 1007 (A1) i Mars 1005 (A3) (oddział V.F.Ned Boy 1806201). Tak więc w stadzie rasyholmogorskiej odnotowuje się buhaje na mleku nie tylko linii AI, ale również buhaje linii RS, PG. A byki z linii MS są również wzmacniaczami tłuszczu. W związku z tym racjonalne wykorzystanie buhajów-producentów jest bardzo ważne w hodowli, a ewidencja linii pozwala na uniknięcie ścisłej hodowli wsobnej.

W związku z tym racjonalne wykorzystanie byków-producentów liderów jest bardzo ważne w hodowli, a ewidencja linii pozwala na uniknięcie ścisłej hodowli wsobnej.

Tabela 33 - Wyniki szacunkowe dla potomstwa byków-producentów w zagłębieniu Zelenogradskoje

Nazywa się . Byk, kategoria		Produktywność córek					Wydajność rówieśników					Wydajność matek		
		n	Udoi, kg	Gruby, %	Mol. Tłusty, kg	Białko, %	n	Udoi, Kg	Gruby, %	Mol. Tłusty, kg	Białko, %	Udoi, kg	Gruby, %	Mol. Tłusty, kg
Linia: Wes Idealna														
Art. 140	Б2	121	6144	3,94	242,1	3,20	480	6270	3,86	242	3,18	9991	4,7	470
Prank 396537	A1	31	7353	3,50	257,4	3,12	112	6891	3,50	241,2	3,11	12405	4,61	572
Laert 415403	A1	53	7287	3,65	266,0	3,05	5851	6834	3,79	259	3,08	13603	4,9	667
Neriton398411	H	33	5976	3,97	237,2	3,08	533	6136	3,98	244,2	3,0	11202	5,51	617,2
Prory 144	H	21	7108	3,90	277,2	3,20	4178	7708	3,68	283,7	3,13	9991	4,7	469,6
Raden 78634734	A1B3	24	6701	3,91	262,0	2,93	342	6138	3,86	236,9	3,02	10911	4,43	483,4
Stinger 243	A2	42	6840	3,86	264,0	3,10	4254	6489	3,86	250,5	3,08	18897	4,5	850,4
Lel 78948096	H	27	6081	3,96	240,8	2,97	566	6080	3,94	239,6	2,98	11376	4,55	517,6
Linia: Montwick Chiftein														
Morela 6326	Б1	24	6564	4,28	280,9	3,03	401	6664	4,05	269,9	3,02	13928	4,86	676,9
Stellar 7991429	H	29	5876	4,09	240,3	3,04	759	6200	3,96	245,5	3,02	11506	5,51	634
Zeus 3[illegible]7	H	14	5957	3,95	235,3	3,13	945	6363	3,91	248,8	3,08	8239	4,1	337,8
Linia: Piłowanie refleksyjne														
Ayr 20[illegible]8	H	39	7324	3,72	274,6	3,12	3677	7719	3,66	282,5	3,08	11218	4	449
Zuid1004	A3B1	98	6030	4,26	256,9	3,17	978	5952	4,1	244	3,14	9991	4,7	470
Atlas27	H	62	6183	3,89	240,5	3,22	615	6097	4,01	244,5	3,26	12378	4,8	594
Mason 5091	A3	19	4491	4,32	194,0	-	152	4307	4,49	193,4	-	20000	4	800
Linia: Gubernator Pabst														
Mars1005	A3	34	6186	3,90	241,3	3,11	1185	6069	3,96	240,3	3,11	13109	4,3	564
Mango1007	A1	38	6530	3,87	252,7	3,15	1163	6131	3,94	241,6	3,13	13109	4,3	564
Ken24[illegible]5	H	53	5714	4,04	230,8	3,09	407	6103	4,04	246,6	2,99	12732	4,9	623,9

1.4.5. Hodowla i parametry genetyczne krów rasy kholmogorskiej typu "Central".

Parametry hodowlane i genetyczne pozwalają na ocenę ogólnej sytuacji w stadzie, oszacowanie średnich wskaźników cech ekonomicznych, ich koniugacja, powtarzalność i dziedziczenie przez matki.

Wiadomo, że zwiększenie tempa pracy hodowlanej jest niemożliwe bez uwzględnienia stanu genetycznego stada, który jest zdeterminowany zmiennością, dziedzicznością, powtarzalnością i wzajemnym powiązaniem cech. W tabeli 34 przedstawiono średnią wydajność mleczną krów w całym stadzie w gospodarstwie.

Tabela 34 Wskaźniki hodowlane krów pierwszej jałówki rasy Kholmogorsk typu "Central".

Wskaźnik	n	M±m	Cv, %	h2
Krowy mleczne w okresie I laktacji	256	7328± 150	18,0	0,27
Zawartość tłuszczu w mleku	256	3,91±0,18	9,0	0,22
Zawartość białka w mleku	256	3,23±0,11	6,0	0,24
Żywa waga przez I laktację	269	518±5,8	14	

Z analizy danych z tabeli 34 wynika, że poziom mleczności w laktacji krów typu "centralnego" jest dość wysoki (7328 kg), a współczynnik różnorodności (18%) tego wskaźnika wskazuje na możliwość skutecznej selekcji. Zawartość tłuszczu 3,91% w mleku krowim jest wystarczająco wysoka, a zawartość białka wynosi 3,23%. Zmienność zawartości tłuszczu i białka wynosi odpowiednio 9,0 i 6,0% - jest niższa od zmienności mleczności, co wskazuje na mniejsze możliwości selekcji. Rośnie więc rola selekcji.

Współczynniki dziedziczności dla zawartości tłuszczu i białka w mleku podkreślają w tym przypadku znaczenie selekcji jako metody selekcji.

Ogólnie rzecz biorąc, wskaźniki hodowlane: współczynniki zmienności i dziedziczenia charakteryzują stado jako mające tendencję do zwiększania wydajności mlecznej. Jednocześnie istnieje potrzeba ukierunkowanej selekcji i doboru par w celu zwiększenia zawartości białka w mleku.

Powtarzalność znaków. W programach hodowlanych, współczynniki powtarzalności są ważne dla przewidywania cech produkcyjnych i hodowlanych zwierząt. Tabela zawiera dane dotyczące powtarzalności głównych oznak wydajności mlecznej krów rasy Kholmogorsk typu "Central" w strefie "Zelenogradskoje".

Tabela 35 - Współczynniki powtarzalności wydajności mleka krowiego (n=256)

Wskaźnik	Znaczenie
Mleko do pierwszej laktacji, kg	
Mleko do wyższej laktacji, kg.	0,74
Zawartość tłuszczu, % w 1 laktacji:	
Zawartość tłuszczu % w najwyższej laktacji	-0,21
Tłuszcz mleczny w pierwszej laktacji, kg	
Tłuszcz mleczny do najwyższej laktacji.	0,59
Zawartość białka %, na 1 laktację:	
Zawartość białka % w najwyższej laktacji	0,48
Białko mleczne w pierwszej laktacji,kg	
Białko mleczne do najwyższej laktacji.	0,58

Analiza podanych danych wykazała wysoką powtarzalność objawów wydajności mlecznej według wydajności i zawartości białka u krów typu "centralnego" między pierwszą a najwyższą laktacją, co wskazuje na możliwość wyboru zwierząt według wydajności do pierwszej laktacji. Dla mleka w 1 laktacji można niezawodnie przewidzieć ilość mleka w najwyższej laktacji. To samo można powiedzieć o produkcji tłuszczu i białka mleka (w kg).

Współczynniki korelacji. Wiadomo, że większość oznak dotyczących bydła mlecznego jest spokrewniona. Ich charakter jest bardzo zróżnicowany, zarówno pod względem wielkości jak i kierunku połączeń.

Przy tworzeniu nowego typu lub nowej rasy zwierząt konieczna jest znajomość prawidłowości relacji pomiędzy najważniejszymi cechami ekonomicznie użytecznymi. Wiąże się to z ustanowieniem nowego typu korelacji cech ekonomicznie użytecznych, z kruchością i naruszeniem niepożądanych korelacji [[173], s. 83,84]. Istnieją jednak doniesienia, że ustalone powiązania między poszczególnymi cechami są zerwane z technikami intensywnej hodowli bydła mlecznego. Opiera się to na adaptacyjnej reakcji zwierząt na zmiany w środowisku i zachowaniu plastyczności genetycznej w kierunku adaptacji do nowych warunków [[174],[175]]. W wyniku tego mogą występować kombinacje pomiędzy cechami, które nie zostały wcześniej odnotowane. W tabeli 36

[173] Zhebrovskiy, L.S. Hodowla zwierząt: podręcznik dla szkół wyższych (w języku rosyjskim) / L.S. Zhebrovskiy. - St. Petersburg: Lan, 2002. - 256 P.S.83-84.

[174] Gulko, D.M. Hodowla i metody technologiczne podnoszenia walorów użytkowych krów w dużych gospodarstwach mlecznych: dis. ...Cand. of Agricultural Sciences: 06.02.04 / D.M. Gulko.- Forest polany, 2004.- 122 s. STR. 70-72; STR. 78-83.

[175] Tozliyan, K.M. Breeding and technological modernisation of the intensive milk type cow stad (in Russian) / K.M. Tozliyan, Yu. - Dubrovica: Wydawnictwo Instytutu Badawczego Produkcji Zwierzęcej, 2008. - 192 c. C.67-71

Przedstawiono współczynniki korelacji dla krów rasy Kholmogorsk typu "Central" w CJSC Zelenogradskoje.

Tabela 36 - Współczynniki korelacji pomiędzy cechami u krów rasy Kholmogorsk typu "Central".

Wskaźnik	Znaczenie
Wiek pierwszej inseminacji:	
wydajność w okresie laktacji	0,02
wydajność w laktacji	0,01
Żywa waga w 1 hotelu:	
wydajność w okresie laktacji	0,09
Uderz w pierwszą laktację:	
Zawartość tłuszczu, %	-0,22
Zawartość białka, %	-0,18
Zawartość tłuszczu, % - zawartość białka, %	0,28
okres służby	0,17
Hit dla wyższej laktacji:	
Zawartość tłuszczu, %	-0,28
Zawartość białka, %	-0,47
okres służby	0,14

Dane z tabeli 36 wskazują, że istnieje dość wysoka ujemna korelacja wydajności mleka w przypadku wyższej laktacji z zawartością tłuszczu i białka (głównym kierunkiem pracy było zwiększenie wydajności mleka).

Tak więc analiza wyników programu hodowlanego dotyczącego stworzenia nowego typu mlecznego rasy Kholmogorsk świadczy o tym, że planowana wydajność na krowę w laktacji dla gospodarstw hodowlanych 5000 ... 5500 kg już w 2002 roku jest ustalona.

Następnie nastąpił wzrost wydajności mlecznej i w 2008 roku osiągnięto maksymalną wydajność - do 8000 kg. Wysoką produktywność uzyskano przy użyciu doświadczonego schematu krzyżowania, a mianowicie: stado posiadało 25% krwi na skale Kholmogorskaya, z charakterystyczną siłą budowy ciała, adaptacją do lokalnych warunków. Dalszy napływ krwi Holsteina doprowadził do osłabienia odporności, a w konsekwencji do spadku wydajności i poziomu produktywności krów w stadzie.

1.5 Metoda zdalnej hybrydyzacji w celu poprawy wydajności mlecznej i odporności zwierząt gospodarskich rasy mlecznej

1.5.1 Historia hodowli mieszańcowej i ocena buhajów według jakości potomstwa

Jedną z efektywnych metod tworzenia bydła mlecznego spełniającego współczesne wymagania produkcyjne jest hybrydyzacja, a w szczególności "krew" zebu [[176], ,[177] ,[178][179] 245[180]] do ras mlecznych.

Należy jednak zauważyć, że w procesie hodowli zwierząt nie zawsze zwracano należytą uwagę na zwiększanie naturalnej odporności na choroby zakaźne, hemopasożytnicze i inne, wytrzymałości i plastyczności, zwłaszcza w przypadku aklimatyzacji w obszarach o niekorzystnych warunkach klimatycznych i epizootycznych.[181][, , ,[182]][183][184]

[176] Bolotova, J.G. Biological features and some economic useful qualities of zebu hybrids in Transbaikalia conditions [Tekst]: dis. ...Cand. Biol. Nauka. - Ułan-Ude. 2009. -131s.C.50-54.

[177] Karaev, G.S. Poprawa i wykorzystanie puli genowej bydła, zebu - hybrydy i bawoły, hodowane w Dagestanie : Diss. ...doc. s.-h. sciences / G.S. Karaev. - Circassian, 2009. - – 304c. C.104-110,117-122,98,214.

[178] Cóz, z E. Wydajność mleczarska i naturalna odporność hybryd czarno-szybkich zebu (po rosyjsku) / S.E. Kozlov, I.Ya. Shakhtamirov, I.H. Ulubayev // Genetyczny postęp w zwiększaniu wydajności zwierząt rolniczych: zbiór artykułów naukowych / pod redakcją VNIIRGZh. - St. Petersburg, 1991. P.83-86.

[179] Lumbunov, S.G. Hybrydyzacja bydła symetrycznego i zebu w warunkach Buriatia (po rosyjsku) / S.G. Lumbunov, J.G. Bolotova, S.B. Yeshizhamsoeva, T.N. Khamiruev // Biuletyn BSU. - 2005.- C.245-247.

[180] Shevhuzhev, A.F. Some results of zebu hybridization with the red steppe rock in the Republic of Dagestan (in Russian) / A.F. Shevhuzhev, G.S. Karaev, S.G. Karaev // Rational ways to solve the socio-economic problems of the region: regional materials. scientific-practical conf. - Circassian, 2009. - P.176-180.

[181] Amerchanov, H.A.Hybrydyzacja bydła z zeeboo na Północnym Kaukazie / H.A.Amerkhanov, A.F.Shevhuzhev, B.A.Elbdarov.-M.2014.- s.398. C.20-50,105-156.

[182] Lumbunov, S.G. Use of a hybridization method for increase of resistance and meat productivity of the Buryatia symmental cattle (in Russian) / S.G. Lumbunov, S.B. Yeshizhamsoeva, T.N. Hamuraev, J.M. Bołotowa // Przebieg II międzynarodowej konferencji poświęconej 70. rocznicy powstania Nowosybirskiej Fabryki Inżynierii Zoologicznej "Rzeczywiste problemy hodowli zwierząt na Syberii: nauka, produkcja i edukacja" - Nowosybirsk, 2006.- P.114-115..

[183] Verdiyev, Z.K. Genetyczne możliwości azerbejdżańskiego zebu i ich wykorzystanie przy tworzeniu stad bydła hybrydowego [Tekst] / Z.K. Verdiyev // Proc. sowiecko-indiańskiego sympozjum. Używanie zebu i ich hybryd do produkcji mleka i wołowiny. - Kherson, 1982. - – C. 22-30.

[184] Kovalyuk, N. System selekcji i środków diagnostycznych do skutecznego wyleczenia stad z białaczki bydła / N. Kovalyuk, V. Satsuk, A. Markov, V. Pishchulina // Hodowla bydła mlecznego i mięsnego. - 2010.- № 5.- P.12-14.

Niedostatecznie wykorzystuje się możliwości selekcji zwierząt również na takich cechach, jak przydatność do pracy w warunkach technologii przemysłowych, wzrost wydajności itp.[,[185]A.A.Rubenkov[186]].

S.R.Shevtsov i inni [[187],[188189]] zwracają uwagę, że naturalna odporność zwierzęcia obejmuje cały kompleks uzupełniających się wskaźników immunologicznych, biochemicznych i morfologicznych. W badaniach nad skutecznością metody zdalnej hybrydyzacji w celu poprawy wydajności mlecznej zwierząt analizowane są wyniki oceny hybrydowych buhajów-producentów na temat jakości potomstwa otrzymywanego przy inseminacji przez plemniki buhajów rasy indyjskiej i nowozelandzkiej o różnej zawartości krwi matek rasy czarno-mięśniowej; ujawniane są optymalne proporcje udziału krwi rasy zeit i bydła czarno-mięśniowego.

Praca została wykonana w warunkach gospodarstwa naukowego i eksperymentalnego "Śnieżki" obwodu iryńskiego obwodu moskiewskiego. Wybrano cztery byki, z których dwa były mieszańcami bydła czarnego i motylkowego o linii krwi 1/4 i 1/8 nowozelandzkiej zebu oraz dwa mieszańce z zebu indyjskiego o linii krwi 1/4 i 1/8. Ocenę buhajów przeprowadzono metodą porównania "matka - córka" i "córka - rówieśnicy".

Badania zostały przeprowadzone wspólnie z firmą N.M.Skok z Wydziału Zdalnej Hybrydyzacji N.V.Qitsin SBS.

Eksperyment z hodowlą hybryd zebu i bydła czarnego i świerkowego w gospodarstwie naukowym i doświadczalnym NEC "Snegiri" Głównego Ogrodu Botanicznego Rosyjskiej Akademii Nauk w obwodzie istryńskim obwodu moskiewskiego rozpoczął się w 1956 roku pod kierownictwem profesora A.A.Rubenkowa [1982][190]. Do tego gospodarstwa przywieziono dwa czystorasowe byki azerbejdżańskiej zebu, które miały czarne i skąpe bydło - May i Shwe (rys. 6,7).

---

[185] Żukow, I.V. Wpływ ekologii na stan procesów wymiany i rozmnażania bydła / I.V. Żukow // Selekcja, karmienie, utrzymanie zwierząt hodowlanych i technologia produkcji zwierzęcej - M.: Leśnye Polyany, 2001.-Vyp.11.- C. 72-74.

[186] Rubenkov, A.A. Zebubuid milk hybrids from breeding" in itself (in Russian) / A.A. Rubenkov // Teoretyczne i praktyczne aspekty zdalnej hybrydyzacji. - M., 1986. - - C. 133-136.

[187] Voronin, E.S. Immunology / E.S. Voronin, A.M. Petrov, M.M. Sedykh, D.A. Devrishov. - Moscow: Kolos-Press, 2002. - 406 s.

[188] Kolyakov, Ya.E. Veterinary immunology. - M.: Agpromizdat, 1986.-225 s. C16,17.

[189] Shevtsov, S.R. Czynniki naturalnej odporności i parametrów biochemicznych krwi bydlęcej o różnych genotypach: dis. ...cand. s.-h. sciences / S.R.Shevtsov. - Troitsk, 1999. - 168 str.S.26,27.

[190] Rubenkov, A.A. Mleczne hybrydy w warunkach strefy wolnej od bakterii (w języku rosyjskim) / A.A. Rubenkov // Wykorzystanie zebu i ich hybryd do produkcji mleka i wołowiny. Materiały z sympozjum sowiecko-indyjskiego. - Kherson, 1982. - - C. 31-38.

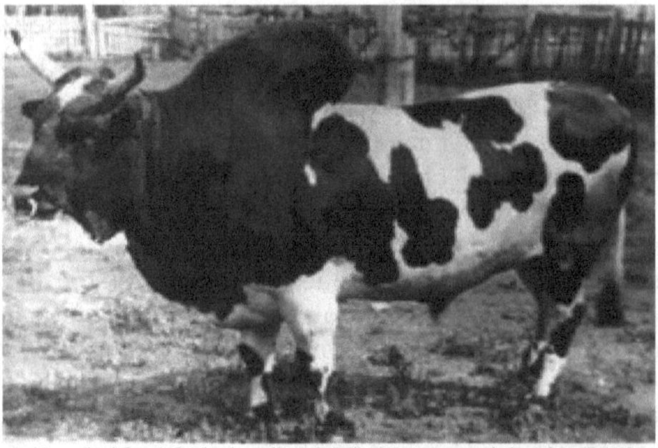

Rysunek 6- Azerbejdżański byk zebu - Maj 5914 - przodek mieszańców.

Obecnie stado Naukowo-Doświadczalne Gospodarstwo "Snegiri" w całości składa się ze zwierząt hybrydowych posiadających 1/8 i /16 udziałów krwi różnych ras zębów. Ponad połowa populacji przypada na mieszańce azerbejdżańskich zebu - potomków: Shve 5071 i May 5914.

Rysunek 7 - Azerbejdżański byk zebu Shwe 5071 jest przodkiem mieszańców.

Przy hodowli zwierząt pożądanego typu specjaliści grupy ds. selekcji bydła z zebu kierowali się kompleksowym programem prac selekcyjnych w zakresie hodowli zebu i hybryd bydła z zebu na lata 1979-1990. oraz Programy hodowli nowych ras mlecznych i mięsnych z wykorzystaniem zebu (zatwierdzone przez VASKHNIL dnia 8 kwietnia 1982 r.) Program tworzenia hybryd w Snegiri NEC został zatwierdzony przez Ministerstwo Rolnictwa ZSRR do wykorzystania w hodowli nowych ras mlecznych z wykorzystaniem typów wewnątrzrasowych w latach 1982-2005: Kaukaski, Zakaukazie, Kazach, Azja Środkowa, Syberia, Ziemia Nieczarna, Północno-Zachodnia. Minimalne wymagania dla krów pełnoletnich (mieszańców) wynosiły od 3300 kg mleka (305 dni) - dla klasy 2 do 5000 kg - rekord elitarny, o zawartości tłuszczu co najmniej 4% i żywej wadze krów odpowiednio 440-540 kg. Obecnie stado NEX składa się w całości z hybryd 1/8-1/32.

Stworzone stado ma wysokie walory produkcyjne: średnia mleczność na stado w okresie laktacji została osiągnięta w 1989 roku. 4 020 kg, najwyższa średnia zawartość tłuszczu w mleku w 1986 r., -4,64%, zawartość białka wahała się od 3,70 do 3,87% w różnych latach. Hybrydy są bardzo odporne na choroby, zwłaszcza na białaczkę. Zebu przed eksperymentem w NEC "Snegiri" nie był wywożony poza terytorium Republiki Azerbejdżanu w celu wykorzystania go w celach hodowlanych.

W wyniku wieloletnich badań i obserwacji opracowano główny schemat tworzenia nowego typu czarno-białego tłuszczu i mleczno-białkowego bydła zebowatego.

W 1990 roku rozpoczęto tworzenie nowych gałęzi z kubańską zebu, indyjską zebu rasy Sahiwala, nowozelandzką zebu. Od 1999 roku, wspólnie z naukowcami z Moskiewskiej Państwowej Akademii Rolniczej im. K.A.Timiriazowa, rozpoczęto tworzenie nowego typu bydła z wykorzystaniem czarnych i motylkowych byków holsztyńskich (Rys.8).

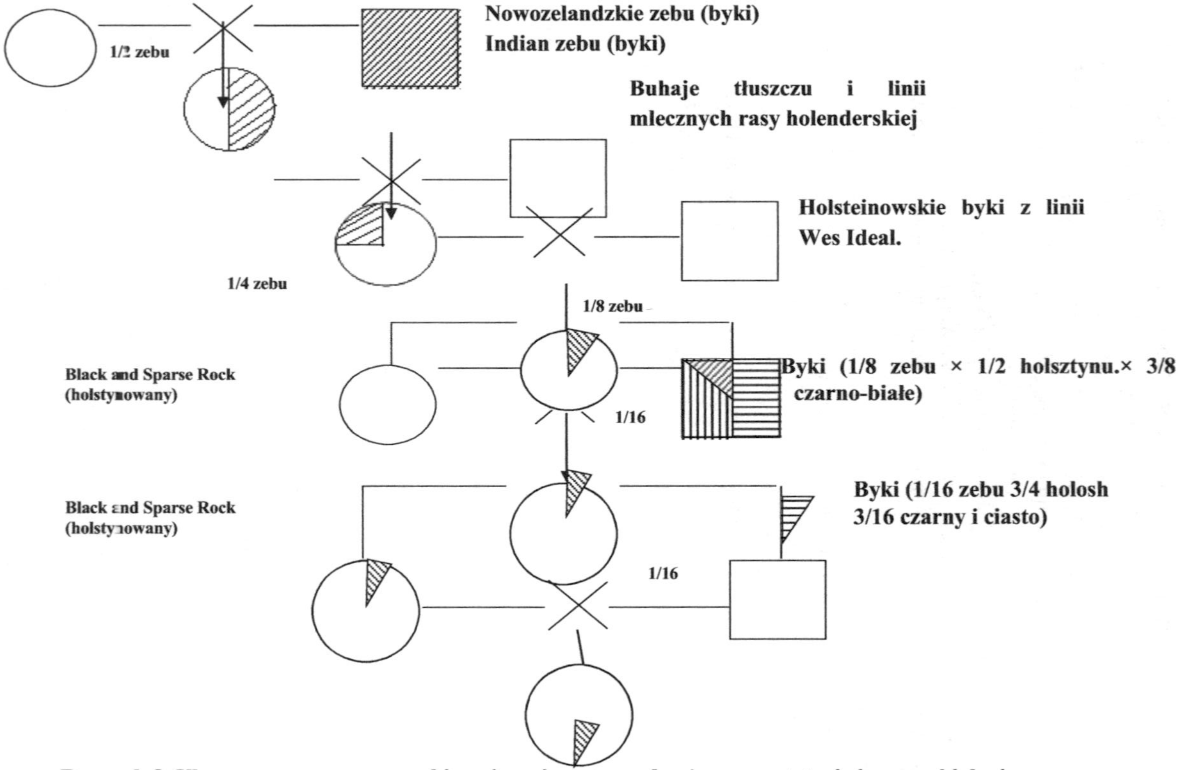

Rysunek 8. Ulepszony program pozyskiwania zwierząt o podwyższonym statusie immunobiologicznym

Celem pracy było zachowanie pozytywnych cech krów hybrydowych zebowatych, ale przy wzroście obfitości mleka, poprawa kształtu wymion. W związku z wyznaczonym celem zrealizowano następujące zadania:

1.Ocena byków-producentów (1/4 i 1/8 frakcji krwi) zebu z Indii i Nowej Zelandii w warunkach NEC "Snegiri".

2.Uzyskać zebubovidnyh hybrydowych zwierząt przy użyciu buhajów czarnych i motylkowych rasy holsztyńskiej (1/8 frakcji krwi) Nowej Zelandii, indyjskiej zebu i ocenić możliwość stworzenia mlecznej hybrydy bydła czarnego i motylkowego z zebu.

Opis byków - producenci: **Cherlon Bull 1468** - hybryda bydła czarnego i wróbla z krzyżówki z nowozelandzką zebą, jej zawartość krwi na zebu wynosi - 1/8. Linia krwi potomstwa tego byka jest formalnie 1/16 gorliwością.

Byk Lyon 2910 jest hybrydą bydła czarnego i pstrokatego z krzyżowania nowozelandzkiego zeebusa, jego liczba krwi na zeebusie wynosi - 1/4. Krew potomstwa tego byka jest formalnie 1/8 zeit.

Bull Pyrzh 1801 jest hybrydą bydła czarnego i pstrokatego z krzyżowania się z zebu indyjskiego, jego linia krwi na zebu wynosi -1/8. Linia krwi potomstwa tego byka jest formalnie 1/16 gorliwością.

Byk Sahivalny 167 jest mieszańcem bydła czarnego i motylkowego z krzyżówki z zebu indyjskiego, jego zawartość krwi na zebu wynosi -1/4. Linia krwi potomstwa tego byka jest formalnie 1/8 zera.

Wyniki oceny buhajów - producentów według jakości potomstwa metodą porównania wydajności córek i ich matek podano w tabelach: 37.

Tabela 37. Porównanie wydajności mlecznej krów córek - matek NEC "Snegiri" (M±m,kg)

Przezwisko byka	Krew na zębie		Mleko, kg		±córki do matek
	byk	córki	córki	matek	
Czernon 1468	1/8	1/16	4467,1±71**	3682,8±128	785
Lyon 2910	1/4	1/8	3983,3±174*	3254,5±118	729
Wyj 1810	1/8	1/16	4271,4±85*	3575,5±113	696
Sahał 167	1/4	1/8	3941,5 ±101*	3343,0±108	598

Z analizy tabeli 37 wynika, że praktycznie córki wszystkich byków autentycznie przewyższają w dawkach matek; średnio wyższość w dawkach córek wynosi 17,9 % u byka Sakhivalnogo 167; 19,5 - Pyja 1810; 22,3 - Lyon i 21,3 % u byka Chernon 1468.

W dzisiejszych czasach jakość mleka jest bardzo ważna, zwłaszcza zawartość tłuszczu i białka w mleku.

Tabela 38 Porównanie średniej zawartości tłuszczu w mleku krów z córek NEC "Snegiri" (M±m,%)

Przezwi sko byka	Krew na zębie		Zawartość tłuszczu, %		± % tłuszczu córek dla matek
	b yk	có rki	córki	matek	
Czernon 1468	1/ 8	1/ 16	4,60±0, 06	4,72±0 ,08	- 0,12
Lyon 2910	1/ 4	1/ 8	4,59±0, 05*	4,34±0 ,05	0, 16
Wyj 1810	1/ 8	1/ 16	4,60±0, 02	4,75±0 ,11	- 0,15
Sahał 167	1/ 4	1/ 8	4,55±0, 06	4,63±0 ,10	- 0,08

Analiza danych z tabeli 38 świadczy o tym, że tylko córki buhaja Lwa 2910 w sposób wiarygodny przekraczają w procentach zawartość tłuszczu w mleku swoich matek - o 0,16%. Córki byków z Cherlonu 1468 i Pyja 1810 mają najwyższą zawartość tłuszczu w mleku, równą 4,60%, ale są gorsze od matek. Istnieje prawdopodobnie bezpośrednia zależność: procentowa zawartość tłuszczu zmniejsza się wraz ze wzrostem wydajności mlecznej.

Tabela 39 - Procentowa zawartość białka w mleku córek krów NEC "Snegiri".

Przezwisko byka	Krew na zębie		Zawartość białka, %		±% białka córek dla matek
	byk	córki	córki	matek	
Czernon 1468	1/8	1/16	3,63±0,03	3,54±0,03	0,09
Lyon 2910	1/4	1/8	3,62±0,05	3,57±0,05	0,05
Wyj 1810	1/8	1/16	3,57±0,02	3,54±0,04	0,03
Sahał 167	1/4	1/8	3,57±0,05	3,62±0,06	- 0,05

Analiza danych z tabeli 39 pokazuje, że córki wszystkich byków mają tendencję do zwiększania procentu białka w porównaniu z ich matkami (z wyjątkiem córek byka Sahivalnego 167 - są o 0,05% gorsze od matek w tym wskaźniku, ale różnica nie jest wiarygodna).

Ocena stopnia zróżnicowania genotypowego matek - córek buhajów metodą analizy dyspersyjnej wykazała, że h2, czyli stopień odziedziczenia badanej cechy przez matki jest niewielki, a więc h2 obfitość mleczności = 0,05,h2 tłuste mleczność = 0,10,h2 mleczność białka = 0,15; różnice te nie są wiarygodne, dlatego większość zróżnicowania genotypowego wynika z dziedzicznego wpływu buhajów.

Zastosowanie metody szacowania byka producenta przez jakość potomstwa córki - rówieśnika (tabela 40) wykazało, że córki byka Cherlona 1468 przewyższają swoich rówieśników wydajnością mleka średnio o 400 kg, wydajnością tłuszczu - o 18 kg i wydajnością białka - o 16 kg, przy poziomie istotności statystycznej $p < 0,01$; o procent tłuszczu i białka różnica nie jest wiarygodna, to znaczy wyższość w wydajności tłuszczu i białka jest osiągana dzięki wysokiej wydajności mleka. Byki Lyon 2910, Ski 1810 i Sahivalny 167 są neutralne pod każdym względem.

Tabela 40 - Porównanie wydajności mlecznej córek byków z rówieśnikami

Przezwisko byka	Krew na zębie		Wskaźniki				
	byk	córki	wydajność mleczna, kg	m.e.w.%	m.j. kg	m.d.b., %	m.b.kg
Czernon 1468	1/8	1/16	400**	0,02	18**	0,04	15,9**
Lyon 2910	1/4	1/8	-141	-0,01	- 12,4	0,03	- 8,3
Wyj 1810	1/8	1/16	81,2	0,02	11,2	-0,03	6
Sahał 167	1/4	1/8	-173,4	-0,05	-16,7	-0,04	- 13,4

Zgodnie z wynikami, córki byka Cherlona 1468 o zawartości krwi 1/16 na zeebusie nowozelandzkim są lepsze w wydajności mlecznej swoich rówieśników o zawartości krwi 1/8 średnio o 400 kg w laktacji, przy poziomie istotności statystycznej $p<0,01$; nie stwierdzono wiarygodnej różnicy w zawartości tłuszczu i białka oraz mleka.

1.5.2. Wzrost i rozwój jałówek hybrydowych

Badania zostały przeprowadzone wspólnie z głównym zootechnikiem Gorkiego CCM A.S.Korotkov.

Pierwszym etapem tworzenia wysoce wydajnych stad, zarówno pod względem priorytetu jak i znaczenia, jest intensywna uprawa jałówek naprawczych.

Rozwój jałówek naprawczych w okresie wegetacyjnym jest podstawą kształtowania się organizmu zwierzęcia, ze wszystkimi jego fizjologicznymi i adaptacyjnymi właściwościami.

Rozsądna hodowla bydła mlecznego ma na celu osiągnięcie wczesnej manifestacji potencjału genetycznego wydajności mlecznej u krów. Istotną rolę w pracy rodowodowej z bydłem mlecznym odgrywają wzajemne zależności między intensywnością wzrostu i masą ciała jałówek a ich późniejszą wydajnością mleczną. Bez znajomości i uwzględnienia tych wzajemnych powiązań nie jest możliwe stworzenie systemu racjonalnej uprawy, a także właściwe określenie kierunku selekcji i doboru w stadzie i w całej rasie.

Najważniejszą cechą biologiczną zwierząt hybrydowych jest dziedziczność formy rodzicielskiej dzikiego gatunku oraz wiarygodne przeniesienie właściwości formy rodzicielskiej, ustalone przez selekcję i długą, względnie jednolitą selekcję. Ta biologiczna właściwość zwierząt hybrydowych w największym stopniu spełnia wymagania stawiane zwierzętom hodowlanym, po których potomstwo powinno stale odziedziczyć cechy rasy, cechy typu zakładu oraz, w pewnym stopniu, indywidualne cechy najbliższych przodków. To przede wszystkim decyduje o wartości metody hybrydyzacji na odległość jako metody hodowli w hodowli bydła plemiennego.

W związku z powyższym materiałem, **celem** naszych badań było zbadanie wpływu krzyżowania byków zebubowatych z krowami czarnymi i motylkowymi ras wysokopłodnych na wzrost i rozwój jałówek naprawczych.

Badaliśmy dynamikę żywej wagi i cech zewnętrznych jałówek od urodzenia do 15 miesiąca życia - na populacji 40 zwierząt: I grupa (n=20) - potomkowie buhajów linii Montwick Chiftein, Wes Ideal i II grupa (n=20) - potomkowie byka Lard1966 (½ Holsztynu + 1/8 krwi nowozelandzkiej zebu + 3/8 ras czarnych) w zakładzie hodowlanym SPK o nazwie M.Gorky.

Warunki żywieniowe i mieszkaniowe grup doświadczalnych były podobne. W związku z tym, że gospodarstwa te rozwiązały problem bazy paszowej, która pozwala na uzyskanie średniej masy ciała jałówek o żywej wadze 350-380 kg w wieku 16-18 miesięcy, możliwe było zbadanie następujących zagadnień:

- zmieniając żywą wagę kurcząt od urodzenia na 15 miesięcy..;
- zmiana średniego dziennego przyrostu jałówek od urodzenia do 15 miesięcy..;
- zmiana względnej stopy wzrostu od urodzenia do 15 miesięcy..;
- cechy zewnętrzne jałówek od urodzenia do 15 miesięcy..;

W okresie od maja 2006 r. do września 2007 r. prowadzono badania eksperymentalne nad porównaniem wzrostu i rozwoju jałówek hybrydowych w rejonie Gorkiego Raju, w obwodzie leninskim, w obwodzie moskiewskim.

W CC SPK "Gorky" jałówki hybrydowe uzyskano poprzez skrzyżowanie zebubowidnego buhajka rasy zebù (1/8 krwi nowozelandzkiej zebù, ½ holsztyńskiej czarnej mączki i 3/8 krwi rasy czarnej mączki) z krowami rasy czarnej mączki.

Tabela 41 - Schemat doświadczenia

Grupa (n=20)	Pochodzenie	Terminy płatności
Plemienna roślina imieniem M. Gorky (bydło czarne i motylkowe)		
Grupa kontrolna I	Córki byków rasy holsztyńskiej (Hit, Batman) linia RS, MCH	05.2006 -09.2007
II grupa - doświadczenie	Córki Pana Byka 1966 1/16 krwi nowozelandzkiej zeby.	05.2006 -09.2007

Wyniki badań nad zmianami masy ciała jałówek w czasie chowu przedstawiono w tabeli 42.

Tabela 42 - Dynamika żywej wagi zwierząt doświadczalnych, kg

Wiek, miesiąc.	Grupa		± do grupy I	
	test I M ± m	II doświadczony M ± m	kg	%
Przy narodzinach.	34,1±0,8	36,8±0,5 *	+2,7	107,9
3	97,7±1,1	100,8±1,0*	+3,1	103,2
6	170,0±2,3	176,2±2,7*	+6,2	103,6
9	233,2± 3,0	244,2± 3,0*	+11,0	104,7
12	310,5± 3,0	322,0 ±3,2*	+11,5	103,7
15	361,3±2,8	370,7±3,0*	+9,4	102,6

Uwaga: * -r≤0,05

Zgodnie z tabelą 42, w tych samych warunkach karmienia i obory, jałówki hybrydowe zebubowidnye otrzymane przez krzyżowanie buhajów zebubowidnye z krowami rasy czarnej i motylkowatej, przewyższały w rozwoju swoich rówieśników.

Hybrydowe pisklęta zebubovidnye czarne plamiste w zakładzie hodowlanym. M. Gorky urodziła się większa od swoich rówieśników i miała przy urodzeniu średnio 36,8 kg żywej wagi, w porównaniu z 34,1 kg w grupie kontrolnej. Przewaga w żywej wadze jałówek z grupy doświadczalnej wynosiła 2,7 kg, czyli 7,9% ($p<0,05$).

Pod koniec okresu mleczarskiego, w wieku trzech miesięcy, jałówki mieszańcowe miały średnią żywą wagę 100,8 kg, czyli o 3,1 kg większą niż jałówki z grupy kontrolnej.

Od 6. miesiąca życia do 15. miesiąca życia różnice we wzroście były bardziej znaczące: wzrost żywej masy jałówek grupy doświadczalnej w porównaniu z grupą kontrolną mieścił się w przedziale 6,2-11,5 kg, w ujęciu procentowym różnica wynosiła od 2,6 do 4,7.

W wieku 15 miesięcy jałówki hybrydowe miały dużą wagę żywą podczas przeprawy przez zebowate byki z krowami czarnymi i motylkowymi.

Żywa masa jałówek mieszanych czarnych i motylkowych wynosiła 370,7 kg (o 9,4 kg więcej niż w grupie kontrolnej, p≤0,05).

Dlatego krzyżowanie buhaja zebowatego z krowami czarno-motylkowymi miało pozytywny wpływ na wzrost i rozwój jałówek mieszańcowych w grupie doświadczalnej: różnica w żywej masie ciała jałówek od urodzenia do 15 miesiąca życia była większa o 2,6-7,9% (p<0,05) w porównaniu z jałówkami czarno-motylkowymi.

Ogólnie rzecz biorąc, krzyżowanie buhajków zebulowych z krowami czarno-motylkowymi miało pozytywny wpływ na wzrost jałówek mieszańcowych. Były one lepsze pod względem wzrostu i rozwoju w porównaniu z jałówkami czystej krwi.

Zmiany w żywej wadze piskląt od urodzenia do 15 miesiąca życia są przedstawione na rysunku.

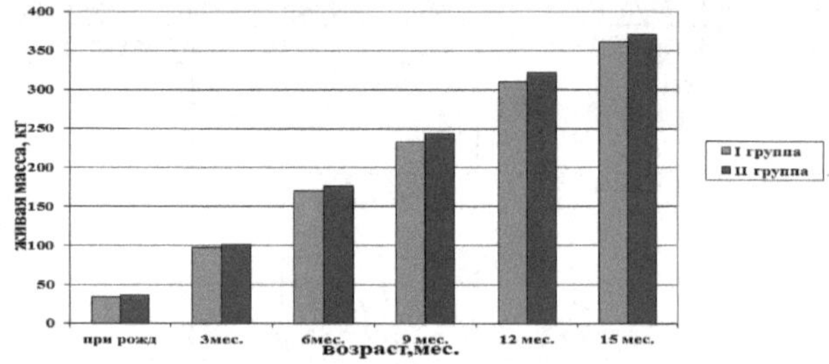

Rys. 9 Zmiana żywej wagi jałówek rasy czarnomotylowej i ich mieszańców

Średni dzienny przyrost żywej wagi jest najbardziej obiektywnym ilościowym wyrażeniem charakteru przyrostu bezwzględnego zwierzęcia w pewnych okresach wiekowych, służy jako jeden z czynników normotwórczych w żywieniu zwierząt oraz wskaźnik intensywności ich hodowli.

Zwierzęta doświadczalne charakteryzowały się dość wysokim przyrostem średniej dziennej żywej wagi. Wskaźniki średniego dobowego przyrostu żywej wagi jałówek w CC Gorky przedstawiono w tabeli 43 i rys. 10.

Tabela 43 - Średni dzienny przyrost masy ciała jałówek, d (M±m)

Wiek, miesiąc.	Grupa		± do grupy I	
	test I M ± m	II doświadczony M ± m	r	%
3	671 ± 15,0	711 ± 12,0*	+40	108,4

6	787 ± 15,0	837 ± 12,0*	+50	106,4
9	720 ± 10,0	755 ± 9,8*	+35	104,9
12	794 ± 22,0	864 ± 25,0*	+70	108,8
15	564 ± 15,0	565 ± 12,0	+1	100,1

Jałówki hybrydowe w wieku od 3 do 15 miesięcy miały wyższy średni przyrost dobowy 40-70 g w porównaniu z ich rówieśnikami, który wynosił 4,9-8,8%.

Średni dzienny wzrost jałówek mieszańcowych w wieku 3 miesięcy wynosił 711 g, od 6 miesięcy do 15 miesięcy w grupie doświadczalnej mieścił się w granicach 837-565 g. W porównaniu z tym samym wskaźnikiem, grupa kontrolna wykazała przewagę 35-70 g, czyli 4,9-8,8%.

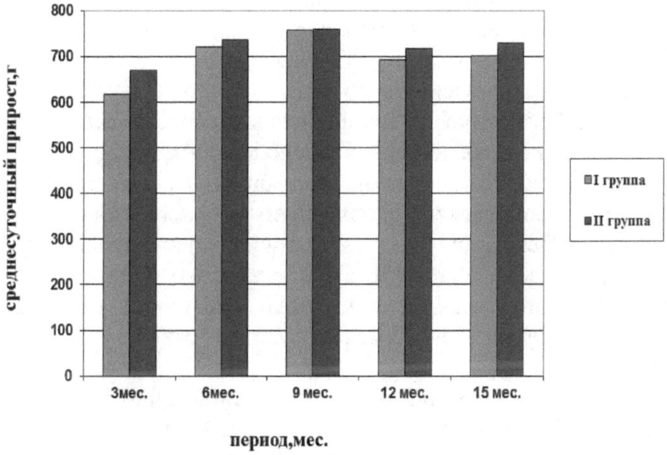

Rysunek 10 - Zmiana średniego dziennego przyrostu jałówek Gorky CC

Stwierdziliśmy więc, że krzyżowanie byków zebubowatych z krowami czarno-motylkowymi miało pozytywny wpływ na średni dzienny wzrost jałówek hybrydowych. W grupach doświadczalnych średni dzienny wzrost jałówek mieszańcowych niezawodnie ($p<0,05$) przekroczył ten wskaźnik u zwierząt czystorasowych.

Względne tempo wzrostu ma duże znaczenie gospodarcze. Szybko rosnące zwierzęta zużywają mniej składników pokarmowych na jednostkę wzrostu i w związku z tym szybciej osiągają stan krycia. Procesy wzrostu i rozwoju determinują również charakter przyszłej wydajności zwierząt. Jednak specyfika wzrostu i rozwoju jałówek uzyskiwanych od byków zebuvidnyh, nie jest jeszcze wystarczająco zbadana.

Aby dokonać oceny napięcia wzrostu jałówek należących do różnych grup genealogicznych, określiliśmy względne tempo wzrostu w różnych okresach wiekowych.

Wzrost względny jest wyrażony jako procent masy początkowej i charakteryzuje napięcie (intensywność) wzrostu zwierzęcia w określonych okresach wiekowych.

W celu określenia napięcia wzrostu jałówek z różnych grup w określonych okresach wzrostu, dokonaliśmy odpowiednich obliczeń przy pomocy wzoru C. Brody: $K=\frac{Wt-Wo}{0{,}5(Wo+Wt)}$, gdzie

K- napięcia wzrostu za okres sprawozdawczy;

W t jest to żywa waga zwierzęcia na koniec okresu;

W oh - żywa waga zwierzęcia na początku okresu.

Względne tempo wzrostu jałówek we wszystkich badanych grupach zmniejsza się wraz z wiekiem, co prawdopodobnie wynika ze zmian w procesach biochemicznych i fizjologicznych zachodzących w rosnącym organizmie, a także ze składu chemicznego ich ciała, metabolizmu i energii. Okresy noworodkowe i mleczne (od urodzenia do trzech miesięcy) charakteryzują się najbardziej intensywnym wzrostem, który wynosi 78%.

Wielu badaczy zauważa, że wraz z wiekiem zwierzęcia zmniejsza się stres związany z jego wzrostem, ale w przypadku niektórych ras istnieją pewne cechy, które różnią się w kierunku wydajności. Tym samym rasy mięsne mają większą intensywność wzrostu niż rasy o uniwersalnej wydajności.

Uzyskane przez nas dane dotyczące zmian względnego tempa wzrostu jałówek w CC Gorkiego przedstawiono w tabeli 44 i rys. 11. Wyniki naszych badań wykazały, że najwyższe tempo wzrostu jałówek w roślinie doświadczalnej obserwowano w okresie od urodzenia do 3 miesiąca życia i wynosiło ono 93,3-96,5 %. Wraz z wiekiem nastąpił spadek wzrostu względnego i o 12-15 miesięcy wskaźnik ten wynosił 13,9-15,0%.

Tabela 44 - Względne tempo wzrostu jałówek, % (M±m)

Wiek, monsieur.	Grupa zwierząt		± do grupy I, %
	test I M + m	II doświadczony M ± m	
0-3	96,5 ± 3,3	93,3 ± 3,0	-3,2
3-6	54,0 ± 2,3	54,4± 1,8	+0,4
6-9	31,3 ± 1,7	32,3 ± 1,7	+1,0

9-12	28,4 ± 1,6	27,5 ± 1,3	-0,9
12-15	15,0± 1,0	13,9± 1,3	-1,1

Należy zauważyć, że względne stopy wzrostu wynikają głównie z czynnika skalnego.

W zakładzie hodowli Gorkiego względny wzrost piskląt czarnych i pstrokatych nie był intensywny, o czym świadczą wskaźniki dla różnych okresów wiekowych. Spadek tempa wzrostu z 12 do 15 mesh. Wskaźnik ten zmniejszył się z 22,8 do 15% w grupie kontrolnej i z 27,5 do 13,9% w grupie eksperymentalnej, co wydaje się wskazywać, że pisklęta czarne i pstrokate mają swoje własne cechy wzrostu.

Analiza porównawcza grup doświadczalnych i kontrolnych wykazała wspólny znany wzorzec: młode zwierzęta urodzone ze stosunkowo niską żywą masą mają wyższe wskaźniki wzrostu w przyszłości. W wieku od 3 do 9 miesięcy, zwierzęta hybrydowe miały wyższy wzrost względny o 0,4 do 1,0%. W wieku od 12 do 15 miesięcy jałówki w grupie kontrolnej miały wyższe tempo wzrostu o 0,9-1,1% niż jałówki mieszańcowe.

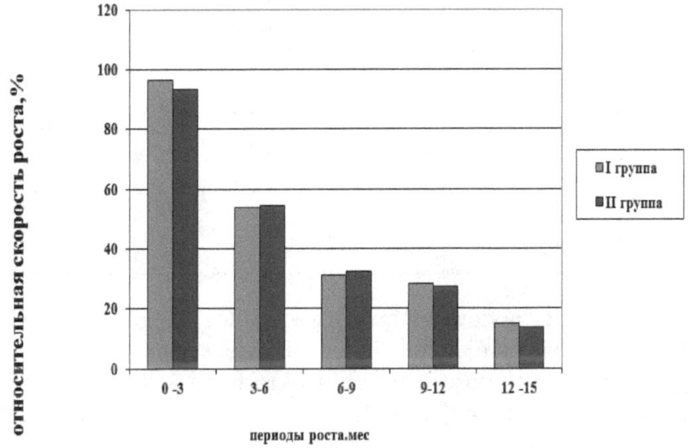

Rysunek 11 Zmiana względnego tempa wzrostu jałówek w Gorky CC.

Badaliśmy zmiany w bezwzględnym wzroście żywej wagi jałówek różnego pochodzenia. Na podstawie danych z ważenia systematycznego możliwe jest określenie tempa wzrostu. Wskaźnik ten jest bardzo ważny, wszystkie rzeczy są równe, szybko rosnące zwierzęta zużywają mniej składników odżywczych na jednostkę wzrostu i osiągają dojrzałość ekonomiczną szybciej niż zwierzęta o powolnym wzroście. Stopa wzrostu jest wyrażona w wartościach bezwzględnych i względnych. W ten sposób można obliczyć pomiar dla dowolnego okresu czasu. W kategoriach bezwzględnego wzrostu, ocenia się tempo wzrostu zwierzęcia.

Dane dotyczące zmian wzrostu jałówek bezwzględnych w zakładzie hodowli Gorkiego przedstawione są w tabelach 45 i rys. 12.

Tabela 45 Dynamika przyrostu żywej wagi bezwzględnej zwierząt doświadczalnych, kg (M±m)

Wiek, miesiąc.	Grupa		± do grupy I	
	test I M ± m	II doświadczony M ± m	kg	%
0-3	63,6±1,2	64,0±1,0	+0,4	100,6
3-6	72,2±1,7	75,4±2,0	+3,2	104,4
6-9	63,8±2,0	68,0±1,8	+4,2	106,6
9-12	72,2± 1,8	77,8 ±1,3	+5,6	107,8
12-15	50,8±1,6	48,7± 1,6	-2,1	95,9

W zakładzie hodowlanym. Bezwzględne wskaźniki wzrostu M. Gorkiego wahały się od 63,6 do 77,8 kg. Największe przyrosty bezwzględne piskląt czarnodziobych obserwowano w okresie od 3. do 6. miesiąca życia i wyniosły one 75,4 (+3,2 kg), a także w wieku od 9. do 12. miesiąca życia. -

77,8 kg (+5,6 kg)

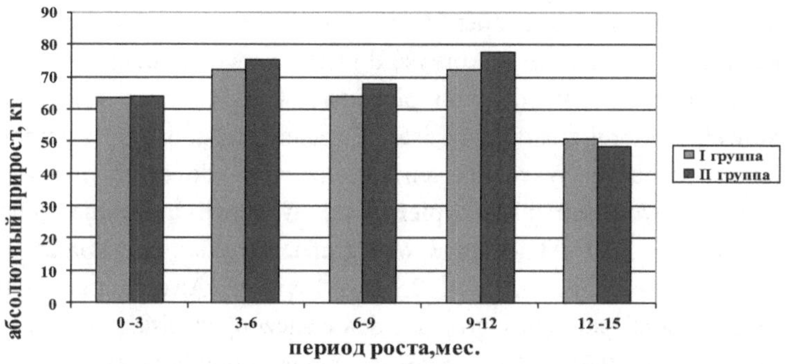

Rysunek 12- Zmiana bezwzględnego przyrostu żywej wagi jałówek w Gorky CC.

Analiza porównawcza wzrostu liniowego jałówek hybrydowych

Wygląd zewnętrzny wykorzystuje się do określenia typu budowy, rasy zwierząt (typy wewnątrzrasowe), budowy ciała i kierunku wydajności (mięso, szałwia, mleczarnia, wełna itp.). Z zewnątrz można ocenić przydatność zwierząt do techniki przemysłowej. Istnieją różne metody oceny. Wygląd i kondycja zwierząt są oceniane za pomocą oczu, dotyku i miarki. Wybitne zwierzęta są zazwyczaj fotografowane.

Dokładniejszą i bardziej obiektywną metodą badań zewnętrznych jest pomiar ciała zwierząt. Ocena zwierząt w odstępach czasu pozwala na porównanie ich ze sobą. Aby poznać wzrost i rozwój jałówek, dokonaliśmy podstawowych pomiarów ciała w różnych okresach wiekowych: wysokość w grzebieniu, głębokość klatki piersiowej, obwód klatki piersiowej, skośna długość ciała, obwód piątego.

Wyniki naszych pomiarów przedstawiono w tabeli 4.2.6.

W zakładzie hodowlanym. Jałówki hybrydowe M. Gorky'ego z II grupy eksperymentalnej miały wyższość w porównaniu z I grupą eksperymentalną we wszystkich badanych interwałach. Różnica była stosunkowo niewielka i wynosiła od 0,2 do 1,3 cm.

Wysokość w grzebieniu charakteryzuje wzrost zwierzęcia. W chwili urodzenia pisklęta obu grup miały prawie taki sam wzrost w koronie - 74,3 - 75,0 cm; w wieku 15 miesięcy liczba ta wynosiła 128,0 - 128,7 cm.

Różnica w porównaniu ze zwierzętami czystej krwi była nieistotna i mieściła się w granicach 0,4 - 1,3 cm na korzyść grupy doświadczalnej II.

Taką samą tendencję zaobserwowano w przypadku obwodu piersi. Pod koniec uprawy wzrosła ona 2-krotnie i w 15. miesiącu uprawy wynosiła 164,7 w I grupie doświadczalnej oraz 165,6 w II grupie doświadczalnej. Różnica wynosiła od 0,7 do 1,2 cm na korzyść II grupy doświadczalnej.

Głębokość i obwód klatki piersiowej charakteryzują rozwój klatki piersiowej, w której znajdują się istotne organy, co dodatkowo wpływa na wydajność mleczną. Wskaźnik ten jest używany do oceny masywności zwierząt i rozwoju samej klatki piersiowej. W chwili urodzenia głębokość piersi wynosiła 30,7 - 31,0 cm w obu grupach piskląt, pod koniec okresu wzrostu 70,6 - 71,6 cm, czyli 2,3 razy więcej. Analiza porównawcza głębokości piersi pomiędzy grupami doświadczonych piskląt wykazała, że różnica wynosiła 0,3 - 2,4 cm. Skośna długość tułowia wskazuje, że ciała piskląt są rozciągnięte. Jednocześnie pisklęta z II grupy doświadczalnej miały przewagę o 0,7-1,3 cm nad tym wskaźnikiem w całym okresie wzrostu. Pod koniec tego okresu skośna długość ciała jałówek z II grupy doświadczalnej wynosiła 140,7±0,5 cm i była o 0,9 cm dłuższa niż w grupie kontrolnej.

Analiza porównawcza obwodu jałówek grupy doświadczalnej II wykazała, że jałówki grupy doświadczalnej II miały niższe wartości tego wskaźnika o 0,2-0,8 cm w całym okresie uprawy, a w wieku 15 miesięcy wynosiły one odpowiednio 17,0-16,4 cm.

Sądząc po odstępach czasu, można zauważyć, że zwierzęta mieszańcowe czarno-czarne miały lepsze wyniki wymiarowe niż zwierzęta ras czystorasowych; wskazuje to na lepszy wzrost i rozwój. Przy określaniu rodzaju budowy ciała i porównywaniu wyglądu zewnętrznego zwierząt, oblicza się wskaźniki budowy ciała.

Tabela 46 - Główne pomiary jałówek Gorky CC, patrz (M±m,)

Grupy jest żywy. Jest na wystawie.	Przy narodzinach.			Sześć miesięcy.			12 miesięcy.			15 miesięcy.		
	I	II	± do I g, patrz.	I	II	± do I g, patrz.	I	II	± do I g, patrz.	I	II	± do I g, patrz.
Plemienna roślina imienia M. Gorkiego.												
Wysokość w koronie	74,3±0,5	75,0±0,6	+0,7	99,3±0,5	99,7±0,5	+0,4	110,7±0,5	112,0±0,5	+1,3	128,0±0,4	128,7±0,5	+0,7
Głębokość klatki piersiowej	30,7±0,3	31,0±0,3	+0,3	51,3±0,2	53,7±0,3	+2,4	69,3±0,4	70,3±0,3	+1,0	70,6±0,2	71,6±0,3	+1,0
Obwód klatki piersiowej	81,5±0,4	82,7±0,5	+1,2	116,7±0,5	117,7±0,5	+1,0	148,0±0,4	148,7±0,5	+0,7	164,7±0,6	165,6±0,6	+0,9
Skośna długość ciała.	77,6±0,5	78,3±0,7	+0,7	99,2±0,6	100,2±0,7	+1,0	120,7±0,3	122,0±0,6	+1,3	139,8±0,5	140,7±0,5	+0,9
Pięcioboczny obwód	12,2±0,02	12,0±0,02	-0,2	14,8±0,11	14,4±0,09	-0,4	16,8±0,05	16,0±0,09	-0,8	17,0±0,05	16,4±0,10	-0,6

Na podstawie wyników naszych pomiarów obliczyliśmy wskaźniki składu ciała. Do najważniejszych wskaźników charakteryzujących konstytucyjne cechy i stopień rozwoju zwierzęcia należą: wskaźniki masywności, obicia, rozciągania kości, bioder i klatki piersiowej, itp. (Tabela 47).

Tabela 47 - Wskaźniki budowy ciała kurczaka według pochodzenia

Grupa live-x Indeksy	w chwili urodzenia		15 miesięcy.		± do grupy I	
	I	II	I	II	w chwili urodzenia	15 miesięcy.
Plemienna roślina imienia M. Gorkiego						
Longhanks	57,6	56,4	48,9	46,7	-1,2	-2,2
Rozstępy	104,4	104,4	109,5	110,9	0	+1,4
Hipokryna	76,5	84,2	98,8	100,7	+7,7	+1,9
Pierś	45,4	48,9	65,1	62,7	+3,5	+2,4
Zestrzelić	107,9	108,2	118,9	117,4	+0,3	-1,5
Odrost	108,6	108,0	102,9	102,8	-0,6	-0,1
Bones	16,4	16,0	13,3	12,7	-0,4	-0,6

Z analizy tabeli 47 wynika, że jałówki hybrydowe okazały się najlepsze pod względem wytrzymałości kości, wydłużenia, wskaźników piersiowych i miednicowych.

1.5.3 Wydajność mleczna krów hybrydowych - jałówka czarna i pieprzowa

Badania zostały przeprowadzone wspólnie z Głównym Technikiem Zwierzęcym Gorkiego CCM A.S. Korotkova.

W procesie dezintegracji ujawniają się uwarunkowane genetycznie cechy dziedziczne zwierząt, w tym wydajność mleczna. Wdrożenie ukierunkowanej selekcji zwierząt i organizacji intensywnej masy oraz indywidualnego doju stwarza realną szansę na zwiększenie wydajności mlecznej.

Aby ujawnić wpływ wykorzystania buhajów zebubowidnyh w pracy hodowlanej na poziom wydajności mlecznej był eksperyment w KK Gorki, obwód leninski, region moskiewski.

Produktywność mleczarska i naturalna odporność zostały ustalone w dwóch grupach córek buhajków (na n = 20): krowy - pierwsza jałówka rasy czarnomotylkowej (buhajki linii Montwick Chiftein, Wes Ideal) oraz ich mieszanki hybrydowe (buhajki Lard 1966 ½ Holstein + 1/8 krwi nowozelandzkiej zebu + 3/8 ras czarnomotylkowych).

Do doświadczenia wybrano dwie grupy jałówek: krowę doświadczalną i krowę kontrolną. Grupa eksperymentalna składała się z potomków buhajów holsztyńskich rasy czarnej i motylkowej. Grupa kontrolna to potomkowie czarnego byka zebowheadów. Zwierzęta doświadczalne znajdowały się w tych samych warunkach żywienia i trzymania. Prace zostały przeprowadzone zgodnie ze schematem doświadczeń dla tej sekcji (tabela 48).

Tabela 48 - Schemat doświadczenia w badaniu wydajności mlecznej krów (n=40)

Grupa	Grupa I - kontrola.	Grupa II - doświadczony
Pochodzenie zwierzęce	Córki byków rasy holsztyńskiej z linii UI, MCH.	Córki Pana Byka 1966 1/16 nowozelandzkiej linii krwi zebu
Terminy płatności	04.2008 -06.2009.	04.2008 -06.2009.

W wyniku doświadczenia stwierdzono, że wydajność mleka krów z grupy II przez 305 dni laktacji niezawodnie przewyższała wydajność krów z grupy I o 692 kg (10,8%, p< 0,05) (tab. 4.3.2.). Współczynnik różnorodności dla wydajności mlecznej jest bliski pomiędzy grupami i mieści się w normalnym zakresie 17,4-17,9%. W grupie II odsetek tłuszczu mlecznego wynosił 4,42% (+0,03), a ilość tłuszczu mlecznego 313,3 kg, co stanowi istotny wzrost o 32,6 kg (11,3%, p<0,05) w porównaniu z krowami z grupy I.

Tabela 49 - Wydajność mleczna krów - jałówek czarno-białych przez 305 dni laktacji

Parametry	Mleko, kg	Tłuszcz, %	MWA, kg	Białko, %	CSBD, kg
Grupa I - Kontrola					
M±m	6395,5±196	4,39±0,04	280,7±4,5	3,35±0,04	214,2±4,5
Cv, %	17,36	3,01	16,70	4,09	20,02
Grupa II - Doświadczeni					
M±m	7087,3±239*	4,42±0,04	313,3±3,7*	3,40±0,02	240,9±3,9*
Cv, %	17,90	3,29	16,42	2,40	18,50
± do grupy I					
%	110,8	100,6	111,6	101,4	112,4
kilo, %	+691,8	+0,03	+32,60	+0,05	+26,70

Tendencja wzrostowa utrzymuje się również w odniesieniu do zawartości białka w mleku. I tak, krowy z grupy II mają zawartość białka w mleku równą 3,40% (+0,05%), a pod względem zawartości białka w mleku jest to pewna przewaga 26,7 kg (11,9%, p < 0,05) w porównaniu z krowami z grupy I.

Jedną z głównych metod technologicznych służących osiągnięciu najwyższej wydajności krów jest separacja. Według wielu naukowców, stado zwiększa wydajność mleczną krów o 20-28%. Wyniki badań dla 100 dni laktacji przedstawiono w tabeli 50.

Tabela 50 - Wydajność krów mlecznych jałówek przez pierwsze 100 dni laktacji

Para metry	U doi, kg	Tłuszc z, %	M. D.G. kilo	Białk o, %	M. D.B., kg
			pierwsza grupa		
M±m	1982,5±7 2	4,39±0,09	87,03±2,5	3,30±0,02	65,42±2,6
Cv,%	15,97	7,45	14,08	2,56	16,34
			grupa II		
M±m	2197,9±7 5*	4,45±0,07	97,8±2,9*	3,33±0,02	73,19±2,3*
Cv,%	16,37	6,01	15,17	2,57	17,04
± do I rupee					
%	110,8	101,4	112,3	100,9	111,8
kilo,%	+215,4	+0,06	+10,77	+0,03	+7,77

Zgodnie z tabelą 50, potomkowie byka zebubowatego (Grupa II) mają większą zdolność do intensywnego rozpadu. Plon krów jałówek grupy II jest o 215,4 kg większy niż krów jałówek grupy I, czyli 10,8% (p<0,05). Nastąpił również wzrost procentowy udział tłuszczu i białka odpowiednio o 0,06 i 0,03%; w bezwzględnej produkcji tłuszczu i białka przez pierwsze 100 dni laktacji istnieje wiarygodna przewaga o - 10,77 i 7,77 kg, lub 12,3 i 11,8%, niż u krów czarno-motylkowych (p<0,05). Wydajność mleka przez pierwsze 100 dni wynosiła 31% całkowitej wydajności mlecznej w laktacji w grupie krów hybrydowych, 30,9% w grupie krów czarno-motylkowych. Współczynnik zmienności mleczności pomiędzy grupami nie różni się wiele i wynosi średnio 16-16,4%, co jest zbliżone do normy w hodowli bydła mlecznego (18-20%). Współczynniki różnorodności dla wskaźników jakości również mieszczą się w normie i różnią się od siebie. Mianowicie, pod względem zawartości tłuszczu - 6,0 - 7,5%, białka - 2,56 - 2,57%.

Zróżnicowanie wydajności mleka w okresie laktacji zależy od wielu czynników, przede wszystkim od dziedziczności, warunków i zawartości pokarmu [[191]]. Nasze doświadczenia były prowadzone w warunkach hodowli

[191] Kałasznikow, A.P. Normy i racje żywnościowe dla zwierząt hodowlanych / A.P. Kałasznikow, W.I. Szczeżałow, N.I. Kleimenow - M., 2003. - 456c.

krów na uwięzi, jak również w gospodarstwie Snegiri, z którego pochodzi producent byków (hybryda zebuidalna), ale baza paszowa była tam nieco niższa. Realizację potencjału genetycznego potomków buhaja zebubowatego badano w stosunkowo lepszych warunkach utrzymania i karmienia.

Analiza krzywych wydajności mlecznej w laktacji wykazała, że krzywe laktacyjne z grupy I i II należą do typu wysokopoziomowych krzywych laktacyjnych krów ze stopniowym zmniejszaniem wydajności mlecznej zgodnie z prawidłowością biologiczną.

Konkretnie przez miesiące laktacji powstał następujący obraz. Średnia dobowa mleczność w pierwszym miesiącu laktacji była wyższa u krów z grupy II i wynosiła średnio 23,2 kg, natomiast u krów z grupy I wynosiła 20,9 kg. Najwyższą dobową wydajność mleczną u krów z grupy II stwierdzono w drugim miesiącu laktacji -25,9 kg, a u poszczególnych krów 31-36 kg. Krowy grupy I miały najwyższą dzienną mleczność 25,5 kg, pojedyncze krowy miały 29-33 kg. Wzrost wydajności mlecznej obserwowany jest do drugiego miesiąca, a następnie spadek w trzecim miesiącu. Jest to prawdopodobnie spowodowane porą roku, ponieważ masowy hotel odbył się w kwietniu, trzeci miesiąc laktacji był w czerwcu; były pewne różnice w czynnikach pogodowych i żywienia w tym czasie. Niewielki wzrost wydajności utrzymywał się następnie do 7. miesiąca laktacji, po czym plon był płynnie zmniejszany do końca laktacji. Wskaźniki aktywności laktacyjnej zostały przedstawione w tabeli 51.

Tabela 51- Wskaźniki aktywności krów w okresie laktacji (M±m, Cv,%)

Grupa Wskaźnik	I - kontrola	II - doświadczony	± do grupy I, jednostki	± do grupy I,%
Żywa waga, kg	503,0±8,04	499,7±8,66	-3,3	99,3
Cv	5,98	6,49	-	-
Współczynnik Mleka	12,69±0,54	14,27±0,76	+1,58	112,5
Cv	15,95	20,06	-	-
Współczynnik stabilności	94,67±4,40	94,71±3,69	+0,04	100,04
Cv	16,11	14,59	-	-
Wiek pierwszego hotelu, monsieur.	25,34±0,38	25,54±0,29	+0,20	100,8
Cv	5,86	4,26	-	-

W literaturze jest wystarczająco dużo informacji na temat charakteru zmian w dojeniu krów w okresie laktacji o charakterze kontrowersyjnym.

A.A.Shpis [192], V.M.Yaganshin][193]ustalił maksymalną wydajność dla pierwszego miesiąca laktacji. Istnieją jednak doniesienia od szeregu badaczy [194,195], którzy ustalili maksymalną wydajność dla trzeciego miesiąca laktacji.

Wśród wskaźników charakteryzujących biologiczne, hodowlane i produkcyjne cechy zwierząt ważną rolę odgrywa zawartość tłuszczu i białka w mleku[196]. Zmiany zawartości tłuszczu w mleku w okresie laktacji miały tę samą tendencję dla obu grup, choć ich poziomy były różne. Średnia zawartość tłuszczu w obu grupach była dość wysoka i wynosiła w pierwszym miesiącu 4,45% dla krów z grupy I i 4,54% dla krów z grupy II; następnie nastąpił spadek w drugim i trzecim miesiącu, a następnie nastąpił wzrost i stabilizacja 4,25 - 4,35% z 4 do 7 miesiąca laktacji; pod koniec laktacji nastąpił wzrost zawartości tłuszczu. N.B. Ipatova [197, s. 69] zauważa, że w chwili obecnej w przedsiębiorstwach przetwórczych przy ustalaniu ceny mleka bierze się pod uwagę kompleks wskaźników składu i jakości mleka. Zawartość białka w mleku jest obecnie jedną z głównych cech hodowli bydła mlecznego. Białko decyduje nie tylko o wartości odżywczej mleka, ale także o właściwościach technologicznych i jakości konserw, serów, kwaśnych produktów mlecznych. W związku z tym, aby zwiększyć konkurencyjność swoich produktów, producenci mleka muszą wybierać zwierzęta na podstawie zawartości białka i niektórych innych składników w mleku.

---

192 Shpis, A.A. Assessment of lactation activity of cows of different genotypes [electronic resource]/A.A.Shpis.-Mode of access: http://www.rusnauka.com/NPM/Veterenaria/2_2_+shpis.doc.htm

193 Yaganshin, V.M. Na pytanie o częstotliwość doju krów (w języku rosyjskim) // Voprosya intensifikatsii s.-kh produkcja. - – 1972. - – 220-223 c.

194 Zuev, A.V. Alfabet hodowli zwierząt. 100 pytań i odpowiedzi / A.V. Zuev, T.V. Zueva, O.Yu. - Ezd. 2, dodatkowo. - M., 2007. - 155c.

195 Babkova, N.M. Commercial and Productive Properties of Cows of Different Blood Cultures obtained by Crossing Black-Spotted and Holstein Cows (in Russian) / N.M. Babkova, M.M. Cat (in Russian) // Izv. - 1992.- C. 129-138.

196 Ipatova, N.B. Oszacowanie cech ekonomicznych i użytkowych moskiewskiego typu krów czarno-motylkowych przy różnych metodach chowu : dis. ...Kandydatka Nauk /N.B.Ipatova. - Moskwa, 2006. - 146s. C. 65

197 Ipatova, N.B. Oszacowanie cech ekonomicznych i użytkowych moskiewskiego typu krów czarno-motylkowych przy różnych metodach chowu : dis. ...Kandydatka Nauk /N.B.Ipatova. - Moskwa, 2006. - 146s. C 69.

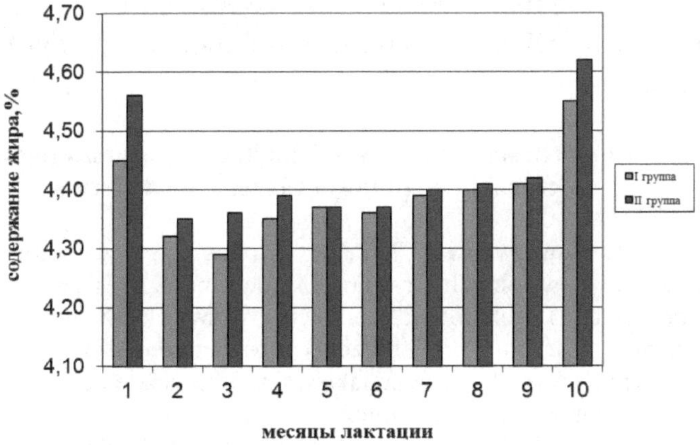

Rysunek 13 - Krzywa laktacyjna zawartości tłuszczu w mleku pierwszych krów

Uważa się, że selekcja zwierząt przez mleko tłuszczowe nie zapewnia znaczącego wzrostu zawartości białka w mleku; do 60% zmienności białka wynika z czynników genetycznych, a do 40% z czynników paratypicznych. W naszych doświadczeniach zmiany zawartości białka w mleku krowim w okresie laktacji zachodziły z tym samym schematem (rys. 14) w obu grupach, wzrastając pod koniec laktacji.

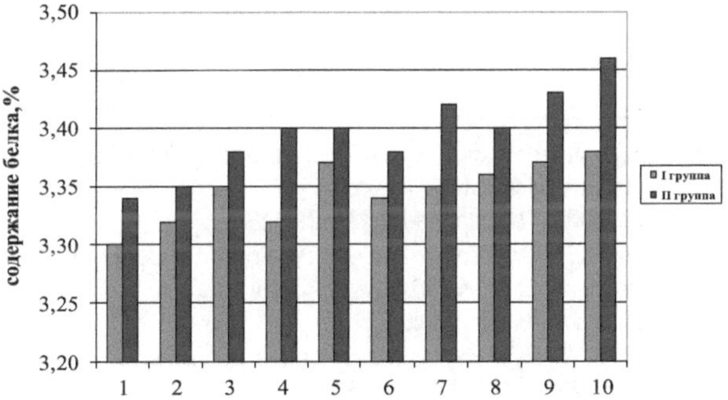

Rysunek 14 - Krzywa laktacyjna zawartości białka w mleku krów rasy białej

Analizując dynamikę zawartości białka w mleku, możemy zauważyć stopniowy wzrost jego poziomu od pierwszego do trzeciego miesiąca laktacji, a następnie niewielki spadek do 6 miesięcy laktacji. Od 7. miesiąca do końca laktacji odsetek białka wzrasta w obu grupach.

1.5.4 Analiza skuteczności metody hybrydyzacji na odległość w zwiększaniu odporności na choroby bydła mlecznego

Komórki somatyczne w mleku krów - pierwsza jałówka rasy czarnej i pieprzowej różnego pochodzenia

Wielu naukowców [[198],[199],[200],[201]] podkreśla, że bezpieczeństwo i jakość surowców rolnych i żywności są obecnie uznawane za priorytetowe obszary badań i technologii produkcji. W związku z tym uznaliśmy za konieczne włączenie do naszego doświadczenia badania komórek somatycznych w mleku krowim jako wskaźnika zapalenia sutka, ze względu na kontrolę jakości produkcji mleka.

Na podstawie liczby komórek somatycznych w mleku możemy ocenić stan fizjologiczny piersi, określić domieszkę nieprawidłowego mleka w zbiorze oraz, wraz z innymi metodami, zdiagnozować zapalenie sutka[[202]]. Okres laktacji jest dynamicznym procesem związanym z przebudową funkcji piersi, ze zmianami w aktywności wydzielniczej i proporcji rodzajów wydzieliny, co znajduje odzwierciedlenie w dynamice komórek somatycznych. Etap laktacji jest jednym z istotnych czynników wpływających na zawartość komórek somatycznych [Cytowany przez A.S.Korotkova [108[203],p.55].

---

[198] Kaneev, A.Z. Szacowanie wydajności mlecznej krów z uwzględnieniem liczby komórek somatycznych w mleku dyskowców. ...cand. s. - x. sciences / A.Z. Kaneev. - Polany Lesnaya, 2002.- 108s.p.3-4; P.31-32; P.82.

[199] D.V. Karklikov, D.V. Control of Dairy Cows Productivity: Textbook - 2nd ed., pererabot. i additional / D.V. Karklikov, G.G. Karklikova, A.Z. Kaneev, N.A. Lazarenko. - Moscow: MSUE, 2004. - – 108 c.

[200] Korotkov, A.S. Wpływ różnych czynników na zawartość komórek somatycznych w mleku krowim : dis. ...Candidate of Sciences. -M., 2006. -104 str. C.5.

[201] Rodionov, G.V. Practical recommendations for the milk quality control and improvement / G.V. Rodionov, Yu.S. Isilov, A.S. Shuvarikov, B.A. Aidashev, N.P. Buryakov. - Moskwa: ANO "Przemysł mleczarski", 2006. - – 96 c. C.35-49;

[202] D.V. Karklikov, D.V. Control of Dairy Cows Productivity: Textbook - 2nd ed., pererabot. i additional / D.V. Karklikov, G.G. Karklikova, A.Z. Kaneev, N.A. Lazarenko. - Moscow: MSUE, 2004. - – 108 c.

[203] Korotkov, A.S. Wpływ różnych czynników na zawartość komórek somatycznych w mleku krowim : dis. ...Candidate of Sciences. - M., 2006. -104 str. C.55.

Uzyskane przez nas dane doświadczalne dotyczące zawartości komórek somatycznych średnio w każdej grupie laktacji przedstawiono w tabeli 52. Rys.15.

Tabela - Zawartość komórek somatycznych w mleku krowim (M±m thsd./cm3 , Cv,%)

Wskaźnik	I - kontrola	II - doświadczony	± do testu	procent kontroli
Komórki somatyczne	176±11,1*	130±8,0	- 46	73,9
Cv,%	19,85	19,51	-	-

* - $P \geq 0,95$;

Analiza tych danych pokazuje, że pod względem zawartości komórek somatycznych mleko pierwszej krowy posiada optymalne cechy stada średnio w okresie laktacji. Według literatury jest to na poziomie wskaźników zdrowego stada w krajach takich jak Finlandia - do 200 tysięcy / ml. Najlepszym wskaźnikiem w naszym doświadczeniu jest grupa II zwierząt, które mają ułamek krwi byka zebubowatego. Uważamy, że wskazuje to na największą odporność na choroby wymion.

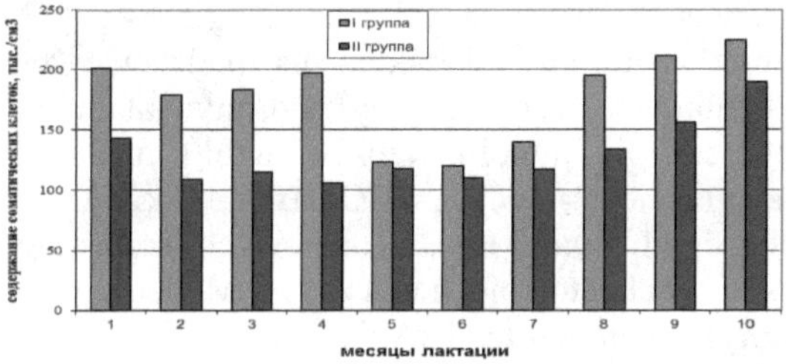

Rysunek 15 - Zmiana zawartości komórek somatycznych w mleku krów pierwszej jałówki w okresie laktacji.

Analiza krzywej dotyczącej zawartości komórek somatycznych w okresie laktacji wykazała, że zawartość komórek somatycznych w poszczególnych miesiącach laktacji jest zgodna z danymi pochodzącymi z literatury.

Nasze badania wykazały, że w całym okresie laktacji u krów obu grup mleko krowy pod względem liczby komórek somatycznych odpowiada podstawowym wymaganiom stawianym mleku w Rosji i po stronie przetwórców mleka firm zagranicznych. Mleko krowie z grupy II ma niższą zawartość komórek somatycznych w całym okresie laktacji.

Dynamika zawartości komórek somatycznych w okresie laktacji wykazała, że najniższą zawartość komórek zaobserwowano w połowie laktacji; ustalono pewne powiązanie tego wskaźnika z porą roku. W wyniku naszych badań stwierdzono największą liczbę komórek somatycznych w mleku krowim w pierwszym miesiącu laktacji i w ostatnich dwóch miesiącach przed uruchomieniem krów.

Tak więc, krzyżowanie zebubowidnyh hybrydowych buhajów NEC "Snegiri" z krowami rasy czarnej i pstrokatej pozwala na przyjmowanie zwierząt typu mlecznego o wysokiej stałej dawce, zwiększonej zawartości tłuszczu - i białka - mleka, a także o mniejszej liczbie komórek somatycznych w mleku.

Odporność krów hybrydowych różnego pochodzenia

Odnosząc się do istoty oporności, Ya.E. Kolyakov i inni [[204]] zauważają, że system immunologiczny działający przeciwko specyficznemu, rozpoznanemu obcemu patogenowi (antygenowi) z przeciwciałami i konkretnie uczulonymi komórkami najskuteczniej zapewnia ochronę antyzakaźną. Jednak odporność i ochrona organizmu przed infekcjami zależy nie tylko od odpowiedzi immunologicznej, ale także od wielu nieswoistych czynników i mechanizmów (skóra, wydzieliny bakteriobójcze, lizozym, itp.).

Naturalną odporność zwierzęcia zapewnia kompleks parametrów immunologicznych, biochemicznych i morfologicznych [[205] s. 26].

Odporność naturalną określono na podstawie zawartości białka ogólnego, g/l; albumin, g/l; globulin, g/l; stosunku albumin do globulin (%); zawartości cholesterolu, mmol/l; wapnia, mmol/l; fosforu, mmol/l; według zbiornika alkalicznego, vol.% CO2/100ml krwi, w laboratorium Wszechrosyjskiego Instytutu Badań Naukowych Archeologii na urządzeniu Stat Faks 1904 (analizator biochemiczny) i Medonic CA 530 (analizator hematologiczny). (Metodologia D.A.Devrishova, 2004).

Stan immunologiczny krów badano za pomocą aktywności fagocytarnej leukocytów, wskaźnika, liczby fagocytarnej (metodami S.I. Plashchenko[206], D.A. Devrishov[207]).

Wskaźnik fagocytowy (FI) jest określany na podstawie średniej liczby drobnoustrojów fagocytowych na aktywny leukocyt. Wskaźniki

---

[204]Kolyakov, Ya.E. Veterinary immunology. / Ya.E. Kolyakov. - M.: Agpromizdat, 1986.- 225 s. C.29-43;

[205] Shevtsov, S.R. Czynniki naturalnej odporności i parametrów biochemicznych krwi bydlęcej o różnych genotypach: dis. ...cand. s.-h. sciences / S.R.Shevtsov. - Troitsk, 1999. - 168 str.S.26.

[206] Plashchenko, S.I. Naturalna odpornosc organizmu zwierząt (w języku rosyjskim) / S.I. Plashchenko, V.T. Sidorov. - L.: Kolos, 1979. - – C. 6-54.

[207] Devrishov, D.A. Specific and non-specific factors of immunity. Part 1. Komórkowe czynniki odporności: edukacyjno-metodyczny podręcznik immunologii / D.A. Devrishov, E.S. Voronin, G.N. Pechnikova, T.P. Zharova. -M.: FGOU VPO MGAVMIB imienia K.I.Skryabina, 2004.-17 str.

aktywności bakteriobójczej i lizozymowej surowicy krwi krowy zostały ustalone w laboratorium Wszechrosyjskiego Instytutu Nauk Rolniczych metodą E.S. Woronina, A.M. Petrova, M.M. Greya, D.A. Devrishova[208].

W celu określenia naturalnej odporności krów czarnodziobych różnego pochodzenia przeprowadziliśmy badania w Gorky CC. Prace zostały przeprowadzone zgodnie ze schematem doświadczenia (tabela 53).

Tabela 53 - Schemat doświadczenia (n=10)

Grupa	I - kontrola n=5	II - doświadczony n=5
Pochodzenie	Córki byków rasy holsztyńskiej z linii UI, MCH.	Córki Pana Byka 1966 1/16 nowozelandzkiej linii krwi zebu
Terminy płatności	04.2008 -06.2009	04.2008 -06.2009

Przebieg procesów redoks w organizmie charakteryzuje się w pewnym stopniu liczbą krwinek czerwonych, stężeniem hemoglobiny i hematokrytu. Głównymi funkcjami erytrocytów są: oddechowa, regulacyjna i transportowa. Głównym białkiem erytrocytów jest hemoglobina, która jest głównym składnikiem strukturalnym i chemicznym. Hematokryt jest to stosunek objętości elementów postaci we krwi, głównie czerwonych krwinek, do objętości osocza (w %).

Do obiektywnej oceny naturalnej odporności krów - jałówek wzięto pod uwagę niektóre parametry hematologiczne i biochemiczne krwi.

Biochemiczne czynniki naturalnej odporności zwierzęta hybrydowe

Biochemiczne wskaźniki krwi mogą służyć jako kryteria oceny stanu organizmu [[209],[210]].

Badając naturalną odporność zwierząt, przeprowadziliśmy biochemiczne badanie krwi. Biochemiczne wskaźniki krwi badanych zwierząt podano w tabelach 54,55.

Tabela 54 - Wskaźniki składu białkowego surowicy w pierwotnej krwi krowy

Wskaźnik	Białko ogółem, y/gl	Albumina, g/g	Globulina, g/gl	A/H

[208] Voronin, E.S. Immunology / E.S. Voronin, A.M. Petrov, M.M. Sedykh, D.A. Devrishov. - Moscow: Kolos-Press, 2002. - 406 s.

[209] Voronin, E.S. Immunology / E.S. Voronin, A.M. Petrov, M.M. Sedykh, D.A. Devrishov. - Moscow: Kolos-Press, 2002. - 406 s.

[210] Eidrigevich, E.V. Interior of the agricultural animals (w języku rosyjskim). Raevskaya. - Moskwa: Kolos, 1978. - – C. 3-82.

Norma	72-86			0,6-1,0
Grupa I - Kontrola				
M±m	76,6±2,4	28,9±1,2	47,7±0,5	0,60±0,06
CJ	8,8	8,3	3,2	8,8
Grupa II - doświadczony				
M±m	84,8±2,1 *	29,8±1,2	55,0±0,6*	0,54±0,07
CJ	9,6	7,3	3,9	7,9
± do grupy I, uh...	±8,2	±0,9	±7,3	-0,06
± do grupy I, %	10,7	03,1	15,3	90

* - $P \geq 0{,}95$;

Stwierdzono, że surowica krwi krów mieszańców zebowatych zawierała 8,2 g/l białka ogółem, czyli o 10,7% więcej niż ich odpowiedników czarno-pestro-Golstein. Globuliny są znane z tego, że stymulują reakcję fagocytozy, a albuminy nieco hamują ten proces. Stopień utrzymania równowagi między tymi frakcjami białka może być oceniany na podstawie wielkości współczynnika białka. Stwierdziliśmy, że krowy zebubowidne rasy czarno-perłowej charakteryzowały się wyższą zawartością globuliny o 7,3 g/g (55,0), czyli o 15,3% wyższą od krów czarno-perłowych Gaulstian, różnica jest wiarygodna (p≤0,05).

Jednym z problemów w intensywnej hodowli bydła mlecznego we wszystkich regionach kraju jest ketoza (acetemia). Według kilku autorów [[211],] [212]jednym z czynników predysponujących do rozwoju ketozy jest niedobór energii w diecie. Wiadomo, że ponad 50% przypadków ketozy wynika właśnie z tego czynnika (w szczególności - brak glukozy w diecie, który zajmuje około 45 g na 1 kg mleka).

Rezerwowa alkaliczność krwi jest również jednym ze wskaźników właściwego racjonalnego żywienia zwierząt. Definicja tego wskaźnika jest bardzo ważna dla oznaczania kwasicy (tabela 55). Dane dotyczące zawartości makro- i mikroelementów w surowicy, mleku i sierści bydlęcej mogą być wykorzystane do kontroli podaży minerałów.

Tabela 55 - Niektóre wskaźniki biochemiczne krwi pierwszej krowy.

Wskaźnik	Glukoza, mmole/l.	Cholesterol, ćma/l	Wapń, mmole/l	Fosfor, mmole/l	Zarezerwowana alkaliczność o,%CO2
Norma	2,22-3,33	2,53-6,10	2,38-3,38	1,45-2,10	46-66
I - kontrola					
M±m	2,53±0,21	4,59±0,42	2,38±0,10	2,05±0,09	58,07±0,06

[211] Frost, M.T. Feeding of cattle / M.T. Moroz; AMA NZ RF. - St. Petersburg, 2014.-272s. C.63-77.

[212] Morozova, L.A. Glikol propylenowy jako źródło energii dla wysokowydajnych krów / L.A. Morozova, I.N. Mikolaychik // Żywienie zwierząt rolniczych i produkcja pasz. 2009.- № 5.- P.25-27.

CJ	18,1	18,5	8,80	8,71	7,08
II - doświadczony					
M±m	3,28±0,22*	5,53±0,4	2,60±0,05*	2,10±0,09	58,69±0,08*
CJ	10,7	16,0	4,19	8,98	2,75
± do grupy I, uh...	±0,75	±0,94	±0,22	±0,05	±0,62
± do grupy I, %	29,6	20,4	09,7	02,4	01,1

* - $P \geq 0,95$;

Z danych zawartych w tabeli 55 wynika, że wskaźniki charakteryzujące skład biochemiczny krwi krowy mieściły się w normie fizjologicznej. Jednocześnie występowały pewne różnice w poziomie zawartości głównych wskaźników u krów o różnych genotypach. Na przykład hybryda krów zebubowidnyh ma wyższą zawartość glukozy we krwi - o 0,75 mmol/l (29,6%) (p<0,75 mmol/l).0,05), cholesterolu - o 0,94 mmol/l (20,4%), wapnia - 0,22 mmol/l (9,7%) (p <0,05), fosforu - 0,05 (2,4%) i zasadowości rezerwowej - o 0,62 r/%CO2 (1,1%) (p <0,05), niż u krów rasy czarnej i wełnianej.

Komórkowe czynniki naturalnej odporności zwierząt hybrydowych

Zjawisko fagocytozy, odkryte w 1882 roku przez I.I.Mechnikowa, jest najważniejszym składnikiem odporności komórkowej i jednym z głównych składników odporności komórkowej.

Swoiste mechanizmy ochronne makroorganizmów w walce z infekcjami bakteryjnymi [[213], s. 17]. Fagocytoza jest wykonywana przez ruchome elementy komórkowe i stałe komórki narządów wewnętrznych. Według naukowców jednym ze wskaźników naturalnej odporności organizmu zwierząt jest aktywność fagocytarna, która w pewnym stopniu charakteryzuje się zawartością białych krwinek [cyt. za: S.R. Szewcow [[214].p.30].

Fagocytoza jest jednym z czynników wywołujących odporność w wielu chorobach zakaźnych. U zwierząt zdrowych, które nie były narażone na zakażenie, aktywność fagocytozy może wskazywać na stopień ich gotowości i agresywności do ewentualnej inicjacji zakaźnej [[215], s. 17.18].

---

[213] Plashchenko, S.I. Naturalna odporność organizmu zwierzęcia. / S.I. Plashchenko, V.T. Sidorov. - L.: Kolos, 1979. - – C.17.

[214] Shevtsov, S.R. Factors of natural resistance and biochemical parameters of cattle blood of different genotypes [tekst]: dis. ...cand. s.-h. sciences / S.R.Shevtsov. - Troitsk, 1999. - 168 s.p.30.

[215] Plashchenko, S.I. Naturalna odporność organizmu zwierzęcia. / S.I. Plashchenko, V.T. Sidorov. - L.: Kolos, 1979. - – C.17,18

Dane doświadczalne dotyczące zawartości leukocytów, ich charakterystyki jakościowej i reakcji fagocytarnej, które otrzymaliśmy, przedstawiono w tabeli 56.

Tabela 56 - Wskaźniki ochrony komórkowej krów różnego pochodzenia (M±m, CV,%)

Wskaźnik	Działalność fagotycka, %	Wskaźnik fagocytowy	Liczba fagocytów
Standardowy	20-60	3-10	1,2-5,0
I - kontrola			
M±m	23,25±0,27	3,15±0,10	0,99±0,11
σ	0,58	0,20	0,23
CJ	5,59	6,35	19,90
II- doświadczony			
M±m	28,40±0,17***	3,73±0,15*	1,49±0,13*
σ	0,32	0,30	0,27
CJ	3,58	8,04	17,88
± do grupy I, jedzenie		±0,58	±0,5
± do grupy I,%	±5,15	18,4	50,5

* - $P \geq 0,95$; *** - $P \geq 0,999$;

Nasze badania wykazały, że wskaźniki ochrony komórkowej krów - pierwszych jałówek - mieszczą się w granicach normy fizjologicznej. Jednocześnie istniały pewne różnice w poziomie ochrony komórkowej krów o różnych genotypach. Na przykład u zebuciowatych krów hybrydowych stwierdzono wiarygodny wzrost aktywności fagocytarnej - o 5,15% (p<0,001), wskaźnika fagocytowego - o 0,58% ($^{18,4\%}$, p<0,05), liczby fagocytarnej - o 0,5 (50,5%) (p<0,05), w porównaniu z krowami czarno-motylkowymi.

Tak więc hybrydowe krowy-jałówki (według 16 udziałów krwi zebu) mają nieznacznie zwiększone niespecyficzne (wrodzone) mechanizmy ochronne.

Aktywność bakteriobójcza i lizozymowa zwierzęta hybrydowe

Najważniejszym czynnikiem humorystycznym charakteryzującym naturalny opór organizmu jest poziom lizozymu, gdyż to on najpełniej opisuje aktywność immunobiologiczną organizmu. Synteza lizozymu u ludzi i zwierząt związana jest z funkcją leukocytów. Oprócz bezpośredniego działania antybakteryjnego posiada również właściwości aktywacji komórek układu siatkówkowo-śródbłonkowego w stymulacji fagocytozy [209[216]].

Według Plashchenko S.I. i innych. [[217]str.14] biologiczne wykorzystanie lizozymu u zwierząt i organizmów roślinnych nie zostało ostatecznie ustalone. Poza głównym działaniem antybakteryjnym lizozym stymuluje naturalną odporność organizmu żywego, co odgrywa istotną rolę w zapobieganiu chorobom i korzystnym wyniku procesu zakażenia [D.F.Pletsituny, cit.on, [218]s. 14].

Znając stan powiązania humorystycznego odporności, można do pewnego stopnia ocenić potencjał ochronny ciała.

Stopień manifestacji ochronnych właściwości organizmu zwierzęcego dla czynnika mikrobiologicznego dobrze ilustruje bakteriobójcze działanie surowicy. Reakcja bakteriobójcza jest całkowitym odzwierciedleniem procesów przeciwdrobnoustrojowych wywołanych przez humoralne czynniki naturalnej oporności wchodzące w skład surowicy krwi [[219], str.29].

W naszych badaniach stwierdzono, że wskaźniki ochrony humoralnej jałówek są w granicach normy fizjologicznej (tabela 57).

Tabela 57: Wskaźniki aktywności bakteriobójczej i lizozymowej krwi krów różnego pochodzenia

Wskaźnik	**Aktywność bakteriobójcza**	**Aktywność lizozozymów**
Standardowy	44-100	13-54
I - kontrola		
M±m	70,21±1,22	36,27±0,32
σ	2,44	0,92
CV,%	9,26	2,53
II - doświadczony		
M±m	77,80±2,21*	37,5±0,30*
σ	6,41	0,90
CV,%	8,23	2,41
± do grupy I, jedzenie	±7,59	±1,23

216 Skrypchenko, G.G. Humoralne czynniki naturalnej odporności u krów w chorobie endometriozy (w języku rosyjskim) / G.G. Skrypchenko, N.B. Belyaeva // Proc. z Moskwy. - – M., 1989. - – C. 22-28.

217 Plashchenko, S.I. Naturalna odporność organizmu zwierzęcia. / S.I. Plashchenko, V.T. Sidorov. - L.: Kolos, 1979. - – C.14.

218 Plashchenko, S.I. Naturalna odporność organizmu zwierzęcia. / S.I. Plashchenko, V.T. Sidorov. - L.: Kolos, 1979. - – C.14.

219 Shevtsov, S.R. Czynniki naturalnej odporności i parametrów biochemicznych krwi bydlęcej o różnych genotypach: dis. ...cand. s.-h. sciences / S.R.Shevtsov. - Troitsk, 1999. - 168 str.S.29.

± do grupy I,%	10,8	03,4

*- P ≥ 0,95 ;

Jednocześnie występowały pewne różnice w poziomie wskaźników aktywności bakteriobójczej i lizozymowej krów pierworodnych o różnych genotypach.

W ten sposób hybryda krów zebubowidnyh zwiększyła aktywność bakteriobójczą - o 7,59 jednostek. (10,8%), aktywność lizozymu - o 1,23 jednostki. (3,4%), (p<0,05), w porównaniu z krowami czarno-motylkowymi. W związku z tym naturalna nieswoista odporność czwartej generacji zebùvide hybryd w czarnej skale motylkowej niezawodnie przewyższa rówieśników czarnej skały motylkowej w takich wskaźnikach oceny jak aktywność bakteriobójcza i lizozymowa. Szczególnie interesujące jest badanie składu krwi, czyli zawartości krwinek czerwonych, leukocytów i innych elementów.

Parametry hematologiczne krwi: zawartość leukocytów, erytrocytów, hemoglobiny, parametry hematokrytu przedstawiono w tabeli 58.

Wskaźniki charakteryzujące skład hematologiczny pierwszych krów mieściły się w normie fizjologicznej.

Tabela 58 - Wskaźniki hematologiczne krwi krów różnego pochodzenia (M±m, CV,%)

Wskaźnik	Krwinki białe 109/l	Erytrocyty1012/l	Hemoglobina, g/gl	Hematokryt, %
Norma	4-12	5-10	99-129	24-46
Grupa I - Kontrola				
M±m	9,45±0,62	7,20±0,17	99,03±3,1	27,70±0,74
CJ	18,37	4,39	11,17	5,12
Grupa II - doświadczony				
M±m	11,45±0,58*	7,80±0,18*	112,7±2,46*	31,78±0,68*
Kontynuacja tabeli 58				
CJ	12,37	4,23	4,37	4,28
± do grupy I, uh...	±2,00	±0,60	±13,67	±4,08
± do grupy I, %	21,1	8,3	13,8	-

* - P ≥ 0,95 ;

Jednocześnie stwierdzono, że hybryda krów zebubowatych - pierwsza jałówka z udziałem krwi 16 niezawodnie przewyższa krowy - pierwszą jałówkę rasy czarnej i motylkowatej holsztynizowanej w zawartości leukocytów - o 2,00 (21,1%), erytrocytów - o 0,60 (8,3%), hemoglobiny - o 13,67 g / hg (13,8%), wskaźnika hematokrytu - o 4,08% (p</ a>).0,05)

Lepsza zawartość krwi w erytrocytach i hemoglobinie wskazuje na bardziej intensywne procesy oksydacyjne i regeneracyjne w ich organizmie.

Wiadomo, że leukocyty odgrywają ważną rolę w powstawaniu procesów ochronnych i regeneracyjnych w organizmie. Ich główne funkcje to fagocytoza, produkcja przeciwciał, niszczenie i usuwanie toksyn pochodzenia białkowego [[220],[221],[222]]. Względny wzrost zawartości białaczek we krwi zwierząt hybrydowych wskazuje na wyższy poziom ochrony immunobiologicznej w porównaniu z białaczkami czystorasowymi i wskazuje na odporność na białaczkę bydła.

Hematokryt krwi był o 4,08% wyższy u mieszańców zebubowatych niż u zwierząt czarnych i motylkowatych, co również potwierdza większą intensywność procesów u zwierząt mieszańcowych.

Uzyskane dane są zgodne z literaturą. Istnieje pewna przewaga hybryd w porównaniu ze zwierzętami czarnymi i pęcherzykowatymi: hybrydy piątego pokolenia (1/16 udziału krwi nowozelandzkiej zebu) mają lepszą zdolność adaptacji do warunków hodowli według badanych wskaźników hematologicznych.

Uogólnienie materiałów na temat skuteczności metody zdalnej hybrydyzacji wskazuje, że w sprzyjających warunkach utrzymania i żywienia buhajów producent Cherlon 1458 (1/8 frakcji nowozelandzkiej zebu) był wzmacniaczem wydajności mlecznej, tłuszczu i białka (+400 kg; +18 kg; +15,9 kg). Wykazano przewagę wzrostu i rozwoju jałówek hybrydowych w stosunku do zwierząt czystorasowych. Jednocześnie przewaga połowu krów hybrydowych zebubowidnyh - pierwsza jałówka w stosunku do swoich rówieśników w laktacji (+692 kg, 10,8%). Naturalna odporność zwierząt hybrydowych była również bardziej niezawodna w porównaniu z ich rówieśnikami, tzn. odporność zwierząt hybrydowych z NEC "Snegiri" jest zachowana w przyszłych pokoleniach. Stado bydła z NEC "Snegiri" nie miało ani jednego przypadku białaczki w ciągu ostatnich 50 lat. Można więc argumentować, że istnieje sposób na zapobieganie białaczce zwierzęcej.

---

[220] Plashchenko, S.I. Naturalna odporność organizmu zwierząt (w języku rosyjskim) / S.I. Plashchenko, V.T. Sidorov. - L.: Kolos, 1979. - – C. 6-54.

[221] Skrypchenko, G.G. Humoralne czynniki naturalnej odporności u krów w chorobie endometriozy (w języku rosyjskim) / G.G. Skrypchenko, N.B. Belyaeva // Proc. z Moskwy. - – M., 1989. - – C. 22-28.

[222] Shevtsov, S.R. Czynniki naturalnej odporności i parametrów biochemicznych krwi bydlęcej o różnych genotypach: dis. ...cand. s.-h. sciences / S.R.Shevtsov. - Troitsk, 1999. - 168 STR.S.26, 27, 29, 30.

1.5.5 Efektywność ekonomiczna hodowli zwierząt hybrydowych

Badania przeprowadzone w SPK Gorkiego TZ wykazały, że zastosowanie w stadzie potomków byków hybrydowych zebubowatych NEC "Snegiri" z 1/16 krwią zebù ma również pozytywny wpływ (tabela 59).

Tabela 59.- Efektywność ekonomiczna produkcji mleka krów rasy czarnomlecznej i ich mieszanek hybrydowych w laktacji 305 dn.

Wskaźnik	Grupa		Eksperymentalny ± do grupy kontrolnej
	I-Control (czarno-biała skała)	II-Doświadczenie (mieszanki hybrydowe)	
Liczba krów, cel	20	20	-
305 dni laktacji, kg.	6396	7087	+691
Wydajność tłuszczu mlecznego, kg	280,8	313,2	+32,4
Wydajność białka mleka, kg	214,3	240,9	+26,6
Zawartość tłuszczu w mleku, %	4,39	4,42	+0,03
Zawartość białka w mleku, %	3,35	3,40	+0,05
Realizatsionnaya cena 1 t mleka, potrzeć.	1144,4	1150,8	+6,4
Realizatsionnaya wartość mleka jednej krowy, pocierać.	73196	81557	+8361
Wartość sprzedaży mleka z grupy krów, potrzeć.	1463920	1631140	+167220

Z analizy danych tej tabeli wynika, że zysk ze sprzedaży mleka w laktacji od jednej krowy mieszańcowej wynosi 8361 rubli więcej niż od krowy czarnej - rasy motylkowej, a od grupy krów - odpowiednio 167220 rubli.

Uwaga: Cena realizacji 1 kg mleka, biorąc pod uwagę jego wskaźniki jakości, jest równa - 11rub.

W wyniku badań przeprowadzonych w celu oceny byków zebubowidnyh - producentów Snegiri NEC - stwierdzono, że największy efekt ekonomiczny jest nadany przez potomków byków 1/16 krwi zebu. Wyniki badań przedstawione są w tabeli.

Tabela 60 - Efektywność ekonomiczna hodowli hybrydowej Zebuidów

Wskaźnik	Córki byków - producenci			
	Czernon 1468	Lyon 2910	Wyj 1810	Sahał 167

Ludność	15	15	15	15
Krew byków na gorączce	1/8 Nowa Zelandia.	1/4 Nowej Zelandii.	1/8 Indianina.	1/4 Indianin
Krew córek na zebie.	1/16	1/8	1/16	1/8
Przeciętna mleczność córek, kg	4467	3983	4271	3941
Średnia zawartość tłuszczu w mleku, %	4,60	4,59	4,60	4,55
Tłuszcz mleczny w okresie laktacji, kg	205	183	197	179
Ilość mleka w przeliczeniu na 3,4%, kg	6043	5377	5778	5274
Średnia zawartość białka w mleku, %	3,63	3,62	3,67	3,57
Koszt 1 kg mleka	8,15	8,15	8,15	8,15
Przychody ze sprzedaży mleka, tarcie.	49250	43822	47090	42983

Z analizy danych z tabeli 60 wynika, że przychody ze sprzedaży mleka od jednej głowy z 1/16 udziałem krwi zebu nowozelandzkiej i indyjskiej wynosiły 5428-6267 rubli więcej i 4268-4107 rubli więcej niż przychody od krów z 1/8 udziałem krwi zebu nowozelandzkiej i indyjskiej.

Uwaga: Cena wykonania mleka jest ustalana z uwzględnieniem jego wskaźników jakościowych: zawartości tłuszczu, zawartości białka, liczby komórek somatycznych, nasienia bakteryjnego. I tak, przy zawartości tłuszczu bazowego mleka -3,4%, zawartości białka -3,0%, cena bazowa 1 kg mleka wynosi -7 rubli (w cenach z 2005 roku).

1.6 Wpływ metod hodowlanych i metod technologicznych na wydajność mleczarską inwentarza symetrycznego

Bydło rasy simentalistycznej jest jedną z najbardziej rozpowszechnionych ras w kraju i ze względu na podwójny kierunek wydajności, obecność kilku typów strefowych wewnątrz rasy jest znana z dobrych właściwości mlecznych i mięsnych [M.D.Dedov,[223]]. Zwierzęta

[223] Ojciec, M.D. Simmental i Sychevsk bydła / M.D. Ojciec. - Moskwa: Kolos, 1975. - 320 c. S.78-90; S.188; S.195-212.

rasy simentalskiej wykazują wysoką płodność, od nich otrzymuje się więcej cieląt niż od krów holsztyńskich. Wysoki poziom białka w mleku krów symetrycznych jest najbardziej preferowany w przypadku serów i produktów mlecznych o długim okresie trwałości [ ].[224]

Jednak pod względem cech morfologicznych i użytkowych wymion znaczna część krów tej rasy nie nadaje się do dojenia maszynowego. W związku z tym, zadanie poprawy rasy simentalskiej poprzez wstrzyknięcie krwi czerwonej i pęcherzykowej rasy holsztyńskiej, ale z zachowaniem specyfiki rasy o zwiększonej zawartości tłuszczu i białka w mleku.

Materiały i metody badawcze

Wpływ selekcji i metod technologicznych na poziom mleczności bydła Simmental badano w warunkach gospodarstwa edukacyjno-doświadczalnego RSAU - K.A. Timiriazew "Mummovskoje" gospodarstwo Archangielskoje obwodu saratowskiego.

Do przeprowadzenia eksperymentu utworzono trzy grupy krów, po 15 krów w każdej z nich: Grupa I - grupa kontrolna (rasa simentalska czystej krwi); Grupa II - grupa doświadczalna (rasa simentalska pierwszej generacji, ½ - krew rasy holsztyńskiej); Grupa III - również grupa doświadczalna (rasa holsztyńska drugiej generacji, ¾ - krew).

Zwierzęta były obserwowane podczas pierwszej laktacji; znajdowały się w takich samych warunkach karmienia i utrzymywania. Racje zostały sporządzone zgodnie ze standardami VISA.

Analizę efektywności wykorzystania buhajów holsztyńskich linii rasy czerwonej i motylkowej przeprowadza się: Wes Ideal 933122, Reflexion Sawring 198998, Montwick Chiftein 95679 i Seling Traidjoon Rockit, a także buhajów dwóch linii rasy symmentalnej: Hussar (Swiss symmental) i Floriana 374 CS-199. Byki tych linii były używane w gospodarstwie w latach 1994-1998.

W okresie badań w gospodarstwie 10 byków-producentów przez córkę oszacowano na 422. Ponadto przeanalizowano rodziny 14 przodków pod kątem cech produkcyjnych potomstwa - 160 głów z pokolenia na pokolenie: przodkowie - córki - wnuczki - prawnuczki. Powtarzalność poziomów wydajności mlecznej, procentową zawartość tłuszczu i białka w każdej porcji oszacowano stosując wspólne metody. Jako wskaźnik

[224] A.V. Orlov, A.V. Variability and Repeatability of Dairy Productivity of Cows of Simmental Breed of Different Types with Age / A.V. Orlov, O.I. Solovyova.-M., 1995-10s. W VNIITElagroprom 19.03.1995, '30 VS-95.

powtarzalności zastosowano stosunek sumy faktorowej kwadratów do sumy całkowitej (Cx/Cy) N.A. Plokhinsky'ego (1969[225]).

1.6.1 Wygląd zewnętrzny pierwszych krów rasy simentalskiej z różnym udziałem krwi rasy holsztyńskiej

Badania na temat tego rozdziału zostały przeprowadzone w gospodarstwie "Mummovskoe" w powiecie atkarskim, obwód saratowski wraz ze studentami podyplomowymi Wydziału Genetyki i Hodowli Zwierząt MUHA T.N.Kurzyukova, M.Y.Gladkih.

Kompozycje pierwszej generacji były większe i niezawodnie przewyższały swoimi symetrycznymi odpowiednikami pod względem wysokości na skoczni średnio o 5,1 cm (3,8%, p</ b>). 0,001), pod względem wysokości w kościach krzyżowych - o 3,1 cm (2,2%, p< 0,01), głębokości klatki piersiowej - o 5,1 cm (7,4 cm, p< 0,001), szerokości w kościach makaronowych - o 3,2 cm (6,4%, p< 0,05) i szerokości w kościach kulszowych - o 1,2 cm (4,8%, p< 0,05), tab.61.

Tabela 61 Miary pierwszych krów rasy simentalskiej z różnym udziałem krwi w rasie holsztyńskiej, patrz (M±m), przy porównaniu II i I grupy *- p< 0,05; ** - p< 0,01; *** - p< 0,001; III i I grupy.
a- p< 0,05;

Grupy zwierząt / Próbki	I (C)	II (1/2 kg)	III (3/4 kg)
Liczba zwierząt	10	10	10
Wysokość w koronie	130,9±0,71	136,9±0,45***	133,5±0,58a
Wysokość w sacrum	139,4±0,62	142,5±0,67**	141,4±0,77a
Szerokość klatki piersiowej	47,9±0,63	47,8±0,55	47,5±0,55
Głębokość klatki piersiowej	69,0±0,81	74,1±0,53***	73,5±0,49
Obwód klatki piersiowej za ostrzami	190,0±0,95	192,2±0,71	190,7±0,78
Skośna długość tułowia	151,7±1,01	155,3±1,09	154,9±0,97
Szerokość w krzyżówkach	49,9±0,88	53,1±0,97	51,9±0,89
Szerokość w wybojach kulszowych	25,1±0,37	26,3±0,39*	25,9±0,44
Pięcioboczny obwód	21,1±0,14	19,7±0,17	19,5±0,21

Mieszanki drugiej generacji zachowały przewagę nad odpowiednikami Simmental w tych samych przestrzeniach, wyłączając szerokość w klockach

---

225 Plokhinsky, N.A. Biometrics manual for zootechnicians (in Russian) / N.A. Plokhinsky. - Moskwa: Kolos, 1969. - 255 c.

i szerokość w wybojach kulszowych. Jednocześnie jałówki 1/2- i 3/4-krwiste bardziej odpowiadały typowi bydła mlecznego i miały lżejszy szkielet - obwód pięty był odpowiednio o 1,4 cm i 1,6 cm (p<0,001) mniejszy od odpowiedników Simmentala.

E.Y.Borisenko [cytat o urodzie][226]wskazał na związek pomiędzy cechami zewnętrznymi a wydajnością mleczną zwierząt. Objawia się to tym, że zwierzęta mleczne mają niższe wartości indeksów piersi, bioder i kości.

Otrzymane przez nas materiały (tabela 62) potwierdzają to stanowisko.

Tabela 62- Indeksy cielesne krów rasy simentalskiej o różnym udziale krwi dla rasy holsztyńskiej (n=30) przy porównaniu II i I grupy *- p< 0,05; ** - p< 0,01; *** - p< 0,001; III i I grupy.

a- p< 0,05; aaa - p< 0,001

Grupy Zwierzęta Wskaźniki, %	I	II	III
Liczba zwierząt	10	10	10
Rozstępy	115,1±0,88	114,2±0,76	116,0±0,91
Odrost	106,1±0,47	106,6±0,42	106,5±0,49
Longhanks	46,9±0,27	45,9±0,51*	44,9±0,47aaa
Hipokryna	95,9±1,12	90,9±1,23**	91,4±1,20a
Pierś	69,5±1,00	65,4±1,11	66,2±1,18a
Zestrzelić	125,1±0,97	123,7±1,20	123,8±1,72
Masywny	146,0±0,74	145,1±0,88	145,0±0,91
Shilozasti	198,8±3,14	202,0±2,93	200,7±4,67
Bones	16,1±0,15	14,6±0,16***	16,1±0,15aaa

Ustalono, że krowy mieszane z pierwszego i drugiego pokolenia mogą być określane jako typ mleczny za pomocą indeksów ciała. Krowy pierwszego i drugiego pokolenia mają wiarygodnie niższe wskaźniki niż krowy rasy simentalskiej: biodra - pierś - o 5,0% i 4,5% (p<0,01...0,05), pierś - o 4,1% i 3,3% (p<0,05), długie nogi - o 1,5% i 2,0% (p<0,001), kości - odpowiednio o 1,5% i 1,6% (p<0,001).

Poprawa walorów hodowlanych i użytkowych krów rasy symetrycznej przy krzyżowaniu z krowami rasy czerwonej i pęcherzykowatej Holsztynu obejmowała kompleks wskaźników, od których zależy poprawa wydajności i warunków funkcjonowania zwierząt. Wśród tych wskaźników ważne są właściwości morfologiczne i funkcjonalne wymion, wydajność mleczna,

[226] Piękno, VF. Hodowla zwierząt hodowlanych. /V.F. Beauty. - Moskwa: Agropromizdat, 1990.- 468 p.

przydatność krów do doju maszynowego, czas trwania pracy, okres suszy itp.

Tabela 63. Właściwości morphofunkcjonalne wymion pradawnej skały simentalskiej z różnym udziałem krwi w skałach holsztyńskich

Grupy Zwierzęta Wskaźnik	I (C)		II (1/2 kg)		III (3/4 kg)	
Liczba zwierząt	11		20		13	
Kształt wymion						
	n	%	n	%	n	%
miska	2	18,2	12	60,0	9	69,2
Runda	5	45,5	8	40,0	4	30,8
Koziołki	4	36,4	-	-		
Wymiary wymion, patrz						
-Szerokość	29,5±0,73		30,2±0,51		30,7±0,62	
-długość	32,2±0,86		34,8±0,72*		35,1±0,77a	
-Zdolność produkcyjna	103,7±1,98		110,9±1,62**		111.1±1.70aa	
Głębokość płatów przednich	21,9±0,50		24,0±0,46**		24.2±0.48aa	
Głębokość frakcji tylnej	21,5±0,71		23,9±0,44**		24,0±0,51aa	
Odległość od wymion do podłogi	66,1±1,20		61,9±0,72**		61,5±0,80aa	
Odległość pomiędzy:						
- przednie smoczki	12,1±0,52		15,2±0,40***		15,3±0,52aa	
-sutki z tyłu	6,8±0,41		7,9±0,47		8,1±0,42a	
- przód i tył	6,8±0,41		8,3±0,39**		8.7±0.35aa	
Pomiary sutków:						
-długość brodawki sutkowej przedniej	6,6±0,39		6,5±0,19		6,5±0,37	
długość brodawki sutkowej -back	5,3±0,21		5,2±0,23		5,1±0,17	
-średnica brodawki sutkowej przedniej	2,5±0,05		2,5±0,02		2,6±0,04	
-średnica brodawki sutkowej	2,5±0,06		2,4±0,03		2,5±0,05	
Wskaźnik realizacji						

Dzienna wydajność mleczna, kg	14,9±0,57	17,8±0,92	16,9±0,71
Intensywność produkcji mleka, kg/min	1,41±0,05	1,80±0,06	1,77±0,08

przy porównaniu II i I grupy *- p< 0,05; ** - p< 0,01; *** - p< 0, 001; III i I grupy a- p< 0, 05; aa - p< 0,01; aa - p< 0,001

Z analizy danych zawartych w tabeli 63 wynika, że wśród krów czystej krwi rasy simentalskiej (grupa I) częściej występują zwierzęta o zaokrąglonym kształcie wymion (45,5%); niewielka część krów ma najbardziej pożądany kształt miski (18,2%), a prawie jedna trzecia (36,4%) - o niepożądanym kształcie kozy. 60% półmikrocanek (grupa II) ma wymię w kształcie miseczki, pozostałe 40% ma wymię w kształcie okrągłym. Wśród ¾ zwierząt krwiopochodnych (grupa III) dominują również krowy z wymionami miseczkowymi (69,2%) oraz, w mniejszym stopniu, z wymionami okrągłymi (30,8%).

Ustalono również, że jałówki ugniatane 1/2 i 3/4 mają niezawodną przewagę nad krowami rasy Symmental pod względem długości wymion, średnio o 2,6 cm (p</ b>). 0,05) i 2,9 cm (p< 0,05), obwód wymion odpowiednio o 7,2 i 7,4 cm (p< 0,01), głębokość płatów przednich o 2,1 i 2,3 cm (p< 0,001) oraz tylnych płatów wymion odpowiednio o 2,4 i 2,5 cm (p< 0,01).

Krowy - mieszanki różnią się również od symmentyków mniejszą odległością wymion od podłogi: ½ - krwi - o 4,2 cm (p< 0,01) i ¾ - krwi - o 4,6 cm (p< 0,01) oraz większą odległością pomiędzy przednimi sutkami - odpowiednio o 3,1 i 3,2 cm (p< 0,001). Ponadto, mieszanki pierwszej i drugiej generacji mają niezawodną przewagę nad czystorasowymi symetrami w odległości pomiędzy przednimi i tylnymi sutkami (1,5 -1,9 cm, p< 0,01).

Jakość strzyków decyduje również o czasie trwania doju krów i natężeniu przepływu mleka. W grupie mieszanek półłomowych 90,3% (18 zwierząt) miało kształt cylindryczny sutków, a 9,7% (dwa cele) - stożkowy. W grupie ¾ krwi wszystkie pierwsze jałówki również miały pożądany kształt sutka, 92,3% z nich (12 bramek) - cylindryczny i 7,7% (jedna) - stożkowy.

Stwierdzono również pewną przewagę jałówek mieszanych nad symetrycznymi jałówkami czystej krwi pod względem wydajności mlecznej. Pomimo tego, że krowy półkrwi przeważały w przeciętnej dobowej mleczności nad zwierzętami symetrycznymi o 2,9 kg (p<0,05), a krowy 3/4-krwi o 2,0 kg (p<0,05), produkcja trwała znacznie krócej. Doprowadziło to do ich przewagi w wydajności mlecznej wynoszącej odpowiednio 0,39 kg/min i 0,36 kg/min (p<0,01).

Tak więc przy krzyżowaniu krów rasy Symmental z bykami holsztyńskimi, mieszanki każdego kolejnego pokolenia mają znaczną poprawę kształtu wymion, zwiększając ich wielkość i intensywność wydajności mlecznej, przy coraz większej konsolidacji zwierząt na tych znakach.

1.6.2 Wydajność mleczna krów rasy simentalskiej o różnym ułamku zawartości krwi u rasy holsztyńskiej

Poziom wydajności zwierząt i jakość ich produktów zależy od ich cech genetycznych, wieku, stanu fizjologicznego organizmu, a także od środowiska zewnętrznego - od poziomu żywienia, pielęgnacji i utrzymania. Nasze badania wykazały, że pod względem wydajności mlecznej symetale czystorasowe są gorsze niż mieszanki mleczne (tabela 64). Tak więc przez 100 dni laktacji z mieszanek półłomowych otrzymano odpowiednio o 358 kg (29,3%, $p < 0,05$) więcej mleka niż z symetali czystorasowych, a z ¾ - krwi - o 336 kg (27,5%, $p < 0,05$).

Tabela 64. Wydajność mleczna jałówek różnego pochodzenia, kg (M±m).

Grupy Zwierzęta Wskaźniki	I	II	± II do I	III	± III do I
100 dni laktacji.	1221±103	1579±63*	+358	1557±98a	+336
CV,%	22,3	18,4		22,6	
305 dni laktacji	3893±111	4795±128**	+ 902	4859±158aa	+966
CV,%	18,0	15,1		15,6	
Zawartość mleka:					
tłusty,%	4,06±0,12	3,97±0,07	-0,09	3,92±0,06	-0,14
CV,%	8,5	7,2		5,6	
wiewiórka,%	3,43±0,12	3,49±0,07	+0,06	3,48±0,10	+0,05
CV,%	9,5	8,9		10,2	
Wydajność tłuszczu mlecznego,kg	158,0 ±5,1	190,4±5,0**	+32,4	190,5±5,7aa	+32,5
CV,%	17,2	15,4		14,7	
Wydajność białka mleka, kg	133,5±3,1	167,3±3,5**	+33,8	169.1±3.7aa	+35,6
CV,%	16,8	16,9		17,2	
Wyższa dzienna wydajność mleczna	18,2±0,44	22,9±0,92*	+4,7	22,6±0,75a	+4,4

CV,%	15,3	22,9		18,5	
IPL,%	40,7±2,21	46,8±1,30		45,2±1,96	
CV,%	15,9	12,4		15,6	
CPL (autorstwa V.V. Veselovsky'ego)	62,3±2,21	66,9±1,38		67,2±2,01	
CV,%	10,2	9,2		10,8	

przy porównywaniu grup II i I z grup * -r≤ 0,05; **- p≤ 0,01; grupy III i I z grup a-r≤ 0,05; a- p≤ 0,01;

Ugniatane jałówki przewyższały pod względem mleczności swoje odpowiedniki Simmental w 305 dniach laktacji: mieszanki pierwszej generacji - o 902 kg (23,1%, $p < 0,01$), mieszanki drugiej generacji - o 966 kg (24,8%, $p < 0,01$).

Stwierdzono pewien spadek zawartości tłuszczu w mleku mieszanek pierwszej generacji o 0,09 % i drugiej generacji - o 0,14 % w porównaniu z symetaliami, dzięki czemu zawartość białka w mleku krów wszystkich grup była praktycznie identyczna.

Największą wydajność tłuszczu mleka w laktacji stwierdzono u zwierząt ugniatanych. Ilość tłuszczu mlecznego uzyskanego z półbiałej mieszanki na krowę była o 32,4 kg (20,5%, $p<0,01$) większa niż z analogów symetrycznych. Jałówki pierwotne, 3/4-krwiste na czerwonym i motylkowym Holsztynie, zachowały również przewagę nad jałówkami pierwotnymi z grupy kontrolnej (symetale czystej krwi) w wydajności mlecznej tłuszczu mlekowego o 32,5 kg (20,6%, $p <0,01$).

Ponieważ istnieje dość znacząca zależność między wartością najwyższej dobowej wydajności mlecznej a wydajnością mleka w pełnej laktacji, możliwe jest wstępne oszacowanie jałówek na podstawie tego wskaźnika, który charakteryzuje potencjał pastwiskowy krów.

Przeprowadzone badania wykazały wiarygodną przewagę w najwyższej dobowej wydajności mlecznej jałówek mieszanych - półkariatów o 4,7 kg ($p < 0,01$) i ¾-krwi o 4,4 kg ($p < 0,01$) nad analogami Symmental. Większa wartość maksymalnej dobowej mleczności u jałówek mieszanych odpowiada większej liczbie zwierząt spośród nich o najwyższej dobowej mleczności przekraczającej wartość średnią w grupie: 50% w pierwszym pokoleniu i 46,1 w drugim pokoleniu mieszanek wobec 33,3% u krów kontrolnych. Podczas gdy 25% mieszanek pierwszej generacji miało wydajność mleczną powyżej 22 kg, a 23% mieszanek drugiej generacji miało wydajność mleczną powyżej 22 kg, tylko 10% zwierząt z grupy kontrolnej miało wydajność mleczną.

Lactation Constancy Index (LCI) i Lactation Constancy Coefficient (LCI) według V.V. Veselovsky'ego [cit.poV.F. Beauty,[227]] pozwalają ocenić

227 Piękno, VF. Hodowla zwierząt hodowlanych. /V.F. Beauty. - Moskwa: Agropromizdat, 1990.- 468 p.

stabilność, stałość i kompletność laktacji krów; nie ujawniono żadnych wiarygodnych różnic pomiędzy grupami na tych wskaźnikach. Jednak ich dość wysokie wartości wskazują na stabilność funkcji wydzielniczej piersi u wszystkich krów w okresie laktacji.

Tak więc przy odpowiednim doborze producentów, odpowiednim wzroście i właściwym żywieniu, jałówki półkrwi i 3/4-krwi przewyższają pod względem podstawowej wydajności mlecznej jałówki symetryczne czystorasowe.

Etalogiczne wskaźniki rasy symetrycznej o różnych proporcjach krwi u rasy holsztyńskiej

Obserwacje analogiczne przeprowadzono w drugim miesiącu laktacji w warunkach postoju.

Stwierdzono, że dziewice półkrwiste i 3/4krwiste mają więcej odpoczynku - o 6,3% i 5,9% więcej dziennie (Tabela 65), a leżą - odpowiednio o 4,8% i 7,7%, niż symetryczne. Ponadto krowy półkrwi i ¾ krwi spędzają więcej czasu na przyjmowaniu paszy niż ich symetryczne odpowiedniki (o 5,8% i 4,9%), a także na jej żuciu, zarówno w pozycji stojącej (o 3,7% i 3,5%), jak i leżącej (4,8% i 4,03%). To właśnie fakt, że zwierzęta wyrobione spędzają więcej czasu na jedzeniu i przeżuwaniu paszy, daje im nieco wyższy poziom i stabilność wydajności mlecznej niż jałówki symetryczne czystej krwi. Ta cecha aktu jedzenia paszy, jak zauważył A.A.Bondar [cyt. za: N.B.Ipatova [86,[228]s. 98], stymuluje poziom przemiany materii w całym organizmie, a także determinuje pozytywną zależność między czasem trwania gumy do żucia, wydajnością mleka i zawartością tłuszczu.

Tabela 65 - Czas trwania głównych elementów zachowania zwierząt krzyżowych

Grupy Zwierzęta Wskaźnik	I		II		III		II do I	IIIk I
	min	%	min	%	min	%	%	%
Rozporządzenie Wstawaj:	930	64,6	862	59,8	820	56,9	-7,4	-11,8
łącznie z poborem paszy	265	18,4	348	24,2	335	23,3	+5,8	+4,9
guma do żucia	230	15,9	282	19,6	279	19,4	+3,7	+3,5

[228] Ipatova, N.B. Oszacowanie cech ekonomicznych i użytkowych moskiewskiego typu krów rasy czarnej i pierzastej przy różnych metodach utrzymania. Dis. ...Kandydatka Nauk /N.B.Ipatova. - Moskwa, 2006. - 146s. C.98

Rozporządzenie leżący	510	35,4	578	40,2	620	43,1	+4,8	+7,7
w tym: guma	151	10,5	220	15,3	209	14,5	+4,8	+4,0
Wakacje	101	7,0	192	13,3	187	12,9	+6,3	+5,9

Obserwacje zachowań krów jałówek wykazały zmiany aktywności w spożyciu paszy w ciągu dnia. Najkorzystniejszym okresem, w którym krowy chętnie jedzą paszę przy braku bodźców zewnętrznych, jest okres od 22 godzin do 2 nad ranem, zwłaszcza latem, kiedy temperatura powietrza lekko spada - do 17 ... 18 ° C (w ciągu dnia jest to 27 ... 30 ° C). Ponadto, aktywne spożycie paszy przez krowy jest zawsze związane z ich harmonogramem żywienia.

Ponieważ jest to wygodniejsze dla pierwszych jałówek, zwłaszcza tych w środku nocy, charakteryzujących się brakiem dużej ilości substancji drażniących i umiarkowaną temperaturą, oprócz żywienia dziennego i nocnego konieczne jest zorganizowanie dla symetrii krów holsztyńskich.

1.6.3 Wyniki prac hodowlanych plemiennych przy krzyżowaniu krów rasy simentalskiej z buhajami holsztyńskimi

Analiza struktury genealogicznej stada macicy rasy symetrycznej

Badania wykorzystania puli genowej rasy czerwonej i pstrokatej holsztyńskiej w zwiększaniu potencjału genetycznego bydła Simmental przeprowadzono w gospodarstwie edukacyjnym K.A. Timiriazowa "Mummowskiego" RSAU-MSHA, powiat Atkar, obwód saratowski. W tym gospodarstwie hoduje się bydło symetryczne.

W celu zwiększenia wydajności mlecznej stada krów z badanego gospodarstwa w okresie od 1980 do 1985 roku sprowadzono nasienie buhajów z Ukrainy i Szwajcarii (linia Husara).

Od 1985 roku gospodarstwo pracuje nad skrzyżowaniem bydła Symmental z czerwonoplamistym holsztynem. Wykorzystano nasienie byków z linii wiodących.

Strukturę genealogiczną pogłowia stada według danych bonitacyjnych z 1999 roku reprezentowało 9 linii byków - przodków (tabela 66.).

Tabela 66- Struktura genealogiczna stada macicy według przynależności liniowej (według danych z 2000 r. bono)

Przezwisko byka to	Liczba zwierząt	
	Cel	%
Linia Floriana 374		
Radysta 6174	11	1,5

Kotwica 7696	137	19,3
Faza 967 linia		
Kosmos 6329	4	0,6
Linia Mergele 2122		
Waga ciężka 7460	12	1,7
Linia Radonis 838		
Faraon 9461	4	0,6
Linia Hussar (Szwajcaria)		
Kontynuacja tabeli 66		
Hussar 542625	2	0,3
1641 Spokojny	4	0,6
Linia idealna Wes		
Julia 43	55	7,7
Mick 1	5	0,8
Colt 69	61	7,2
Montwick Chiftein Line		
Reprezentanci 20	32	4,5
Pilmore 217	27	3,8
Rodzynki 3364	91	12,7
		Kontynuacja tabeli 66
Linia cięcia refleksyjnego		
Salon 19	17	2,3
Regał 75	19	2,6
Ficus 6724	18	2,5
Ovid 7151	143	20,1
Ralph 1746822	68	9,6
Skychif 349	20	2,8
Seling Trijun Rokita Line		
Cesarz 8866	2	0,3
Razem .	711	100

Większa część stada reprezentowana jest przez mieszanki bydła Simmental z czerwonym opryskiem holsztyńskim (77,2%). Wśród krów stada dominowali potomkowie linii Montwick Chiftein - Rodzynki 3364 (91 bramek), Reps 20 (32), Pilmore 217 (27), linia byków Reflex Sawring - Regala 75 (19), Fikus 6724 (18), Skychif 349 (20 bramek).), Salon 19 (17), Ralph 1748622 (68) i Ovidia 7151 (143), a także byki z linii Wes Ideal - Jules (55), Colt 69 (61) i Mika 1 (5 bramek).

Cechy producentów byków wykorzystywanych w gospodarstwie w latach 1994-1998 przedstawiono w tabeli 67.

Tabela 67. Byki, które były używane w gospodarstwie w latach 1994-1999. (od 01.01.2000)

Nazwisko i numer byka	Compl. ocena	Piłka na ecstasy.	Wydajność matki	Wydajność MO

Linia Wes Idealna 933122				
Mick 1	P		Naiwn	Naiwny.
Colt 69	P		Naiwny. 5-	Na cztery
Linia cięcia refleksyjnego 198998				
Ralph 1748622	P	9	2-5790-4,63	5-10763-4,02
SkyChif 349	P E	9 0	Naiwny. 9076-4,2	Naiwn y. 7724-4,0
Salon 19	P	9	Naiwny.-4-	Naiwny.-7-
Linia Hussar (Swiss Symmetals)				
1641	P	9	Naiwny.-	Naiwny.
Hussar	P	9	Naiwny.-4-	Naiwny.-2-
Montwick Chiftein Line 95679				
Rodzynki	P		Naiwny.-	Naiwn
Reprezenta	P		Naiwny. -5-	Naiwny
Linia Floriana 374 CS-199				
Radysta	P		Naiwny.-7-	Naiwny.-2-
Seling Trijun Rockit Line				
Cesarz 8866	P		Naiwne.-	Naiwny.-5-

Wymienieni powyżej przedstawiciele głównych linii produkcyjnych byków mają obecnie różną liczbę córek, w tym jałówek i jałówek. Z tego powodu do oceny jakości potomstwa brane były tylko byki z 15 lub więcej karmiącymi córkami.

Ocena byków-producentów według cech produkcyjnych potomstwa

Analiza wykorzystania różnych wariantów doboru byków i krów w stadzie szkoły "Mummovskoye" pokazuje, że w istniejącym systemie wzrostu młodych i poziomie żywienia dorosłych zwierząt uzyskano różne wskaźniki (tabela 68).

Tak więc, w połączeniu buhajów i matek rasy simentalskiej linii Florian, wydajność mleczna potomstwa w 1 laktacji wynosiła 3764 kg, 3,95% tłuszczu i 148,7 kg tłuszczu mlecznego. Zastosowanie na macicy byków rasy Wes Ideal, Reflection Sawring i Montwick Chiftein z linii Florian dało zagniatanym córkom o wydajności mlecznej odpowiednio 4334 kg, 4717 i 4396 kg, o zawartości tłuszczu 3,88% i 3,76%, która jest wyższa od wewnątrzliniowej kombinacji byków i krów linii Florian o 570 kg, 953 i 632 kg mleka. W produkcji tłuszczu mlecznego różnica wynosiła 19,5 kg, 34,3 kg i 16,6 kg.

Dobre wyniki uzyskano w przypadku wewnątrzliniowej hodowli zwierząt linii Mergel. Potomstwo w tej kombinacji miało pierwszą wydajność w laktacji 3664 kg z 3,83% tłuszczu. Zastosowanie byków holsztyńskich z linii Reflection Sawring z 198998 r. na macicy linii Mergel pozwoliło uzyskać zwierzęta o mleku 4607 kg i 3,86% tłuszczu, co stanowi 943 kg mleka i 38,6 kg tłuszczu mlecznego więcej niż w kombinacji wewnątrzliniowej.

Tabela 68 - Jakość produkcyjna młodych byków w różnych kombinacjach wierszy

Linia ojca	**Linia macierzysta**	n	Udoi, kg	Sod.fat,%	Tłuszcz mleczny, kg
Odbicie piłowania	Floriana	61	4717	3,88	183,0
Odbicie piłowania	Mergel	20	4607	3,86	177,8
Odbicie piłowania	Odbity piłowanie	39	4193	3,81	159,8
Odbicie piłowania	Sygnał	26	4415	3,84	169,5
Odbicie piłowania	Fasada	31	5059	3,87	195,8
Odbicie piłowania	Montwick Chiftein	16	3768	3,97	149,6
Odbicie piłowania	Wes Idealny	24	3702	4,14	153,3
Wes Idealny	Floriana	16	4334	3,88	168,2
Wes Idealny	Mergel	13	4244	3,74	158,7
Wes Idealny	Piłowanie refleksyjne	13	3694	3,91	144,4
Wes Idealny	Sygnał	16	4655	3,95	183,9
Wes Idealny	Fasada	13	3650	4,1	149,7
Wes Idealny	Montwick Chiftein	16	3780	3,92	148,2
Montwick Chifteina	Floriana	18	4396	3,76	165,3
Montwick Chifteina	Piłowanie refleksyjne	16	4457	3,81	169,8
Montwick Chifteina	Montwick Chiftein	16	3852	4,19	161,4
Wes Idealny	Piłowanie refleksyjne	17	3694	3,90	144,1
Floriana	Floriana	42	3764	3,95	148,7
Sygnał	Sygnał	4	3806	3,83	145,8
Mergel	Mergel	7	3664	3,83	139,2
Fasada	Fasada	9	3463	3,93	136,1

Pozytywne wyniki uzyskano przy wewnątrzliniowym użyciu szkieletów i byków linii fasadowej oraz przy przecięciu szkieletów linii z Odbiciami Piły. Wewnątrzliniowa kombinacja pozwoliła na uzyskanie potomstwa o wydajności mlecznej w pierwszej laktacji 3463 kg o zawartości tłuszczu 3,93%, przy skrzyżowaniu odpowiednio 5059 kg i zawartości tłuszczu 3,87%. Hodowla krzyżowa pozwoliła nie tylko na zwiększenie wydajności mlecznej córek ugniatanych przy zachowaniu wysokiej zawartości tłuszczu w mleku - 3,87%, ale także na zwiększenie jego całkowitej wydajności o 59,1 kg.

Przy zastosowaniu wewnątrzliniowej selekcji buhajów i matek linii Signal otrzymano stosunkowo niewiele córek (4 bramki), ich mleczność wynosiła 3806 kg przy zawartości tłuszczu 3,83%. Jednocześnie połączenie czerwonych buhajów linii Reflexion Sawring z macicami linii Signal pomogło uzyskać od 26 córek mleko o masie ciała 4415 kg w pierwszej laktacji na poziomie 3,84% zawartości tłuszczu w mleku.

Wszystkie powyższe rozważane warianty połączenia buhajów rasy czerwonej i motylkowatej holsztyńskiej linii Montwick Chiftein i Reflex Sawring z macicą symetrycznej rasy Florian, Mergel, Signal i Facadanica trafiły do pierwszego pokolenia miotu, którego produktywność wynosiła 4396-5059 kg, a zawartość tłuszczu 3,76-3,88%, czyli więcej niż w przypadku połączenia intralnego potomstwa buhajów linii Florian, Signal i Facadanica.

W przypadku stosowania selekcji wewnątrzliniowej i otrzymywania mieszanek drugiej generacji dane były zmienne. Tak więc kombinacja byków i krów linii Montwick Chiftein otrzymała 16 córek, których mleczność w 1 laktacji wynosiła 3852 kg z zawartością tłuszczu 4,19%, a kombinacja linii Reflex Sawring 39 córek w 1 laktacji wynosiła 4193 kg z zawartością tłuszczu 3,81%.

Buhaje z linii Reflex Sawring po skrzyżowaniu z krowami rasy Simmental dawały stosunkowo dobre wyniki wśród mieszanek w połączeniu z macicą linii Florian, Mergel, Signal i Facade, jak wspomniano powyżej.

Byki z linii Reflexion Sawring były najlepsze w doborze mieszanek, zarówno pierwszej jak i drugiej generacji. Wydajność córek buhajów tej linii pierwszego i drugiego pokolenia w dobrych warunkach żywienia w gospodarstwie była wyższa niż wydajność córek innych buhajów rudych.

Dalsze prace nad poprawą jakości produkcyjnej stada powinny mieć na celu własciwe wykorzystanie wyników selekcji, z uwzględnieniem jakości stada hodowlanego danego gospodarstwa:

- Krowy rasy simentalskiej linii Mergel, Facade i Florian, spełniające wymagania rasy pod względem typu budowy ciała, wydajności mlecznej, kształtu wymion i mleczności, łączą się w selekcji z buhajami tych samych linii;

- Krowy z dojami poniżej standardu rasy w pierwszej laktacji zaleca się stosować w krzyżowaniu z bykami rasy czerwonej i motylkowej Holsteiner z linii Reflexion Sawring i Montwick Chiftein.

Wyniki oceny producentów byków według jakości potomstwa

Ocena buhajów-producentów została przeprowadzona zgodnie z "Instrukcją kontroli i oceny buhajów ras mlecznych i mlecznych według jakości potomstwa" (1980).

Na okres 20 lat w gospodarstwie oszacowano 10 byków-producentów (tabela 69). Te same byki ocenialiśmy trzema metodami: córka-matka, córka-córka-małżonka i w porównaniu z przeciętnym stadem. Porównanie produktywności córek byków z ich matkami wykazało, że córki byków Ridge 1743506, Regal 75 i Ralph 1748622 przewyższały matki pod względem mleczności odpowiednio o 275 kg, 297,5 kg, 212,5 kg i zawartości tłuszczu o 0,05%, 0,09%.

Byk Owidiusza 7151 przewyższał mleko matki o 136 kg i nie było żadnej różnicy w zawartości tłuszczu.

Potomstwo pozostałych byków, zarówno pod względem mleczności, jak i otłuszczenia, było gorsze od matek. Córki ogierków 69, Pilmore 217, Rep 20 i Izyum 3364 miały szczególnie niskie wyniki wydajności, które były o 906 kg, 747, 914 i 361 kg gorsze od ich matek pod względem mleczności.

Zawartość tłuszczu u córki byków Colt 69, Raisins 3364, Repsa 20 przewyższała ich matki odpowiednio o 0,23%, 0,4 i 0,14%. Przyczyną tej różnicy w wydajności matek i ich córek była niestabilność bazy pokarmowej, różne poziomy karmienia i różne poziomy zawartości w ciągu roku. W związku z tym bardziej obiektywną oceną jest porównanie wydajności córek byków ocenianych z ich rówieśnikami.

Jak pokazują dane z tabeli 69, córki 4 buhajów przewyższały swoich rówieśników pod względem wydajności mlecznej. I tak, potomstwo byków z Grzbietów przewyższało swoich rówieśników o 236 kg, Regal - o 340,5, Ralph - o 127, Reps - o 679,5. Potomkowie innych byków byli gorsi od swoich rówieśników.

Na utrzymanie tłuszczu w mleku córki 7 byków-producenci przewyższają rówieśników: córki byków Ridges 1743506 - na 0,08 %, Ovidija 7151 - na 0,02, Julia 43 - na 0,04, Raisins 3364 - na 0,1, Colt 69 - na 0,06, i byki Pilmore 217 i Salon 19 - w granicach błędu, na 0,01 %.

Córki trzech byków-producentów na tłustym mleku oddawanym rówieśnikom - Regal 75 na 0,06 %, Ralph 1748622 na 0,03 i Repsa 20 na 0,6 %. Średnia produktywność krów w stadzie była zróżnicowana. Tak więc potomstwo buhajów Ralph, Regal, Ridges i Julia przekroczyło średnią produktywność stada pod względem mleczności o 141 kg, 212,5 kg, 113 kg i 167,5 kg i było bliskie pod względem zawartości tłuszczu: 3,91-3,87%.

Charakterystykę oceny producentów buhajów przeprowadzono na produktywności córek w latach 1994-1998, najkorzystniejszej pod względem zaopatrzenia w paszę, gdy krowa została zebrana w liczbie 4000-4500 sztuk. Kolejne lata (1999-2000) były mniej korzystne pod względem dostępności pasz, co spowodowało spadek wydajności mlecznej krów w całym stadzie, co dotknęło córki tych i innych szacowanych buhajów.

Podsumowując ocenę buhajów-producentów pod względem jakości potomstwa, należy zauważyć, że najlepsze potomstwo, lepsze pod względem produkcyjności matek, rówieśników i średniej produkcyjności w stadzie, uzyskano od byków rasy Ridge 1743506, Regal 75, Ralph 1748622; Córki Colt Bulls 69 (4,1%), Ridges 1743506 (3,91%), Rep 20 (3,93%) i Pilmore 217 (3,9%) miały dobre mleko tłuszczowe. Córki tych samych buhajów przekroczyły normę rasy w tłustym mleku: Colt 69 - o 0,3%.

Tabela 69 - Ocena producentów buhajów rasy czerwonej i motylkowatej Holstein według produktywności córek

Nazywa się .	Naboje 1743506	Regał 75	Ralph 48622	Owidiusz 7151	Jul 43	Salon 19	Izum 3364	Reprezentanci 20	Colt 69	Pilmore 217
Ilość córki	89	74	68	24	32	16	21	41	30	27
Mleko, kg										
Córki	3915,5	3991,0	3832	3255	3286,5	2953,5	2675,8	2852,5	2751,8	2982
Matthew	3640,5	3693,5	3619	3119	3108	2917	3037	3766,8	3657,8	3729,8
Sverstnitsa	3675,5	3670,5	3705	3460	3454	3413	2845	2173	2660	3376
Przeciętne stado	3774,5	3778,5	3719	3305	3263	3150,5	2675	2850,8	2850,8	3572
Tłuszcz, %										
Córki	3,91	3,80	3,83	3,85	3,87	3,86	4,12	3,93	4,10	3,90
Matthew	3,86	3,71	3,83	3,86	3,90	3,91	3,72	3,79	3,87	3,96
Sverstnitsa	3,83	3,86	3,86	3,83	3,83	3,85	4,02	3,99	4,04	3,89
Przeciętne stado	3,88	3,78	3,84	3,86	3,87	3,86	3,84	3,85	3,84	3,85
Tłuszcz mleczny, kg										
Córki	153,05	151,65	146,76	125,1	127,1	114,6	105,8	109,98	111,83	128,4
Matthew	140,65	137,05	138,5	120,4	121,25	113,95	113,0	140,83	141,5	149,5
Sverstnitsa	140,7	141,68	143,0	132,55	132,3	131,3	118,29	105,77	107,16	131,38
Przeciętne stado	146,45	142,82	142,65	127,2	126,15	121,65	102,72	109,76	109,47	137,52

Porównując wyniki córek ocenianych buhajów z normą dla rasy Symmental w 1 laktacji, można zauważyć, że córki wszystkich buhajów przekroczyły normę rasy. Tak więc potomkowie buhajów z Salonu 19, Izyum 3364, Rep 20, Colt 69 i Pilmore 217 przekroczyli standard rasy odpowiednio o 803,5 kg, 525,8 kg, 702,5 kg, 602 kg i 832 kg.

Pozostaje więc najbardziej postępowa i wiarygodna metoda porównywania rówieśniczej córki.

Prepotencję byków określono za pomocą wzoru F.F.Eisnera, gdzie wydajność córek byka wyrażona jest jako procent średniej wydajności ich rówieśników: *P=D:Cx100*, gdzie P - dziedziczność producenta; D - wydajność jego córek; C - wydajność rówieśników.

Używając tego wzoru, okazało się, że na 10 szacunkowych byków-producentów, tylko 5 jest przedstawionych: Reps 20 - 131,2%, Regal 75 - 109,3, Naboje 1743506 - 106,4, Ralph 1748622 - 104,2, Colt 69 - 103,5%. Gotowość innych byków-producentów do przeniesienia na potomstwo takiego znaku, jak udoi, okazała się dość niska - poniżej 100 %, a mianowicie: Ovid 7151 - 94 %, Jul 43 - 95 %, Salon 19 - 87 %, Rodzynki 3364 - 94 %, Pilmore 217 - 88,3 %.

Zgodnie z "Instrukcją kontroli i oceny buhajów ras mlecznych i mięsnych według jakości ich potomstwa Ministerstwa Rolnictwa ZSRR" (1980), kategoria hodowlana buhajów-producentów została przypisana na podstawie wyników porównania wydajności córek w pierwszej laktacji z rówieśnikami w stadzie, gdzie średnia mleczność na krowę osiągnęła nie mniej niż 3000 kg.

Wyniki oceny córek badanych buhajów: pięciu na dziesięciu producentów buhajów, tj: Naboje 1743506, Regal 75, Ralph 1748622, Reps 20 są ulepszeniami, a byk Colt 69 jest neutralny. Pozostałe byki córek są czcicielami.

Dokonano kompleksowej oceny byka: Naboje 1743506 - A1B; Regalia 75 -A2B; Ralph 1748622 - A3B1; Repsa 20 - A2 B1; Colta 69 - Neutralny B2.

Ta ocena buhajów pokazuje, że na ogólne wyniki oceny istotny wpływ ma również baza pokarmowa.

Podsumowując ocenę producentów buhajów pod względem jakości potomstwa, należy zauważyć, że najlepsze potomstwo, lepsze pod względem wydajności matek, rówieśników i średniej wydajności stada, otrzymane od byków Ridge 1743506, Regal 75, Ralph 1748622, córki byków Colt 69 (4,1%), Ridge 1743506 (3,91%), Rep 20 (3,93%) i Pilmore 217 (3,9%) miały dobre mleko tłuszczowe. Córki tych samych byków przewyższały standard tłuszczowy rasy: Colt 69 o 0,3%, Ridges 1743506 o 0,11%, Repsa 20 o 0,13% i Pilmore 217 o 0,1%.

1.6.4. Analiza pracy hodowlanej z rodzinami stadnymi rasy symetrycznej

Poprawa jakości hodowlanej i produkcyjnej wszystkich ras bydła opiera się na jego hodowli wzdłuż linii i rodzin.

Głównym celem pracy z rodzinami jest stworzenie i ukierunkowanie na pożądany kierunek ich zmienności dziedzicznej, która powstaje u potomstwa w wyniku nowych kombinacji cech dziedzicznych rodziców.

W każdym następnym pokoleniu udział dziedziczenia przodka zmniejsza się średnio o połowę i jest stopniowo wypierany przez dziedziczenie tych producentów, z którymi ona, jej córki, wnuki i kolejne potomstwo się kojarzyło.

Zmniejszenie podobieństw między samicami krów z tej samej rodziny i ich przodkami niweluje różnice między krowami z różnych rodzin. Coraz większe podobieństwo jakościowe rodzin do kojarzeń matek z różnych rodzin z tymi samymi producentami w hodowli zwane konwergencją, a także spadek odpowiedniego podobieństwa - gdy macica tej samej rodziny korzysta z różnych producentów - rozbieżności.

Wszystko to prowadzi do rozgałęziania się rodzin i ostatecznie do rozpadu rodzin na szereg powiązanych ze sobą grup, które różnią się jakościowo od siebie. Dlatego w każdym pokoleniu należy wyróżniać tylko najlepsze matki, które przeżyły.

Wybór producentów do macicy pewnej rodziny odgrywa ważną rolę w zmianie dziedziczenia. W gałęziach i gałęziach rodzin często przywiązuje się dużą wagę nie do cech dziedzicznych przodka, lecz do udanego połączenia jego dziedziczności z dziedzicznością producenta, od którego pochodzi przodek nowej gałęzi lub gałęzi. Identyfikacja udanych kombinacji i w rezultacie uzyskanie najlepszych zwierząt jest głównym celem pracy z rodzinami.

Selekcja byków poszczególnych linii w rodzinach może być prowadzona w różnych kierunkach, co oznacza zachowanie cennych cech rodziny lub ich poprawę.

W praktyce plemiennej hodowli zwierząt wykorzystuje się kilka różnych kierunków. Tak więc w skale Simmental istnieje kilka podstawowych opcji wyboru linii dla rodzin: jednorodna selekcja chłonna i selekcja natryskowa.

Analiza pracy z rodzinami w stadzie szkoły "Mummovskoye" wykazała, że w ostatnich latach ich liczba wzrosła. To ostatnie wiąże się ze stosowaniem krzyżowania reprodukcyjnego bydła Simmental z czerwonoplamistym Holsteinsteinem, zwiększeniem wydajności mlecznej w mieszankach i, co za tym idzie, tworzeniem nowych rodzin, których przedstawiciele charakteryzują się nowymi cechami.

W latach 1977-1998 liczba rodzin wahała się od 30 w 1977 roku do 18 w 1998 roku. 20-letni okres pracy ze stadem pokazał, że poprawa selekcji i doboru w stadzie, wykorzystanie wysokiej jakości buhajów - producentów krajowych linii Mergel i Signal, a także buhajów szwajcarskich linii Hussar 54262 pozwoliło na dokonanie zmian w pracy z rodzinami, zwiększenie wydajności przodków i ich potomstwa do 4500-5000 kg przy 3,7-3,85% zawartości tłuszczu w mleku, jakości reprodukcyjnej i długości życia do 5-6 laktacji. Zwiększone wymagania wobec członków rodziny zmniejszyły tę liczbę do 18. Obecnie, w wyniku stosowania krzyżowania reprodukcyjnego krów rasy simentalskiej z buhajami rasy holsztyńskiej i hodowli mieszanek "sama w sobie", wzrosła produktywność przedstawicieli rodzin, poprawiły się cechy morfologiczne i funkcjonalne wymion, a także zwiększyła się ich średnia długość życia.

Podstawą do dalszej poprawy jakości produkcyjnej zwierząt są rodziny wysokoprodukcyjne i poszczególne wysokoprodukcyjnezwierzęta zarejestrowane w CPC. Przedstawiciele głównych rodzin (tabela 70) stanowią nieco więcej niż połowę całego stada mlecznego badanego gospodarstwa (160 celów).

Tabela 70 - Charakterystyka rodzin krów uniwersytetu według pokoleń (najwyższa laktacja)

Pokolenia	n	Mleko, kg		Zawartość tłuszczu, %		Ilość tłuszczu mlecznego, kg	
		M±m	Cv, %	M±m	Cv, %	M±m	Cv, %
Pomysłodawca	18	4759±167	14,63	3,67±0,016	1,83	175,65±3,78	16,04
Córki	45	4368±141	21,78	3,77±0,027	4,77	164,67±5,3	21,46
Wnuczki	52	3059±123	29,11	3,89±0,032	5,91	119,0±4,64	20,93
Prawnuczki	35	3862±146	22,45	3,90±0,044	6,67	150,61±6,25	25,14
Prawnuczki	10	3532±211	18,92	3,82±0,06	5,08	134,92±8,7	20,37
Przeciętna rodzina.	160	4141±73	22,36	3,84±0,019	6,25	159,01±2,83	22,6

Średnio 18 przodków miało najwyższą wydajność laktacji - 4 759 kg tłuszczu mlecznego, o zawartości tłuszczu 3,67% i wydajności tłuszczu mlecznego 175,65 kg; ich 45 córek miało odpowiednio 4368 kg i 3,77% tłuszczu, a 52 wnuczki miały wydajność 3 059 kg i 3,89% tłuszczu, 35 prawnuczek miało 3 862 kg i 3,9% tłuszczu, a ostatecznie 10 prawnuczek miało 3 532 kg i 3,82% tłuszczu.

Wraz z usuwaniem przodków, córki, wnuki, prababki i wnuczki odpowiednio zmniejszyły wydajność mleczną. Średnia mleczność dla wszystkich rodzin wynosiła 4141 kg przy zawartości tłuszczu 3,84% i 159,01 kg tłuszczu mlecznego.

Najbardziej produktywną i liczebną rodziną jest rodzina Flask 637, której wydajność wyniosła 6,421 kg przy zawartości tłuszczu 3,2%, a maksymalna zawartość tłuszczu w mleku wszystkich rodzin wynosiła 209,5 kg.

Z ogólnej liczby rodzin w stadzie do liczby rodzin wysoko produktywnych (przy przyjęciu przodków 6421-4547 kg) jest 6 rodzin, przodkowie dają 4064-4305 kg, a tylko jedna niższa - 3420 kg, o zawartości tłuszczu 3,87%. Większość rodzin jest stosunkowo niewielka (6-8 potomków (tabela 3.4.3.1.2), ale są też rodziny z dużą liczbą potomków (10-15). Liczba laktacji przodków waha się od 3 do 11.

Należy podkreślić, że krowy z odrębnych rodzin (Flasks 637, Kind 920 itp.) charakteryzują się niewystarczającą zawartością tłuszczu i mleka, która wynosi średnio 3,4-3,61 %, a w przypadku rasy simentalskiej 0,4-0,19 poniżej normy. W celu zwiększenia tłustości, zwłaszcza u krów z poszczególnych rodzin, przy przeprawach konieczne jest stosowanie byków z najlepiej dobranych linii.

Dalsza poprawa jakości plemiennej i produkcyjnej stada szkolnego przebiegała na drodze zakładania nowych rodzin, co powinno być prowadzone, stale podkreślając wysoce produktywnych przodków.

Stworzenie stabilnej bazy paszowej pozwoliło gospodarstwu w latach 1985-1995 uzyskać od pierwszego i drugiego pokolenia mieszanki 5000-5500 kg (o zawartości tłuszczu w mleku 3,75-3,80%), a średnie stado - 4100-4300 kg.

Tabela 71- Wydajność mleczna krów głównych rodzin rasy symetrycznej

Pokolenia	Kolby 637				Śluby 656				Dobra 920.			
	n	Mleko, kg	M.E.W., %	M.J., kg	n	Mleko, kg	M.E.W., %	M.J., kg	n	Mleko, kg	M.E.W., %	M.D.W., kg
Pomysłodawca	1	6421	3,20	209,5	1	3420	3,87	132,4	1	4547	3,52	160,5
Córki	2	5647	3,51	198,5	2	3774	3,61	136,8	5	4199	3,76	162,7
Wnuczki	2	4664	4,07	184,9	4	4798	3,90	187,1	4	4335	3,85	166,4
Prawnuczki	3	3734	3,69	135,8	4	3702	3,78	139,3	3	4479	3,92	168,0
Prawnuczki	2	3094	3,73	115,4	2	2749	3,72	102,3	2		3,75	
Przeciętnie, według rodziny.	10	4443	3,69	161,5	13	3882	3,79	147,4	15	4319	3,80	164,1
	Plakaty 1133				Lipa 6549				Serwetki 1796			
Pomysłodawca	1	4694	3,57	167,7	1	5974	4,07	243,6	1	5481	4,14	226,7
Córki	2	3823	3,82	127,8	5	4045	3,96	159,9	2	3667	3,79	139,6
Wnuczki	2	5422	4,04	220,0	4	4373	3,76	163,5	3	4418	3,82	168,9
Prawnuczki	5	3740	3,85	144,3					3	2827	3,90	110,7
Prawnuczki	3	3508	3,88	136,8	1	4359	3,99	173,8				

Przeciętnie, według rodziny.	13	4031	3,87	156, 0	1 1	4448	3,90	173,4 8	9	3839	3,88	149,4

Wyniki gospodarstwa przez 12 lat

W ciągu 12 lat od 1999 r. do 2012 r. w gospodarstwie nastąpiła wzrostowa zmiana w wydajności mlecznej (tabela 72).

Tabela 72- - Dynamika wydajności mlecznej w gospodarstwie "Mummovskoye".

Wskaźnik Rok	Do krów	Mleko, kg	% tłuszczu	K -in-fat, kg	Masa ciała, kg	Trumna. koktajle mleczne,kg
1999	251	3388	4,01	136	530	639
2000	300	3574	4,01	143,3	539	663
2005	244	5083	4,08	207,4	519	979
2009	307	6391	4,01	256,3	540	1183
2012	361	6456	4,14	267,3	552	1169

Analiza wyników wykazała, że w 2005 r. średni plon 244 celów wynosił 5,083 kg przy zawartości tłuszczu 4,08 %, co oznacza wzrost o 1,509 kg w porównaniu z 2000 r., czyli średni roczny wzrost o 302 kg. W 2012 roku. Nastąpił gwałtowny wzrost wydajności - o 1373 kg w porównaniu z 2005 r., średni roczny wzrost wyniósł 457 kg. Wynika to z faktu, że gospodarstwo znacznie poprawiło bazę paszową, technologię zadawania paszy za pomocą dozownika paszowego - mieszalnika pasz, dojarni krów.

Według naszych danych wydajność mleczna krów w stadzie w badanym gospodarstwie różni się w pewnym stopniu w zależności od wieku zwierząt (tabela 72). Jednym z ważnych wskaźników wydajności mlecznej krów jest ich masa ciała. Krowy o wadze 500 - 650 kg mogą produkować mleko na wyższym poziomie przez dłuższy czas niż krowy o mniejszej wadze (do 450 kg).

Z analizy wyników badań wynika, że w 2012 roku średnia mleczność 268 sztuk wynosiła 6950 kg przy zawartości tłuszczu 4,16%, tj. krowy są rozmieszczone w trzeciej i starszej laktacji.

Tabela 73- Zmiany wydajności mlecznej krów w stadzie w podziale na grupy wiekowe (wg danych premiowych 2012)

Wiek (w laktacji)	Wskaźniki				
	n	Waga ciała, kg	Mleko, kg	Zawartość tłuszczu, %	Tłuszcz mleczny, kg	Trumna. Milkshake'y, kg
1	34	447	4974	4,10	203,9	1112
2	59	484	6429	4,13	265,5	1328

3 lub starsze	268	542	6950	4,16	289,1	1282
Przeciętnie.	361	510	6456	4,14	267,3	1265

Jak wynika z danych w tabeli 72, krowy o żywej wadze 540-550 kg mają najwyższą wydajność mleczną, a ich współczynnik mleczności wynosi 1282.

Wykorzystanie produkcyjne holsztynizowanych krów rasy symetrycznej

W zakładzie hodowlanym "Mummovskoye" odnotowano następującą zmianę w latach 2000-2012 stado zostało odmłodzone o 1,4 (4,5---3,1) laktacji; wprowadzenie jałówek do stada ma bardzo mały wzrost. Pozytywnym zjawiskiem jest obniżenie średniej wieku pierwszego hotelu z 32,0 do 28,0 miesięcy. Wydłużył się okres świadczenia usługi - o 33 dni i w 2012 r. wyniósł 116 dni (tabela 73).

Tabela 74- Wskaźniki dotyczące zarządzania krowami w poszczególnych latach

Wskaźnik	Rok			
	2000	2009	2012	**±2012/2000**
Produkcja krów				
Średni wiek w hotelach, laktacja.	4,5	3,8	3,1	-1,4
Liczba sieci przeniesionych do stada, cel.	40	49	49	+9
%	11,8	13,0	12,8	+1%
Średni wiek w I- hotelu, miesiąc.	32	30	28	-4
Czas trwania okresu użytkowania				
Przeciętnie, dni.	83	126	116	+33
Ponad 90 dni, bramka.	94	216	225	+231
Produkcja cieląt na 100 krów	90	85	84	-6
Czas trwania okresu suchego				
Przeciętnie, dni.	48	58	60,3	+12,3
51-70 dni, cel.	107	187	247	+140
Ponad 70 dni, bramka.	34	82	23	-11

Wycofanie krów ze stada następuje z różnych powodów (tabela 75).

Tabela 75. - Powody, dla których krowy opuszczają stado

		Powody usuwania, choroby (bez, %)

Rok	Grupa zwierząt, n	ginekologia		wymiona		kończyny		Urazy,		inny (metabolizm)		Średnia wiek
		Abs.	%	Abs.	%	Abs.	%	Abs.	%	Abs.	%	
201 1	Krowy n=40	27	67,5	5	12,5	8	20					3,8
	Pervolts n=14	9	22,5	5	35,7							
201 2	Krowy n=35	9	25,7	7	20	7	20	1	11,1			3,7
	Pervolts n=11	2	5,7	1	0,91	4	36,4					

Z analizy danych w tabeli 75 wynika, że głównymi przyczynami odchodzenia bydła na emeryturę są choroby ginekologiczne, choroby kończyn i wymion.

1.6.5. Parametry hodowlane i genetyczne wydajności mlecznej krów rasy symetrycznej holsztynizowanej

Jednym z istotnych problemów w hodowli zwierząt jest problem poprawy dokładności oceny ich jakości hodowlanej.

Problem ten jest szczególnie istotny w przypadku hodowli bydła mlecznego. Cechy takie jak wydajność mleka, wydajność tłuszczu, białka i wiele innych cech charakteryzują się dużą zmiennością i są pod znacznym wpływem czynników paratypicznych, co znacznie komplikuje i utrudnia wykrycie różnic genotypowych w ich wartościach fenotypowych. Jednocześnie należy zauważyć, że dokładność oceny cech plemiennych zwierząt jest w rzeczywistości głównym czynnikiem ograniczającym przyspieszenie postępu genotypowego wydajności mlecznej w dzisiejszej hodowli bydła. Ponadto, pomimo wystarczających badań nad rasami, stadami pod względem ich różnorodności genetycznej i fenotypowej, do tej pory, naszym zdaniem, nie przywiązuje się wystarczającej uwagi do cech fenotypowego wdrażania cech u zwierząt. Wiadomo, że cecha fenotypowa pojawia się u każdego pojedynczego zwierzęcia podczas ontogenezy. Jego realizacja jest uwarunkowana nie tylko informacją genetyczną w sensie bezpośrednim, ale także technologią pozyskiwania produktów od zwierząt.

Powtarzalność dziennego cyklu mleczności krów rasy symetrycznej

Jedną z ważnych cech tej cechy jest jej powtarzalność, a jak pokazują badania Z.S.Nikoro, E.H.Ginzburga itp. [155][229], badanie i ocena powtarzalności danej cechy może służyć jako ważne kryterium skuteczności stosowania różnych zmian i sposobów rozliczania się z modyfikacji. Należy podkreślić, że zwiększenie stopnia powtarzalności w takich przypadkach świadczy o skuteczności stosowania metody w celu zwiększenia wiarygodności i dokładności różnicowania zwierząt według genotypu na podstawie ich wartości cech fenotypowych.

Tabela 76 przedstawia wyniki oznaczania wydajności mleka w pierwszych 90 dniach drugiej i trzeciej laktacji. Można zauważyć, że poziom wydajności przez pierwsze 90 dni drugiej laktacji (1891 kg) odpowiada wydajności mleka (4000 kg) w całej laktacji. Obserwuje się wzrost wydajności mleka w trzeciej laktacji, co wiąże się ze znanymi zmianami wiekowymi wydajności mleka, umiarkowanym stopniem zmienności wydajności mleka (13-14%); zależy to również od specyfiki tworzenia się grup zwierząt; stwierdzono stosunkowo wysoki poziom zawartości tłuszczu w mleku u krów, co na ogół jest typowe dla nadwołżańskiego typu bydła Symmental.

Tabela 76. Wydajność mleczna krów rasy symetrycznej w pierwszych 90 dniach laktacji (n=32)

Laktacja	2. laktacja			3. laktacja		
	Wartości statystyczne					
Wskaźniki	M	□	CJ	M	□	CJ
Mleko, kg	1891,44	268,33	14,19	2042,03	274,93	13,46
Zawartość tłuszczu, %	3,87	0,25	6,44	3,88	0,24	6,14
Zawartość białka, %	3,51	0,08	2,25	3,52	0,07	1,87

Tabela 77 - Wyniki jednoczynnikowej analizy dyspersyjnej (II laktacja)

	Wartości statystyczne						
Pora dnia	Cx	Cz	Cy	□2x	□2z	□2	Ff
Udoi:	□x=31	□z=256	□y=287	g=32	n=9	N=288	
Rano	394,48	169,39	563,87	12,725	0,662	0,700	19,232 ***
W południe.	330,23	321,39	651,62	10,653	1,255	0,507	0,485* **

[229] Nikoro, 3. Z. Nikoro, G.A. Glass, E.H. Ginzburg, N.F. Reshetnikova. - Moskwa: Kolos, 1968. - 440 s.

Wieczorem .	374,73	322,93	697,66	12,088	1,261	0,537	9,583* **
Dzienna wydajność mleczna	2480,06	13631,6	16111,64	80,002	53,248	0,154	1,502

Tabela 77 pokazuje wysoki poziom powtarzalności i wiarygodności w szacowaniu wydajności mleka w doju porannym. Powtarzalność w 2. laktacji przewyższa ją w laktacji obiadowej i wieczornej o prawie 50%, a w 3. laktacji - prawie dwukrotnie w porównaniu z szacunkami w południe i wieczór; wynosi odpowiednio 0,7 w porównaniu z 0,5 w 2. laktacji i 0,69 w porównaniu z 0,35-0,40 w 3. laktacji.

Tabela 78 - Zawartość tłuszczu w mleku w przeliczeniu na porcję mleka w ciągu dnia

Pora dnia	Wartości statystyczne						
	Cx	Cz	Cy	□2x	□2z	□2	Ff
	□x=31	□z=256	□y=287	g=32	n=9	N=288	
Dzień dobry	22,43	48,17	70,60	0,724	0,188	0,318	3,845*
Południe	25,95	48,44	74,38	0,883	0,189	0,349	4,424*
Wieczór	47,98	60,32	108,30	1,548	0,236	0,443	6,569**

Należy podkreślić, że współczynnik powtarzalności dla wydajności mlecznej jest znacznie wyższy niż współczynnik powtarzalności dla zawartości tłuszczu i białka (tabele 78, 79). Jednocześnie należy zauważyć, że zawartość tłuszczu i białka jest tradycyjnie uznawana za bardziej zróżnicowaną genetycznie (dziedziczność) w stadach.

Tabela 79. - Zawartość białka w mleku w przeliczeniu na porcję mleka w ciągu dnia

Pora dnia	Wartości statystyczne						
	Cx	Cz	Cy	□2x	□2z	□2	Ff
	□x=31	□z=256	□y=287	g=32	n=9	N=288	
Dzień dobry	2,94	4,11	7,05	0,095	0,016	0,418	5,920**
Południe	2,51	10,30	12,81	0,081	0,040	0,196	2,013
Wieczór	2,66	5,10	7,76	0,086	0,020	0,343	4,310*

Warto również zauważyć, że szczególnie wysokie współczynniki powtarzalności dla poszczególnych pór dnia uzyskano na tle niskiej i niewiarygodnej powtarzalności całkowitej dobowej wydajności mleka przez pierwsze 90 dni (0,15). Tak wysokie współczynniki powtarzalności w ocenie zwierząt według porannej wydajności mlecznej w ciągu pierwszych 90 dni mogą wskazywać na bardziej efektywną ocenę różnorodności genetycznej zwierząt przez cechy różnicy fenotypowej cechy w porannej wydajności mlecznej. Najwyraźniej cały kompleks cech (cechy struktury wymion, rezerwa wymion, objętość wymion, tempo syntezy mleka, czas trwania nocnego odpoczynku, itp.

Naszym zdaniem, długość nocnego odpoczynku pozwala nam na zidentyfikowanie rzeczywistych różnic między zwierzętami pod względem poziomu wydajności mlecznej w stosunku do wydajności mlecznej w ciągu dnia, której wielkość odzwierciedla wpływ innych, dodatkowych czynników paratypicznych.

Tabela 80- Wyniki jednoczynnikowej analizy dyspersyjnej (III laktacja)

Pora dnia	Wartości statystyczne						
	Cx	Cz	Cy	□2x	□2z	□2	Ff
Udoi	□x=31	□z=256	□y=287	g=32	n=9	N=288	
Dzień dobry	421,65	192,00	613,65	13,602	0,750	0,687	18,136***
Południe	167,16	338,06	505,22	5,392	1,321	0,331	4,083***
Wieczór	543,76	670,28	1214,04	17,541	2,618	0,448	6,699***
Dzienna wydajność mleczna	2603,6	17612,3	20215,9	83,987	68,798	0,129	1,221

Tabela 81- Zawartość tłuszczu mlecznego w mleku w przeliczeniu na porcję mleka w ciągu dnia

Pora dnia	Wartości statystyczne						
	Cx	Cz	Cy	□2x	□2z	□2	Ff
	□x=31	□z=256	□y=287	g=32	n=9	N=288	
Dzień dobry	27,76	44,20	71,95	0,857	0,173	0,386	5,187**
Południe	33,73	86,95	120,68	1,088	0,340	0,280	3,204*
Wieczór	42,92	93,18	136,09	1,384	0,364	0,315	3,803*

Tabela 82 - Zawartość białka w mleku w przeliczeniu na porcję mleka w ciągu dnia

Pora dnia	Wartości statystyczne						
	Cx	Cz	Cy	□2x	□2z	□2	Ff
	□x=31	□z=256	□y=287	g=32	n=9	N=288	
Dzień dobry	2,48	3,56	6,04	0,080	0,014	0,410	5,744**
Południe	2,23	4,21	6,45	0,072	0,016	0,346	4,377*
Wieczór	2,41	13,17	15,58	0,078	0,051	0,155	1,510

Jeżeli weźmiemy pod uwagę, że współczynnik powtarzalności jest górną granicą współczynnika odziedziczenia, uzyskane materiały świadczą o całkowitym braku informacji o całkowitej dziennej wydajności mlecznej krów w ciągu pierwszych 100 dni w celu rozróżnienia różnorodności genetycznej według ich fenotypu w określonym okresie. Powtarzalność nagrody pieniężnej ogółem charakteryzowała się raczej niskimi, choć wiarygodnymi ($p > 0,95$), wskaźnikami na poziomie 0,35 - 0,40.

Analiza korelacji pomiędzy 90-dniową wydajnością mleka a indywidualną wydajnością mleka w ciągu dnia wykazała, że najwyższy stopień korelacji wystąpił pomiędzy poranną wydajnością mleka a 90-dniową laktacją (r=0,9); jednocześnie współczynnik korelacji pomiędzy poranną i wieczorną wydajnością mleka był niższy i wynosił 0,60 - 0,65.

Tabela 83 - Korelacja między 90-dniową wartością mleka i mleka w różnych porach dnia

Udoi	2. laktacja	3. laktacja
Rano jest 90 dniowe mleko.	0,939	0,892
W południe, 90 dni.	0,864	0,899
Wieczór - 90 dni mleka.	0,798	0,905
Od rana do południa.	0,820	0,764
Rano - wieczór	0,621	0,647

Na podstawie wyników przeprowadzonych badań ustalono więc, że przy ocenie zwierząt w okresie skróconej laktacji oferowane przez nas metody mogą być bardziej efektywne w celach selekcyjnych w stadach towarowych o wysokiej wydajności.

Materiały dotyczące badania wpływu selekcji i metod technologicznych na poziom produkcyjności bydła Simmental wykazują pozytywny wpływ producentów rasy czerwonej i pietruszki holsztyńskiej na wzrost wydajności mlecznej bydła Simmental. Badania wykazały, że jałówki wyrobione przewyższają swoje symetryczne odpowiedniki o 902 i 966 kg (mieszanki pierwszego i drugiego pokolenia) pod względem zawartości tłuszczu mlecznego.

II. TECHNIKI POPRAWY WYDAJNOŚCI MLECZNEJ KRÓW

2.1 Wpływ metod utrzymania na wydajność mleczną krów

Technologia produkcji mleka w dużych gospodarstwach i kompleksach powinna pomóc zmaksymalizować potencjał genetyczny zwierząt. Rola metod utrzymania bydła mlecznego wzrasta w warunkach nowoczesnych technologii, którym towarzyszy duża intensywność wykorzystania zwierząt i które wiążą się z różnymi kosztami materiałowymi i kosztami pracy [[230],s.3,4].

Od wielu lat w naszym kraju istnieje opinia na temat zalet metody wiązania treści. Wynikało to głównie z racjonalnego rozkładu paszy [246][231]i indywidualnego podejścia do pracy mleczarek przy obciążeniu 50 krów.

Jednak nowoczesne technologie uzyskiwania produktów wysokiej jakości, stosowanie najnowszych technologii doju, karmienia, rozliczania oprogramowania komputerowego, oceny kontroli jakości mleka, w większości przypadków eliminuje stosowanie metody wiązanej u bydła. Najbardziej obiecująca technologia jest niezwiązana, ponieważ jest bardziej zbliżona do optymalnych warunków aktywności zwierząt [[232],s.4].

W warunkach chowu na uwięzi i bez uwięzi krów rasy "Barybinsky" rasy czarnojęczmiennej wzięto pod uwagę wydajność mleczną i wskaźniki etologiczne w zależności od sposobu hodowli. Badania zostały przeprowadzone wspólnie ze studentem podyplomowym N.B. Ipatovą.

Praca została wykonana na farmie "Lobanovo" CC "Barybino". W zależności od sposobu prowadzenia gospodarstwa utworzono dwie grupy jałówek (15 krów w każdej grupie) na zasadzie analogii: zwierzęta jednej grupy trzymane były na uwięzi, druga grupa - niezwiązane. Warunki karmienia zwierząt doświadczalnych były podobne. Raz w miesiącu badaliśmy wskaźniki fizyczne i chemiczne mleka w poszczególnych

---

[230] Ipatova, N.B. Oszacowanie cech ekonomicznych i użytkowych krów rasy moskiewskiej typu czarno-motylowej przy różnych metodach chowu: Dis. ...Kandydatka Nauk /N.B.Ipatova. - Moskwa, 2006. - 146s. C3,4

[231] Shendakov, A. Modernizacja selekcji w hodowli bydła mlecznego w obwodzie oryolskim / A. Shendakov // Hodowla bydła mlecznego i mięsnego. - 2008. - № 6. - – C. 15-18.

[232] Ipatova, N.B. Oszacowanie cech ekonomicznych i użytkowych krów rasy moskiewskiej typu czarno-motylowej przy różnych metodach chowu: Dis. ...Kandydatka Nauk /N.B.Ipatowa. - Moskwa, 2006. - 146s. C.4

próbkach (n=30): Zawartość suchej masy, suchych pozostałości mleka beztłuszczowego (%) - wg wzoru Farringtona, kwasowość miareczkowa ($^{0T)}$ - ^{wg} metody miareczkowania, gęstość (^{oA}) - laktodensymetr, liczba komórek somatycznych (tys./cm3) - na wyrobie "Foszomatic", grupa czystości - wg metody filtracji, klasa nasienia bakteryjnego - wg redukcji liczby komórek z resazyuryną.

Wyniki naszych badań (tab. 84) wykazały, że wydajność mleczna krów rasy rasy "Barybinsky" w ciągu 305 dni laktacji przy nie wiązanej metodzie utrzymania wynosiła średnio 7626 kg, czyli o 725 kg więcej w porównaniu z krowami rasy rasy "Barybinsky" ($p<0,05$). Wydajność mleczna zwierząt grupy doświadczalnej wynosiła 1394,0 kg i była wyższa o 119,2 kg od wydajności grupy kontrolnej, $p<0,05$.

Tabela 23 - Wydajność mleczna i jakość mleka u krów według metody utrzymania (n=15)

Grupy **Zwierzęta** **Wskaźnik** **i**	**Test na uwięzi.** n=1 5	**Doświadczon y (droga wolna)** n=15	**± do grupy kontrolnej**	
			w absolutny m jedzeniu.	**B** **%**
305 dni mleka.	6900±265	7626±219*	+725,7	110,5
Żywa waga krów, kg	541,3±8,1	547,1±8,6	+5,8	101,1
Współczynnik Mleka	1274,8±40, 2	1394,0±35,0*	+119,2	109,4
Zawartość tłuszczu, %	3,98±0,089	4,02±0,067	+0,04	
Wydajność tłuszczu mlecznego, kg	274,6±6,8	306,5±8,6*	+31,9	111,6
Zawartość białka, %	3,10±0,021	3,16±0,026	+0,06	
Wydajność białka mleka, kg	213,9±6,4	240,9±4,2*	+22,8	112,6
Zawartość suchej masy stałej, %	12,86±0,04 5	12,94±0,051	+0,08	
Wydajność suchej masy, kg	892,9±3,5	980,7±3,4***	+87,8	109,8
Zawartość COMO, %	8,88±0,026	8,92±0,023	+0,04	
Gęstość, $^{oh.}$	29,9+0,12	30,1+0,09	+0,2	100,7
Właściwości higieniczno-sanitarne mleka				
Kwasowość, ° T	18,0+0,299	17,4+0,324	-0,6	96,7

Zawartość komórek somatycznych, tysiąc/cm3	408+12,6***	276+17,4	-132,0	67,6
Grupa czystości, % z grupy krów: Grupa I	80,0	100,0	+20,0	125,0
grupa II	20,0	-	-	-
Inseminacja bakteryjna, % z grupy krów: wyższa	70	90	+20	
1. klasa	20	10	+10	50,0
Druga klasa	10	-	-10	-
Koszty produkcji				
Koszty pracy za 1z mleka, za godzinę.	1,20	0,64	-0,56	53,3
Koszt 1 kg mleka, RUR	6,0	5,6	-0,4	93,3
Spożycie paszy na 1 tonę mleka, owca europejskiego	1,01	0,90	-0,11	89,1
Poziom rentowności,%	35	45	+10	

Według danych z przeprowadzonych badań, przy metodzie bez wiązania - zawartość tłuszczu, białka, suchej masy i COMO w mleku pierwszych krów z grupy doświadczalnej była wyższa, w porównaniu z grupą kontrolną (uwiązaną) o 0,04-0,08 %. Wydajność tłuszczu mleka, białka i suchej masy przy zawartości niezwiązanej była wyższa - odpowiednio o 11,6-12,6-9,8%, przy $p < 0,05$.

Jakość mleka była również lepsza średnio w okresie laktacji u krów o niezwiązanej metodzie utrzymania. I tak, liczba komórek somatycznych w mleku krów z grupy doświadczalnej wynosiła 276 tys./cm3 , co stanowi o 132 tys./cm3 mniej w porównaniu z grupą kontrolną ($p< 0,001$).

Koszty pracy na centnera mleka spadły do 0,64 na godzinę, koszty produkcji mleka spadły o 6,7%, a koszty paszy na centnera mleka spadły do 0,9 eke, co doprowadziło do 10% wzrostu rentowności produkcji mleka.

Tak więc w gospodarstwach jest to najbardziej obiecująca technologia z luźnym oborą i dojem krów w halach udojowych na automatycznych urządzeniach udojowych o dużej wydajności in-line.

Nowoczesna hodowla bez ograniczeń różni się od dotychczasowej hodowli bez ograniczeń obecnością systemu automatycznej identyfikacji krów i komputerowego zapisu indywidualnych cech każdej krowy. Zastosowanie grupowego standaryzowanego żywienia krów mieszanką w zależności od poziomu wydajności i stanu fizjologicznego krów jest jednym z głównych warunków realizacji potencjału produkcyjnego i normalizacji rozrodu zwierząt holsztynizowanych. W gospodarstwie zadania te powinny być rozwiązane za pomocą mobilnych dozowników - mieszalników, które zapewniają dokładne dozowanie wagowe wszystkich składników mieszanek paszowych.

2.1.1 Cechy etyczne krów w zależności od sposobu ich trzymania

Zachowanie zwierząt jest uważane za jedno z kryteriów oceny ich stanu. Wymogi etologii są uwzględniane w biologicznym uzasadnieniu technologii produkcji mleka. Wynika to z faktu, że niestosowanie się do technologii hodowli zwierząt do biologicznych wymagań organizmu prowadzi do naruszenia jego funkcji i zmniejszenia wydajności.

Nasze badania pozwoliły na ujawnienie szeregu osobliwości zachowania się krów na różne sposoby hodowli (tabela 85).

Stwierdzono, że krowy spędzają o 5% więcej czasu na karmieniu i gumowaniu niż krowy w oborach wolnostanowiskowych. W związku z tym krowy o niezwiązanym sposobie utrzymania miały większą aktywność żywieniową.

Tabela 85 - Wskaźniki etiologiczne krów pierwszego gatunku typu "Barybinsky" (min/dzień) (n=10)

Grupy zwierząt Wskaźniki behawioralne	Test	Doświadczony	grupa kontrolna doświadczona
działalność gastronomiczna	672,0	743,7	+71,7
w tym: pobór paszy	299,4	325,3	+25,9
guma do żucia	373,5	418,4	+44,9
aktywność ruchowa	57,6	412,5	+354,9
wraz z wnioskiem	57,6	384,4	326,8
adaptacja miejsca	-	14,6	+14,8
Kontynuacja tabeli 85			
wyjście z dojarki	-	-	-
resetowanie	-	13,5	+13,5
napęd czekać	-	32,7	+32,7
Dój	14,2	16,5	+2,3
tylko dla operacji związanych z dojeniem	16,7	21,9	+5,2
pozycja stojąca	753,1	448,0	-305,1
pozycja leżąca	629,3	597,0	+32,3
odbiór wody	20,6	24,1	+3,5
inne elementy zachowania	21,2	18,6	-2,6

Specyfika technologii chowu bez ograniczeń i w boksie spowodowała również, że więcej czasu spędzano na aktywności ruchowej zwierząt. Tak więc krowy trzymane bez uwięzi spędzały 26,7% czasu (384,4 minuty) w ciągu dnia poruszając się po podwórku i na spacerze. Krowy były trzymane w ruchu tylko przez 57,6 minuty (4% czasu dobowego), podczas gdy średni czas trwania miesiąca wynosił 127 minut.

Zgodnie z wynikami naszych badań, krowy utrzymywane na uwięzi znajdowały się w pozycji stojącej 52,3% czasu (753,1 min), czyli o 21,2% więcej niż krowy utrzymywane metodą bez uwięzi (448 min). Długość ściółki zależy od technologii utrzymania, charakteru ściółki i stopnia zanieczyszczenia, a także od wieku i rasy. Do normalnej aktywności krowy muszą odpoczywać leżąc co najmniej 10 godzin dziennie. Połowę czasu spędzają na gumie. Krowa kłamie, żeby odpoczywać średnio 20 razy dziennie [Cytuje N.B. Ipatova [[233], s. 98].

W naszym eksperymencie krowy odpoczywały w pozycji leżącej średnio przez 629,3 minuty, czyli o 32,3 minuty (lub 2,3%) więcej niż krowy odpoczywające w trybie swobodnym.

Należy zauważyć, że krowy trzymane na uwięzi przeżuwają pokarm ciszej, mają mniej przerw podczas przeżuwania; kładą się na dłużej i mają mniejsze szanse na "dopasowanie" (9-14 razy) niż te trzymane na uwięzi (17-26 razy dziennie).

Krowy z zamknięciem wiązanym częściej, ale wolniej (8-11 razy dziennie) brały wodę, podczas gdy krowy z zamknięciem niezwiązanym więcej czasu potrzebowały do picia. Mają do niego mniej podejść (5-8 razy dziennie).

Bezpośredni czas spędzony na doju był prawie równy dla krów w obu grupach. Jednocześnie specyficzne zachowanie krowy związane z dojem (operacje przygotowawcze i przetrzymywanie w zamknięciu) jest bezpośrednio zależne od technologii utrzymania. Tak więc w przypadku luźnej obudowy łączny czas operacji udojowych (zbliżanie się do miejsca - jazda, czekanie w napędzie, dojenie i wyjście z dojarki, powrót na miejsce) wynosi średnio 82,7 minuty. Na placu uwięziowym, gdzie dój odbywa się w boksach w rurach mlecznych, czas trwania doju jest znacznie krótszy -16,7 min.

Nie stwierdzono różnic w takich wskaźnikach, jak częstotliwość oddawania moczu i kału w poszczególnych grupach zwierząt. Te naturalne zabiegi u krów z obu grup występowały równomiernie w ciągu dnia, średnio

---

[233] Ipatova, N.B. Oszacowanie cech ekonomicznych i użytkowych moskiewskiego typu krów rasy czarnej i pierzastej przy różnych metodach utrzymania. Dis. ...Kandydatka Nauk /N.B.Ipatova. - Moskwa, 2006. - 146s. C.98

13 razy, w tym 8 razy kał i 5 razy oddawanie moczu, zazwyczaj po wstaniu zwierząt.

Wspólnemu utrzymywaniu krów i bliższym kontaktom między zwierzętami w dyskretny sposób towarzyszyły czasochłonne rytuały wzajemnej "kurtuazji", lizania, drapania i inne elementy komfortowego zachowania.

Strukturę głównych wskaźników zachowania krów w różnych grupach przedstawiono na rysunkach: 16,17.

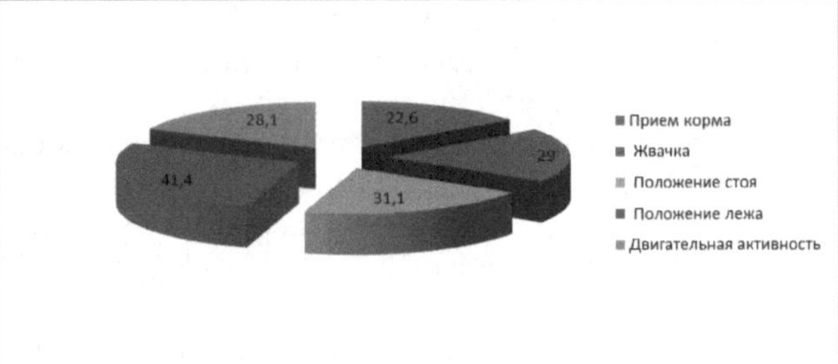

Rysunek 16 - Struktura aktów zachowania krów w chowie luźnym

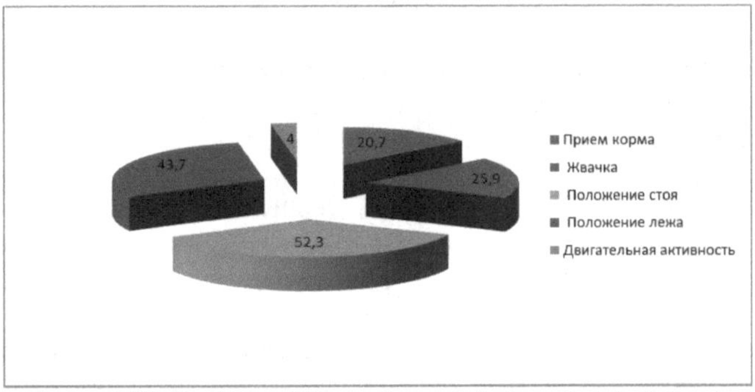

Rysunek 17- Struktura aktów zachowania krów w treści wiążącej

Stwierdziliśmy zatem, że zachowanie krów bezpośrednio zależy od sposobu ich hodowli i dojenia, co powinno być brane pod uwagę przy opracowywaniu ulepszonych technologii produkcji mleka. Gdy krowy są trzymane bez ograniczeń, ich aktywność ruchowa wzrasta, ich indywidualne cechy behawioralne są pełniej uświadamiane, a reakcje na spożycie paszy są bardziej wyraziste.

Dynamika wydajności mlecznej krów w zakładzie hodowli typu "Barybino" w okresie od 2000 do 2012 roku. (Tabela 86)

Tabela 86- Dynamika wydajności mlecznej krów w latach w CC "Barybino".

Wskaźnik	lata	±2012 к 2000

	2000	2009	2012		
				w abs.	в %
Ilość, cel	3200	3900	3900	+700	121,9
Mleko, kg	6048	6712	7003	+955	115,8
Zawartość tłuszczu, %	3,93	4,16	4,23	+0,3	-
Ilość tłuszczu, kg	237,7	279,2	296,2	+58,5	124,6
Zawartość białka, %	3,05	3,19	3,25	+0,20	-
Ilość białka, kg	184,5	214,1	227,6	+43,1	+123,4
Żywa waga, kg	490	528	538	+99	120,6
Mleko Współczynnik wydajności, kg	1234	1271	1302	+68	105,5

wykazuje wzrost wydajności mlecznej o 955 kg, czyli 15,8%. Równocześnie z przyznaniem nagrody zaobserwowano wzrost ilości mleka tłuszczowego. Zawartość tłuszczu w mleku wzrosła o 0,30% i wyniosła odpowiednio 4,23%, wzrost produkcji tłuszczu mlecznego wyniósł w 2012 roku 58,5 kg - 296,2 kg. Nastąpił dość duży wzrost zawartości białka w mleku (o 0,20%); przy produkcji białka mleka wzrost ten wyniósł 23,4%; stosunek ilości mleka wynoszący 1302 kg wskazuje na intensywne wykorzystywanie zwierząt.

Produkcja krów w zależności od zawartość

W zakładzie hodowlanym "Barybino" odnotowano następującą zmianę średniego wieku krów: od 2000 do 2012 roku nastąpiło odmłodzenie stada o 0,6 (3,0-2,4) laktacji; wprowadzenie jałówek do stada zwiększyło się o 299 sztuk i ogólnie liczba krów z 3200 do 3900 sztuk. Pozytywnym zjawiskiem jest obniżenie średniej wieku pierwszego hotelu z 29,0 do 26,7 miesięcy. Z większył się czas trwania okresu świadczenia usługi - o 19 dni i w 2012 r. wyniósł 151 dni (tabela 86).

Tabela 86 - Wskaźniki dotyczące zarządzania krowami w poszczególnych latach

Wskaźnik	Rok			±2012/ 2000
	2000	2009	2012	
Produkcja krów				
Średni wiek w hotelach, laktacja.	3,0	2,2	2,4	-0,6
Liczba sieci przeniesionych do stada, cel.	784	800	1083	+299
%	24,5	20,5	27,7	+3,2
Średni wiek w I- hotelu, miesiąc.	29,0	27,8	26,7	-2,3
Czas trwania okresu użytkowania				
Przeciętnie, dni.	132	146	151	+19
Ponad 90 dni, bramka.	1664	2036	2146	+482

Wydajność cieląt na 100 krów, bramka.	78	76	75	-3
Czas trwania okresu suchego				
Przeciętnie, dni.	59	58	56	-3
51-70 dni, cel.	1280	1543	1739	-297
Ponad 70 dni, bramka.	197	218	231	+34

Wycofanie krów ze stada następuje z różnych powodów (tabela 87).

Tabela 87 Przyczyny wyprowadzania krów ze stada

Rok	Grupa zwierząt, n	Powody usuwania, choroby (bez, %)										
		ginekologia		wymiona		kończyny		urazy, niezliczona ilość		inny (metabolizm)		Średnia wiek wycieleniający
		bs.	%	bs.	%	bs.	%	bs.	%	bs.		
2009	Krowy n=1144	330	28,8	237	20,7	100	8,7	30	2,6	392	34,3	3,0
	Pervolts n=151	22	14,5	25	16,5	18	11,9	3	1,9	83	54,9	
2012	Krowy n=1148	352	20,0	257	7,2	111	15,7	34	9,2	369	47,4	2,8
	Pervolts n=160	29	17,5	32	6,7	21	22,4	5	16,3	75	41,8	

Z analizy danych w tabeli 87 wynika, że głównymi przyczynami odchodzenia bydła na emeryturę są choroby ginekologiczne, choroby kończyn i choroby metaboliczne, prowadzące do średniego wieku 3,4 laktacji dla zwierząt, które mają zostać odrzucone.

2.2 Zapotrzebowanie na energię i składniki odżywcze krów o wysokiej wydajności

Zgodnie z nowoczesnymi szczegółowymi normami w żywieniu bydła mlecznego kontrola nad pełnią i równowagą diety to ponad 24 wskaźniki energii, białka, węglowodanów, tłuszczu, odżywiania mineralnego i witaminowego.

Roczne zapotrzebowanie na energię w oborach uwiązanych wynosi: dla krów o mleczności 6000-7000 kg i żywej wadze 600-650 kg - EKE - 62,5-72,5 kg; o mleczności 7000-8000 kg i żywej wadze 600-700 kg - EKE - 74,2-77,0 kg; o mleczności 8000-10000 kg i żywej wadze 650 kg i więcej - EKE - 85,0-90,0 kg. W przypadku obór wolnostanowiskowych roczne zapotrzebowanie na energię jest o 6-8% wyższe niż w przypadku obór wiązanych.

Najważniejszym wskaźnikiem żywienia dietetycznego jest sucha masa. Realizacja potencjału genetycznego krów mlecznych zależy bezpośrednio od tego, jak spożywają one suchą masę.

Oczywiste jest, że indywidualne różnicowanie dawek pokarmowych krów (przede wszystkim - pasz treściwych) według okresów laktacji jest niemożliwe bez specjalnych środków technicznych i programów komputerowych. Zaprojektowano mobilne dozowniki paszy nowej generacji, w tym funkcje wózka widłowego, rozdrabniacza, miksera, dozownika. Są one wyposażone w systemy komputerowe, które umożliwiają indywidualne karmienie zwierząt.

Efektywne żywienie wysokowydajnych krów jest możliwe tylko wtedy, gdy są one w pełni zaopatrzone w paszę wysokiej jakości. Średnio krowa potrzebowałaby 7420-7700 EKE i 766-859 kg białka strawnego rocznie (mleczność 7000-8000 kg)[88].

Roczne zapotrzebowanie na paszę (ц) dla krowy o mleczności 7000 kg wynosi: siano, zboża i rośliny strączkowe - 16,1; sianokiszonka - 13,4; kukurydza kiszonkowa - 26,1; bulwy korzeniowe - 51,7; zielonki - 83,0; mieszanki paszowe (koncentraty) - 27,6. Rzeczywiste zapotrzebowanie na paszę powinno być większe od obliczonego (straty podczas transportu, niepełna zdatność do spożycia paszy, zmniejszenie ilości składników pokarmowych podczas przechowywania itp.

Głównym problemem w żywieniu krów uwięzionych na uwięzi jest brak możliwości podzielenia zwierząt na grupy w zależności od ich dojenia i stanu fizjologicznego, co prowadzi do stwierdzenia różnych możliwości pokarmowych i płatności przez ich produkty.

Informacje o podstawowej diecie krów żywionych w CC "Barybino" podane są w tabeli 88.

Tabela 88 - Podstawowe dawki pokarmowe dla krów rasy czarnej i jęczmiennej CC "Barybino".

Pasza i karmienie uzupełniające, kg	Średnia dzienna wydajność mleczna, kg		
	15-19	**20-24**	**25-29**
Hay	2	2	2
Silos	20	20	25
CombiFeed	3,5	4,5	5
Jęczmień	0.5	1	1,5
Otręby pszenne	1	1	1,5
Pellet piwny	4	4	6
Treacle	1	1	1,2
Związek suchy	1,5	2	2,5
Sól kuchenna	0,075	0,075	0,075
Suplementy mineralne i witaminowe	0,05	0,05	0,05
Zawiera w diecie			
Pasza energetyczna. Żywność.	15,1	17,5	21,5
Wymiana energii, MJ.	151	175	215
Sucha substancja, kg	14,5	16,3	20
Białko, g:			
surowy	2402	2756	3331
strawny	1636	1961	2411
podzielone	1801	2046	2561
IRP, d	601	710	770
Lizin, d	92	109	133
Metionina, d	51	61	72
Tryptofan, d	16	20	24
Włókno surowe, d	2893	3067	3813
d Starch, d	1361	1871	2247
Sugar, d	1226	1354	1608
Surowy tłuszcz, d	467	593	641
Wapń, d	92	105	131
Phosphorus, d	65	77	97
Magnez, d	32	36	44
Kontynuacja tabeli 88			
Potas, d	185	201	242
Siarka, d	24	27	33
d Iron, d	4393	6551	8256
Miedź, mg.	164	191	239
Cynk, mg	940	1055	1254
Kobalt, mg.	13,4	14,7	16,0
Mangan, mg.	1269	1386	1434
Jodyna, mg.	15,3	18,8	20,3

Selen, mg.	2,2	2,4	3,3
Caroten, mg.	819	949	1143
Witamina D, tysiąc IE	12,8	16,8	18,6
Witamina E, mg	1200	1250	1542

Obserwacje wykazały, że przy stosowaniu pełnowartościowych mieszanek dla bydła skraca się czas dystrybucji paszy, stabilizuje się dzień pracy w gospodarstwie, zwiększa się wydajność hodowców bydła, a kompleks zunifikowanych maszyn do obsługi bydła jest łatwiejszy do wdrożenia.

W zależności od składu mieszanek paszowych dzieli się je na kompletne mieszanki paszowe, gdy zawierają wszystkie pasze w diecie. Przy stosowaniu mieszanek paszowych ważne jest pogrupowanie krów według ich poziomu wydajności i stanu fizjologicznego. Skład mieszanek paszowych może być różny, głównie w zależności od dostępności przygotowanych i zakupionych pasz.

Efektywność ekonomiczna produkcji mleka w sposób nieograniczony

Przeprowadzone badania w TZ "Barybino" wykazały, że najbardziej efektywna w porównaniu z metodą uwięziową (tabela 89) jest niezwiązana metoda utrzymania krów rasy czarnej i blond.

Tabela 89. Efektywność ekonomiczna produkcji mleka przy różnych metodach utrzymania krów w 305 dniach laktacji.

Wskaźnik	**Metody konserwacji**		**niezwiązany ± uwiązany**
	uwięziony	**luźny**	
Liczba krów, cel	15	15	-
Wydajność laktacji, kg	6900,4	7626,1	+725,7
Wydajność tłuszczu mlecznego, kg	277,4	304,0	+26,6
Wydajność białka mleka, kg	218,1	236,4	+18,3
Koszt 1 kg mleka, RUR	6,0	5,6	-0,4
Spożycie paszy na 1 tonę mleka, owca europejskiego	1,01	0,90	-0,11
włącznie z paszami treściwymi	0,46	0,49	+0,03
Realizatsionnaya cena 1 t mleka, potrzeć.	800	838	+38
Koszt realizacji mleka jednej krowy w okresie laktacji, potrzeć.	55200,0	63897,5	+8697,5
Koszt pracy za 1 tony mleka, roboczogodzinę.	1,20	0,64	-0,56

Poziom rentowności, %	35	45	+10

Z analizy danych z tabeli 89 wynika, że w przypadku spożycia mleka niezwiązanego (w porównaniu do spożycia mleka wiązanego) koszt mleka spada o 7%, cena sprzedaży wzrasta o 4,75%, koszty pracy spadają do 0,64 osoby/godz.; roczny efekt ekonomiczny ze sprzedaży mleka grupy doświadczalnej krów w spożyciu mleka niezwiązanego wyniósł 130462,5 rubli, - 11,5% więcej niż w przypadku krów w spożyciu mleka niezwiązanego.

Uwaga: Cena sprzedaży 1 kg mleka, łącznie z jego wskaźnikami jakości, wynosiła - 7 rubli. Ustalenie ceny zakupu krów mlecznych 1z różnych ras, w zależności od ich jakości:

Zakup = Tsst + Tsb * (Bf - Bst), gdzie:

Cst - cena skupu 1 kg mleka klasy I wg GOST;

Cb to dopłata za 1% białka powyżej Bst;

Bf to rzeczywista zawartość białka w mleku;

Bst - zawartość białka według GOST - 3,0%.

2.3 Wpływ dodatku energetycznego "Lacto Peak Energy" na wydajność mleczną krów

Karmienie krów, zwłaszcza krów w okresie laktacji, znacznie różni się od karmienia innych grup zwierząt. Wynika to przede wszystkim z dynamiki wydajności mleczarskiej od wycielenia po rozruch, a także z okresu suszy.

Jednym z głównych kryteriów oceny równowagi i kompletności pasz, a także działania składników diety, jest wydajność mleczna krów. Dzienne rejestry mleczności i miesięczne kontrole zostały wykorzystane do obliczenia wydajności mlecznej, która, jak wykazano, jest zależna od składników bilansujących diety.

W CC "Barybino" w gospodarstwach "Kishkino" i "Vvedenskoye" został ustanowiony wpływ wysokoenergetycznej diety na wydajność mleczną nowych krów. Dwie grupy krów wybrano metodą pary-analogową (po 18 sztuk). Krowy z grupy kontrolnej otrzymywały podstawową rację ekonomiczną, a w doświadczeniu - zastąpiły w zasadzie dietę 2 kg pasz mieszanych 2 kg dodatkiem "Lakto Peak Energy" firmy "Provimi".

Podczas doświadczenia zwierzęta były trzymane w oborach w takich samych warunkach, które odpowiadały normom zoohigienicznym. Mieszanka paszowa była podawana dwa razy dziennie w mieszalniku paszowym DeLaval.

Zwiększony poziom energii metabolicznej w diecie miał pozytywny wpływ na lepsze pogłowie krów z grupy doświadczalnej po wycieleniu, co odpowiednio wpłynęło na produktywność krów z tej grupy w kolejnych okresach laktacji.

Tabela 90 Wydajność mleczna krów w okresie 305 dni laktacji, M ±m, kg

Grupa	**I - kontrola**	**II - doświadczony**
n	36	36
Mleko, kg	6520 ±174	7317 ±186**
CJ, %	22,6	21,6
IIgr.± kg do I gr.		+797
IIgrą % do Igr.		112,2

Średnia mleczność w grupie doświadczalnej przekroczyła średnią mleczność grupy kontrolnej o 797 kg mleka, co stanowi 12,2% ($p<0,01$), zmienność mleczności mieści się w tych samych granicach - 21-22%.

Tabela 91 i Rys.18 przedstawiają zmiany w wydajności mleka w ciągu 305 dni laktacji.

Tabela 91 - Zmiany w mleczności krów w zależności od okresu laktacji, kg M±m

Grupa	**Okresy laktacji, dno**		
	100	**200**	**300**
I - kontrola	2478±85	4895±105	6520±174
II - doświadczony	3025±80**	5630±115**	7317±186**
grupa ±I	+547	+735	+797

**-P≥0,99

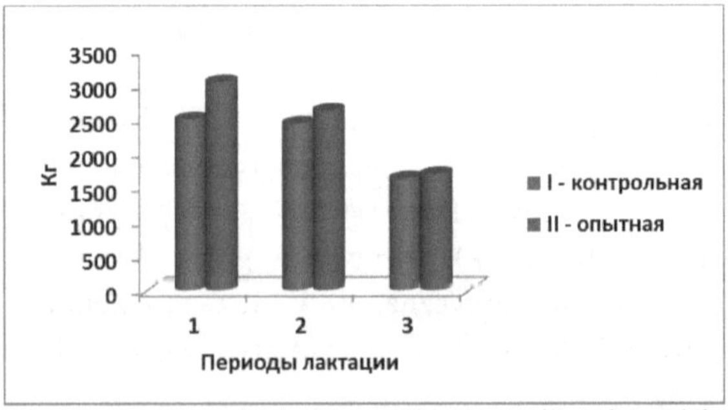

Rysunek 18 - Zmiany w mleczności krów według okresu laktacji

Z analizy tabeli 91 i rysunku 18 wynika, że średnia mleczność w grupie doświadczalnej niezawodnie przekraczała wydajność grupy kontrolnej w całym okresie laktacji, a mianowicie: o 547 kg (22%) przez pierwsze 100 dni laktacji ($p<0,01$), 735 kg (15,0%, $p<0,01$) przez 200 dni laktacji i 797 kg (12,2%, $p<0,01$) przez 300 dni laktacji ($p<0,01$). Najwyższą mleczność w wysokości 547 kg (22%) uzyskano w pierwszych 100 dniach laktacji.

Zawartość tłuszczu w mleku obu grup była w przybliżeniu równa, 4,03% w grupie kontrolnej i 4,05% w grupie doświadczalnej (różnica jest niewiarygodna). Jednakże, ze względu na różnicę w tłuszczu mlecznym otrzymanym w ciągu 305 dni laktacji w grupie doświadczalnej, ilość tłuszczu mlecznego niezawodnie przekracza podobny wskaźnik w grupie kontrolnej o 35 kg, co stanowi 13,3% ($p<0,01$) (tabela 92).

Tabela 92 Wskaźniki krów tłustych w laktacji w podziale na grupy

Grupa	**n**	**Tłuszcz, %**	**CV, %**	**Tłuszcz, kg**	**CV, %**
test I	36	4,03 ±0,04	5,5	262,0 ±7,6	23,2
II doświadczony	36	4,05±0,03	4,4	297,0 ±7,7**	21,9

Nie stwierdzono istotnej różnicy w zawartości białka w mleku, a także w tłuszczu. W mleku krowim grupy kontrolnej procent białka wynosił 3,17, a w grupie doświadczalnej 3,21% (różnica jest niewiarygodna). Pod względem ilości białka mleka przez 305 dni laktacji grupa doświadczalna niezawodnie przekroczyła grupę kontrolną o 28 kg, co stanowi 13,5%. ($p<0,01$). (Tabela 93)

Tabela 93- Wskaźnik zawartości białka w krowach i laktacji

Grupa	n	Białko, %	CV,%	Białko, kg	CV,%
test I	36	3,17 ±0,2	4,4	207,0 ±5,37	22,1
II doświadczony	36	3,21 ±0,2	4,1	235,0 ±5,89	22,2

Dane dotyczące bezpieczeństwa pogłowia krów przedstawiono w tabeli 94.

Tabela 94 Wskaźniki bezpieczeństwa populacji krów

Grupa	Uspokoiło się, Cel	Przebywał w stadzie krów po 305 dniach.	Wciąż tam jest, %	Out, %.
test I	36	28	76,7	23,3
II doświadczony	36	29	80,5	19,5

Dane te wskazują, że w grupie doświadczalnej 80,5% wybielonych krów zakończyło laktację, natomiast w grupie kontrolnej 76,7%, czyli bezpieczeństwo w grupie doświadczalnej było wyższe o 3,8%.

W oparciu o rachunkowość zooweterynaryjną określono niektóre wskaźniki charakteryzujące funkcję rozrodczą krów (tabela 95).

Tabela 95 - Wskaźniki jakości reprodukcyjnej krów

Grupa	Wiek 1 hotelu, miesiąc.	Cv,%	Okres służby, dni.	Cv,%	Liczba inseminacji na jedno inseminowanie produkcyjne	Cv,%
test I	27,7 ±0,34	3,3	129 ±3,8	17,6	1,80 ±0,12	32,1
II doświadczony	27,1± 0,33	3,1	125 ±4,1	19,6	1,56 ± 0,08	33,9
±,% do grupy I	97,8		96,9		87	

Materiały przedstawione w tabeli 95 pokazują, że wskaźniki reprodukcji w grupie eksperymentalnej mają tendencję do poprawy w porównaniu z grupą kontrolną, ale różnica ta nie jest wiarygodna.

Według naszych danych, zwiększony poziom energii w diecie miał pozytywny wpływ na rozród krów. Wiadomo, że po wycieleniu zwierzęta potrzebują energii nie tylko do utrzymania swojej aktywności życiowej i produkcji mleka, ale także do odbudowy organizmu. Wzrost wydajności mlecznej przy jednoczesnym zachowaniu funkcji odtwarzania jest naszym zdaniem pozytywnym wskaźnikiem.

Tak więc podawanie suplementu energetycznego "Lakto Peak Energy" zamiast paszy mieszanej w ilości 2 kg na jedno zwierzę zwiększyło poziom energii o 0,4 MJ na 1 kg suchej masy diety w okresie karmienia i wpłynęło na wzrost zawartości tłuszczu mlecznego o 35 kg (13,3%, $p<0,01$) i białka o 28 kg (13,5%, $p<0,01$) w okresie laktacji.

Efektywność ekonomiczna stosowania dodatków paszowych "Lakto Peak Energy".

Głównym kryterium oceny efektywności ekonomicznej produkcji mleka różnego pochodzenia jest wartość wydajności mlecznej krów.

Stosowanie diet wysokoenergetycznych pozwala nie tylko na zwiększenie zużycia suchej masy w diecie, ale także na maksymalizację przejawów dziedzicznej wydajności mleczarskiej. Wyniki badań w CC "Barybino" nad zastosowaniem dodatku energetycznego przedstawiono w tabeli 96.

Tabela 96 - Efektywność ekonomiczna produkcji mleka przez 305 dni laktacji przy zastosowaniu dodatku energetycznego w diecie krów

Wskaźnik	Dawka pokarmowa		± do grupy wolny od energii
	Brak dodatku mocy.	Użycie dodatku	
Ludność	36	36	
Krowa Wydajność, kg	6520	7317	+ 797
Koszty paszy na 1 tonę mleka, tarcie	387,1	384,3	-2,8
Wydajność tłuszczu mlecznego, kg	274	297	+23
Wydajność białka mleka, kg	206,7	226,2	+19,5
Koszt 1 kg mleka, RUR	5,53	5,49	- 0,04
Wartość realna mleka jednej krowy, potrzeć.	57636,8	65194,5	+7557,7
Zysk, potrzyj się o 1 gola.	21711,6	24731,5	+3030

Wzrost wydajności mleka w laktacji o 797 kg daje 3030 rubli zysku na krowę. Świadczy to o ekonomicznej wykonalności stosowania dodatku Lacto Peak Energy w okresie stada pierwszych krów.

2.4 Stosowanie doju niskopróżniowego i jego wpływ na wydajność mleczną krów

Badania naukowe i doświadczenia praktyczne pokazują, że przy wyborze krów do doju maszynowego nie jest wystarczająco dobra, liczba zwierząt z różnymi odchyleniami od norm zootechnicznych jest dość duża. Według badań [47[234], 48[235], 238][236]w takich stadach wskaźnik wymion mieści się w granicach 41-45, a krowy z kozim wymieniem i innymi odchyleniami sięgają 15-20%. Autorzy podkreślają, że wskaźniki te pogarszają się wraz z wiekiem, a naruszenia techniki udojowej, a zwłaszcza przedłużające się przedawkowanie urządzeń udojowych (z powodu przedwczesnego wyłączenia) są główną przyczyną mastitis.

[234] Garkavy, F.L. Properties of udders and mastitis, possibility of genetic prophylaxis of mastitis / F.L. Garkavy // Crow breeding and machine milk milk. - Moskwa: Kolos, 1974.- P.114-124.
[235] Garkavy, F.L. Cow breeding and machine milk milk / F.L. Garkavy. - Moskwa: Kolos, 1974. - 160 lat. C.72-74
[236] Tsoi, A.Yu. Trendy w rozwoju sprzętu udojowego za granicą. (Przegląd analityczny) / A.Yu. Tsoi, N.P. Mishurov, V.V. Kirsanov, A.I. Zelentsov. - Moskwa: FSNU Rosinformagrotech, 2000. - – 76 c.

Często prowadzi to do utraty do 10-12% rocznej wydajności mlecznej każdej chorej krowy w okresie laktacji.

Dość rygorystyczne wymagania stawiane są również samej selekcji zwierząt, a w szczególności właściwości morfofunkcjonalne ich wymion. Jednym z takich wymagań jest jednolitość rozwoju ćwiartek wymion. Według G.P. Legoshin[[237]], A.Y.Tsoi, różnica w czasie trwania doju wymion nie powinna przekraczać 60 s. W jeszcze większym stopniu wymagania te mają zastosowanie do automatycznych urządzeń udojowych wyposażonych w manipulatory doju i zdejmowania kubków udojowych.

Według PE Kokorina i innych. [[238],],[239]wydajność doju maszynowego krów zależy od połączenia rozwoju morfologicznego i aktywności funkcjonalnej ćwiartek wymion. Różnica czasowa w wydawaniu udziałów jest szczególnie duża, gdy w jednym z nich łączy się duże ilości mleka o niskiej intensywności. Oczywiście, im większa jest różnica w czasie dozowania różnych frakcji wymion, tym dłuższy jest czas trwania "jałowego" doju pierwszej ekstrahowanej frakcji.

Л. N. Vasilovsky [ ],[240]M. L. Gordievsky [[241]] doszedł do wniosku, że ważnymi czynnikami w doborze krów są jednolitość rozmieszczenia mleka we frakcji wymionowej i szybkość produkcji mleka. Według ich materiałów do 75% wszystkich krów jest narażonych na "jałowy" dój co najmniej jednej części wymienia, co wynika przede wszystkim z braku niezbędnych informacji o procesie doju poszczególnych ćwiartek wymienia.

Intensywność przepływu mleka jest istotna podczas doju, która wzrasta wraz ze wzrostem wydajności mlecznej krów. Wskaźnik ten jest jednym z głównych objawów hodowlanych selekcji wysokowydajnych

---

[237] Legoshin, G.P. Modern technologies of the cow machine milk milk (in Russian) / G.P. Legoshin, N.D. Gudenko, V.V. Kirsanov, E.I. Sizareva. - Moskwa: Agrokonsult, 2001. - – 72 c.

[238] Waldman, E.K. Fizjologiczne mechanizmy dojenia maszynowego. / E.K. Waldman, R.E. Aluoya. - M.-L.: Nauka, 1964. - C.44-51.

[239] Kokorina, E.P. Milk-gram method for the cow suitability estimation for the intensive milk production technology (in Russian) / E.P. Kokorina, K.I. Kaveshnikova, L.G. Krasnoperova // Agricultural biology. Sir. "Biologia zwierzęca." -1991. -6. - – C. 30-32.

[240] Vasilovskiy, L.N. Niektóre parametry oceny wymion krów rasy stepowej czerwonej hodowanych w gospodarstwie "Kriuliany" (w języku rosyjskim) / L.N. Vasilovskiy // Sposoby poprawy jakości plemiennej i produkcyjnej przeżuwaczy: Międzyuczelniany zbiór artykułów naukowych. - Kiszyniów, 1985. - P.11-14.

[241] Gordievsky, M.L. Dopuszczalna liczba dojarek obsługiwanych przez jednego operatora, w zależności od warunków ich bezpiecznej pracy dla zwierząt. / M.L. Gordievskikh // Rzeczywiste kwestie mechanizacji hodowli zwierząt: zbiór naukowy t.- Ałma-Ata, 1987.- P.70-74.

jałówek, co w istotny sposób wpływa na funkcjonowanie urządzeń udojowych [[242],[243],].[244]

Według danych niektórych autorów [str.40[245]] niepełna dostawa krów na automatycznych urządzeniach udojowych może wystąpić z powodu nierównomiernego rozłożenia siły pociągowej na kubkach udojowych dla frakcji wymion przedniej i tylnej w trybie doju i doju, a także z powodu nieprawidłowo wybranego kierunku pociągania kubków. Firmy zagraniczne opracowały całą gamę systemów automatyzacji doju. Przeznaczone są one głównie do automatycznego wyłączania i zdejmowania kubków udojowych po zakończeniu doju. Nie zapewniają one jednak wydajności końcowej fazy wykończenia maszyny, co odróżnia je od systemów krajowych. Jednocześnie w ostatnich latach w Niemczech pojawiły się urządzenia z dodatkową retrakcją - system "Physiomatics - Super" z robotem NAR fabryki "Fortschtitt" itp.[246]

Oprócz prac hodowlanych należy stale ulepszać konstrukcję dojarni. Wśród wielu wad nowoczesnych urządzeń udojowych należy zwrócić szczególną uwagę na: bardzo wąskie granice zastosowania urządzeń udojowych. F.L. Garkavy [ ][247], G.M. Marchenko [[248]] zwracają uwagę, że z tego powodu możliwe jest dojenie tylko starannie wyselekcjonowanych pod względem cech anatomicznych i morfologicznych oraz właściwości mleczności krów, to znaczy, że konieczne jest posiadanie wystarczająco wyrównanego stada. Powstanie takiego stada może być wynikiem wielu lat starannej pracy hodowlanej.

Drugą wadą jest to, że standardowe urządzenia udojowe pracują w tym samym sztywnym trybie, ze stałymi, niezmiennymi parametrami w procesie doju i nie biorą pod uwagę regularności procesu produkcji mleka, jego różnorodności u zwierząt z różnych grup. Trudność w kontrolowaniu tego wskaźnika jest kolejną wadą dojarki szeregowej[[249], str.67].

Należy zauważyć, że w ostatnich latach powstało kilkadziesiąt konstrukcji z automatyczną regulacją parametrów dojarki w zależności od

---

[242] Sołowiejew, S.A. Mechanizmy wykonawcze systemu "człowiek-maszyna-zwierzęta" // S.A. Sołowiejew, L.P. Kartaszow - Jekaterynburg. 2001.-179s.

[243] Denicourt, D. Detection of bovine k-casein genomic variants by the polymerase chain reaction method /D. Denicourt, M.P. Sabour, A.J. McAllister // Animal Genetics. - 1990. - V. 21. - P. 215-216.

[244] Produkcja mleka pierwszej jakości // Malecki. Technika udojowa. Aktualny stan urządzeń udojowych, dojarni i urządzeń udojowych. - 1999. - S. 88-89.

[245] Tsoi, A.Yu. Trendy w rozwoju sprzętu udojowego za granicą [Tekst]: (Przegląd analityczny) / A.Yu. Tsoi, N.P. Mishurov, V.V. Kirsanov, A.I. Zelentsov. - Moskwa: FSNU Rosinformagrotech, 2000. - – 76 c. C.40

[246] Ipema, B. Koning. Melken mit dem Melkroboter / B. Koning Ipema. // Melktechnik. - 1997. - S. 72-73.

[247] Garkavy, F.L. Ratio of purebred and hybrid animal husbandry / F.L. Garkavy // Fragmenty 33. konferencji EAJ. - – Л., 1982. - C. 5.

[248] Marchenko, G.M. Wpływ utrzymania krów na ich wydajność mleczną / G.M. Marchenko // Hodowla bydła mlecznego i mięsnego. 1996.- № 2.- P.28-30.

[249] Sołowiejew, S.A. Mechanizmy wykonawcze systemu "człowiek-maszyna-zwierzęta" // S.A. Sołowiejew, L.P. Kartaszow - Jekaterynburg. 2001-179s.s.67.

intensywności przepływu mleka z wymienia. Jeśli chodzi o wydalanie mleka z wymion, naukowcy i praktycy zawsze zwracali na ten problem dużą uwagę. Na przestrzeni lat dojarki zostały wyposażone w różne przyrządy wziernikowe, indywidualne urządzenia pomiarowe i przepływomierze. Najskuteczniejszym sposobem sterowania był przezroczysty kolektor urządzenia. Ostatnie konstrukcje wyposażone są w takie kolektory o pojemności komory mleczarskiej do 300 cm3 i więcej [[250], str.68].

Pełzanie kubków udojowych na brodawkach wymienia, które następuje pod koniec doju, powoduje nakładanie się kanału pomiędzy zbiornikiem wymienia a jamą brodawek. Skutkuje to również *"czystym" dojem*. Powoduje on ochronny efekt hamowania u krów poprzez opóźnianie części mleka w wymieniu[ ].[251]

Kolejną wadą dojarek jest tworzenie się aerozoli w obszarze ssania, które powodują przedostawanie się patogenów do jamy zbiorników mleka wymion zwierząt. W wyniku "pustego" doju i obecności patogennej mikroflory w kubku udojowym, która przenika do kanału strzykowego, u zwierząt często dochodzi do zapalenia sutka. Klinicznie wyraźne formy mastitis okresowo obejmują 8-15% lub więcej krów w stadzie. Często prowadzą one do patologii jednej lub dwóch czwartych odrzuceń wymion i krów, które nie osiągnęły jeszcze najwyższej wydajności Kasyanchuk V.V.. [ ][252]; Wydajność stada mlecznego zmniejsza się, a całkowity okres laktacji skraca się o 2 - 6 miesięcy.

Według E.K. Borozdina i innych. Z powodu choroby jednej czwartej wymienia w okresie laktacji straty mleka wynoszą 16,8%, od trzech do 30,8% do 45,8%[253], od czterech do 51,8%. Subkliniczna (ukryta) forma mastitis występuje czasem u 30-40 % krów i jest bardzo niebezpieczna. Zwierzęta takie są źródłem zakażenia zdrowych, produktywność dotkniętej ćwierćtuszy wymienia spada o 8 - 24%. Średnio, z powodu ukrytego mastitis, wydajność mleka w laktacji spada o 8-12%.

Badania przeprowadzone przez E.A. Mathesona [ ],[254]E.K. Waldmana i R.E. Aluoya [[255]] potwierdzają, że przyczyną stopniowego

---

[250] Sołowiejew, S.A. Mechanizmy wykonawcze systemu "człowiek-maszyna-zwierzęta" // S.A. Sołowiejew, L.P. Kartaszow - Jekaterynburg. 2001.-179s. C.68.

[251] Dobre dojenie wymaga zdrowia wymion. // Malecki. Technika udojowa. Aktualny stan urządzeń udojowych, dojarni i urządzeń udojowych. - 1999. - S. 96-100.

[252] Kasyanczuk, V.V. Środki biologiczne i metody diagnostyki, leczenie krów z mastitis oraz patogenetyczne uzasadnienie ich zastosowania / V.V. Kasyanczuk... doktor nauk weterynaryjnych . -M, 1992. -282s. C.15-17.

[253] Borozdin, E.K. Resistance of Cattle to Masturbation/ E.K. Borozdin, K.V. Kleyberg, G.Ya. Zimin; VNIIPlem. - Moscow, 1993. - 206 s. S. 20-26; S. 28-41; S. 44-75.

[254] Matheson, E.A. Niektóre wyniki badań nad gumą smoczącą (w języku rosyjskim) / E.A. Matheson // Proc. z Łotewskiej Akademii Rolniczej. 27.- C. 107.

[255] Waldman, E.K. Physiological mechanisms of the machine milk milk / E.K. Waldman, R.E. Aluoja. - M.-L.: Nauka, 1964. - C.44-51.

uszkadzania brodawki sutkowej jest mocowanie gumy sutkowej w dojarkach, któremu towarzyszy szybki "bawełniany". To negatywne zjawisko jest odnotowywane za pomocą rentgenowskiej metody kinematograficznej, stosowanej przez autorów w badaniu pracy dojarki "Puls M-59". Zgodnie z ich danymi, kompresja gumy strzykowej następuje w ciągu 0,06 s, czyli bardzo szybko.

Wreszcie, jedną z najpoważniejszych wad nowoczesnych urządzeń udojowych jest ściskanie brodawek wymienia w tej samej płaszczyźnie podczas doju (5-6 minut, i dłużej w przypadku przerwania procesu). Te same receptory sutkowe są zaburzone mechanicznie, podczas gdy inne strefy receptorów sutkowych nie są w ogóle uwzględnione. Konsekwencje takich zaburzeń krążenia i zachowania w sutku i wymieniu zwierzęcia są dość poważne [[256],].[257][258]

V.F. Korolev [[259]] zaoferował kiedyś kilka oryginalnych urządzeń udojowych, w których używał rur falistych. Autor uważał, że zastosowanie karbowanych kubków udojowych powinno zwrócić dojarkę z jednokomorowym kubkiem udojowym do użytku [[260]str.77].

Naszym zdaniem, w nowoczesnej hodowli bydła mlecznego w Rosji panuje trudna sytuacja. Do doju krów potrzebny jest specjalny sprzęt udojowy. Jego rozwój wymaga naukowo uzasadnionego podejścia, w którym pierwszym krokiem jest analiza istniejących konstrukcji urządzeń udojowych. Należy przeanalizować takie konstrukcje, które są odpowiednie dla doju krów z nieregularnymi wymionami i wymionami z wadami.

Uważa się za rzeczywiste stworzenie dojarki o łagodnym sposobie działania, adekwatnym pod względem parametrów technicznych i działania, cech morfofizjologicznych krów wymionowych. Priorytetowym i obiecującym kierunkiem jest optymalizacja reżimu próżniowego

[256] Wpływ niektórych czynników na poziom komórek somatycznych w mleku z czwartej części wymienia krowiego /H.Turki, Ya. Olekhnovich, S.Vinnitski, M.Lipinski// Modelowanie matematyczne obiektów rolniczych - podstawy projektowania technologii i maszyn XXI wieku: przebieg Międzynarodowej Konferencji Naukowej - Mińsk, 2001. C.191-195.

[257] Co możesz zrobić podczas dojenia? // Malecki. Technika udojowa. Aktualny stan urządzeń udojowych, dojarni i urządzeń udojowych. - 1999. - S. 100-102.

[258] Gdzie nauka i praktyka widzą problemy // Worstorff. Technika udojowa. Aktualny stan urządzeń udojowych, dojarni i urządzeń udojowych. - 1999. - S. 6-16.

[259] Korolev, V.F. Dojarki / V.F. Korolev. - Moskwa: Inżynieria, 1962. - 279s. S. 245-247; S. 277-280;

[260] Sołowjow, S.A. Mechanizmy wykonawcze systemu "człowiek-maszyna-zwierzęta" // S.A. Sołowjow, L.P. Kartaszow - Jekaterynburg.- 2001.-179s.p. 77

zgodnie z biologicznymi właściwościami organizmu zwierzęcia [261, 262263264,].265

Materiały i metody badawcze

Testowanie dojarki niskopróżniowej z przezroczystymi szklankami udojowymi, homomorficznymi przyssawkami o różnej konstrukcji i zmiennym poziomie próżni zostało przeprowadzone w 2002 roku również w kompleksie szkoleniowo-produkcyjnym RGAU-ICHA imieniem K.A. Timiryazeva, wraz ze współautorem wynalazku A.A. Ganeevem. Obserwowano dwie grupy krów, wybrane na podstawie par krów w wieku i okresie laktacji, po 6 zwierząt w każdej grupie. Doświadczenie przeprowadzono w dwóch etapach (czas trwania każdego z 14 dni). Krowy z grupy I dojone są w pierwszym etapie za pomocą rurociągu mlecznego Westfalia GEA (48 kPA próżni), zwierzęta z grupy 2 dojone są za pomocą mobilnej dojarni "Zorka" (30-35 kPa próżni). W drugim etapie krowy były dojone pod niskim ciśnieniem w dojarce (30-35 kPa), ale wszystkie maszyny były wyposażone w szklanki z homomorficznymi silikonowymi przyssawkami.

Badania nad wpływem doju niskopróżniowego na wydajność mleczną, na rozmieszczenie krów - pierwszych jałówek rasy Simmental zostały przeprowadzone w LLC "Grain - Denisovo" Lipiecka (2007-2008) na populacji 86 sztuk : I grupa (n=43) - tradycyjny system rurociągu mlecznego i II grupa (n=43) - dój niskopróżniowy nowej modyfikacji szyby udojowej. Określono wydajność krów, procentową zawartość tłuszczu i białka w mleku, kontrolę stanu fizjologicznego piersi.

---

261 The Eighth (I All-Russia) Symposium on Machine Milking of Farm Animals [Text] : Proceedings of the Eighth (I All-Russia) Symposium on Machine Milking of Farm Animals [Text] : Proceedings of the Eighth (I All-Russia) Symposium on Machine Milking of Farm Animals [Text] : Proceedings of the Eighth (II All-Russia) Symposium on Machine Milking of Farm Animals, Ministry of Agriculture of the Russian Federation, Orenburg, 1995. - 236 str.

262 Ogorodnikow, P.I. Ogorodnikow. Naukowo-techniczne podstawy zastosowania urządzeń udojowych wzrost wydajności w hodowli bydła mlecznego (w języku rosyjskim) / P.I. Ogorodnikow. - Moskwa: Kolos, 1995. - 140 str.

263 Tanneberger, T. Modernizacja kompleksów produkcji mleka / T. Tanneberger // Nowe rolnictwo. - 2001. - № 4.- C. 22-25.

264 Trofimov, A.F. Milk production technology on the reconstructed dairy farms [Electron resource] / A.F. Trofimov, V.N. Timoshenko et al. - Mińsk: BelNIIZh Żodino, 2000. - Tryb dostępu: http://www.agroru.com.

265 Tyapugin, E.A. History of the unbound cattle keeping in Russia / E.A. Tyapugin, I.V. Litvinov, S.E. Tyapugin, V.I. Litvinov // Hodowla bydła mlecznego. - Vologda, 2008. - – 83 c.

Badania na ten temat zostały przeprowadzone wspólnie z wynalazcą A.A.Ganeevem.

Teraz na świecie istnieje wystarczająca ilość firm produkujących sprzęt udojowy z różnymi unowocześnieniami pulsatorów, kolektorów; wszystkie one mają ogólną cechę konstrukcyjną: dość wysokie podciśnienie przy doju. Zasadniczo nowa jest maszyna udojowa "Zorka" (wynalazca A.A. Ganeev, O.I. Solovyova, 2007[266]) z przezroczystymi jednokomorowymi szklankami, homomorficznymi silikonowymi przyssawkami; krowy są dojone przy niskiej próżni 30 kPa, a w niektórych przypadkach - przy niższej próżni.

Dojarka niskopróżniowa posiada część podwieszaną składającą się z kolektora z korpusem i komorą oraz z rury odgałęzionej do odbioru i przechodzenia mleka; w rurach wylotowych znajduje się pofałdowana sekcja z zainstalowanym kubkiem udojowym i ssawką. Każda przyssawka jest wyposażona w korek i rurkę próżniową przymocowaną do obudowy przyssawki. Jeden koniec tej rury jest połączony z komorą próżniową ssawki, a drugi z rurą powietrzną na obudowie, z możliwością podłączenia do źródła podciśnienia.

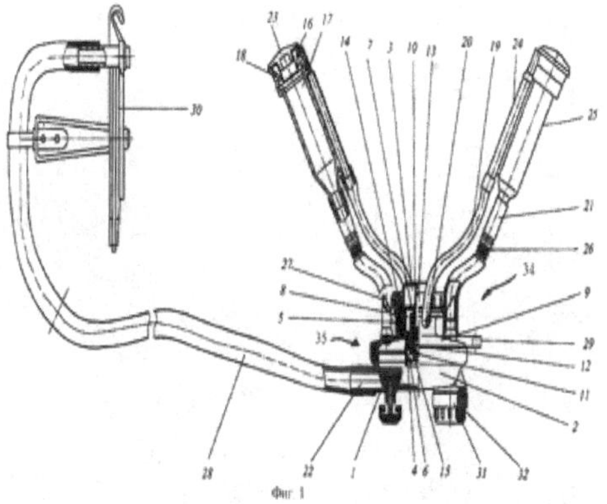

Rysunek 19- Schematyczne przedstawienie części wiszącej hali udojowej aparat "Zorka"

[266] Patent nr 2294630 "Dojarka niskociśnieniowa" Ganeev A.A., Solovyova O.I. M, 2007 - 7s.

Rysunek 20 - Wygląd dojarki Zorka.

Nowe urządzenie jest zgodne z GOST 28545-90 oraz międzynarodowymi standardami IS03918, IS05707, IS06690.

Urządzenie to przeznaczone jest do doju w łagodnych zakresach podciśnienia (30 - 35 kPa), co pozwala na symulację naturalnego procesu odsysania wymienia cielęcego, zwiększenie wydajności i jakości mleka, oszczędność energii, zmniejszenie kosztów pracy i zmniejszenie zużycia urządzeń.

W urządzeniu zastosowano przezroczyste kubki udojowe, które pozwalają na wizualną 100% kontrolę procesu doju.

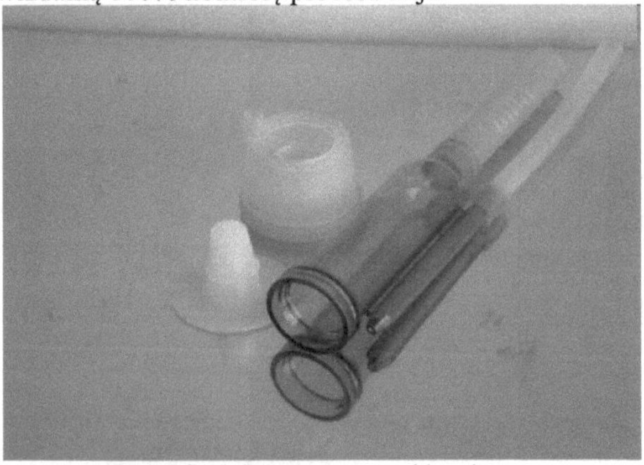

Rysunek 21- Przezroczyste szkło mleczne

Rysunek 21. Działanie szkła udojowego na brodawkę sutkową podczas doju.

Rysunek 22 - Zmiana kształtu homomorficznej ssawki pod wpływem zmiennego podciśnienia podczas doju.

Rysunek 23- Dojarka ruchoma z zawieszeniem na aparacie udojowym aparat "Zorka"

Rysunek 24 - Prezentacja dojarki Zorka w gospodarstwie mleczarskim

Zmiana wydajności mlecznej na I etapie doświadczenia jest przedstawiona na rysunku 24.

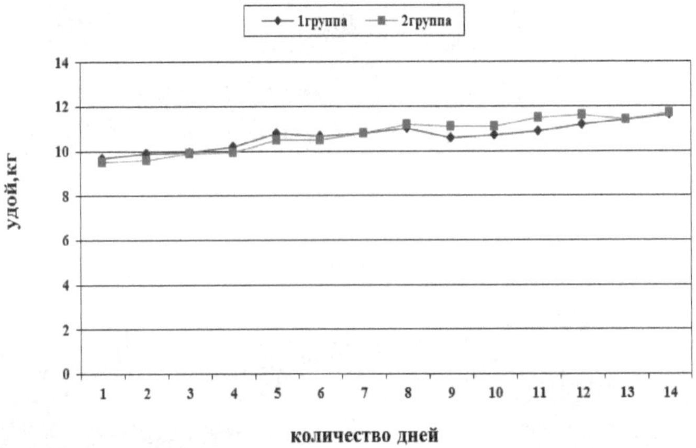

Rysunek 24 - Zmiany w wydajności mlecznej krów czarno-białej przy doju przez maszyny o różnej konstrukcji (I etap badań).

W trakcie analizy otrzymanych danych stwierdzono, że w początkowym okresie produktywność krów zarówno w pierwszej, jak i drugiej grupie wzrosła. Dzienna mleczność krów dojonych w rurociągu mlecznym na początku tego okresu wynosiła średnio 9,9 kg mleka, a pod koniec okresu osiągnęła 10,9 kg mleka na poranny udój.

Wydajność krów dojonych w dojarni mobilnej wynosiła średnio odpowiednio 9,6 kg mleka na początku i 10,9 kg mleka na końcu okresu. W drugim okresie, przy doju krów w rurach mlecznych z przezroczystymi kubkami udojowymi i homomorficznymi kubkami ssącymi, nie nastąpił gwałtowny spadek wydajności.

Oddzielenie mleka od wymion podczas doju jest podporządkowane systemowi nerwowemu i regulacji humoru. Odruch mleczności wyraża się w tym, że przewody mleczne wymion stają się szersze i krótsze na skutek kurczenia się mięśni znajdujących się w ich ścianach. Hormon oksytocyna jest wydzielany z tylnego płata przysadki mózgowej do krwioobiegu i przedostaje się do pęcherzyków płucnych mleka, powodując zmniejszenie ilości mioepiteliny, co zapewnia wydalanie porcji mleka z pęcherzyków płucnych do przewodów wymionowych. W wyniku wielu badań stwierdzono, że największa ilość oksytocyny znajduje się we krwi przez 3-4 minuty od rozpoczęcia doju, a następnie o 7-8 minut rozpuszcza się lub traci aktywność.

Krzywe laktacyjne wydajności mleka były podobne i kształtowały się na poziomie 11,6-12,0 kg na dój. Zmiany w wydajności mlecznej krów rasy czarnomlecznej w II etapie badań przedstawiono na rys. 3.5.2.9. Analiza produkcji mleka u krów w ciągu pierwszych 4 minut (rys. 3.5.2.10) pozwoliła stwierdzić, że adaptacja do udoju w dojarni mobilnej "Zorka" została przeprowadzona w ciągu 2 dni. Ostra różnica między grupami ujawniła się podczas pierwszych dwóch dni doju: 5,33 kg w grupie kontrolnej i 7,13 kg w grupie doświadczalnej.

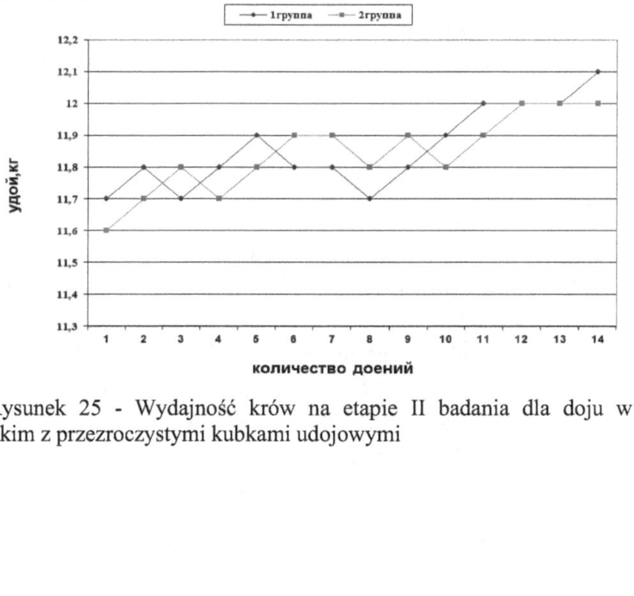

Rysunek 25 - Wydajność krów na etapie II badania dla doju w rurociągu mleczarskim z przezroczystymi kubkami udojowymi

Później wskaźniki te zbiegły się i w ciągu pierwszych czterech minut zrównały się z 6,6 i 7,2 kg mleka, co odpowiada danym z literatury.

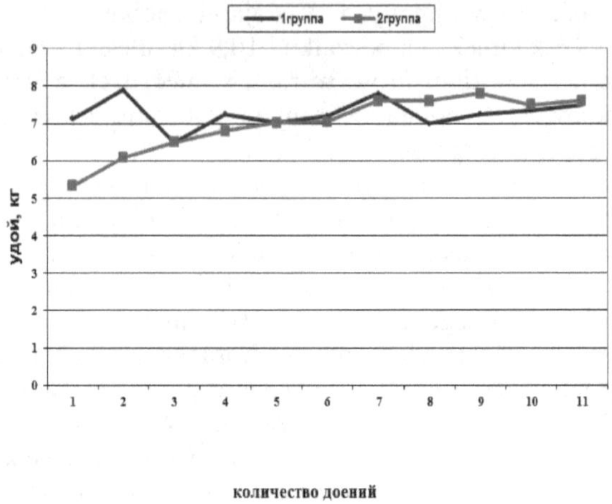

Rysunek 26- Zmiany w wydajności mleka u krów z czarnym motylkiem podczas doju w ciągu czterech minut (dój poranny) przez różne dojarki.

Zmianę wskaźnika wydajności mlecznej u krów czarnojabłkowych w trakcie doświadczenia przedstawiono na rysunku 27.

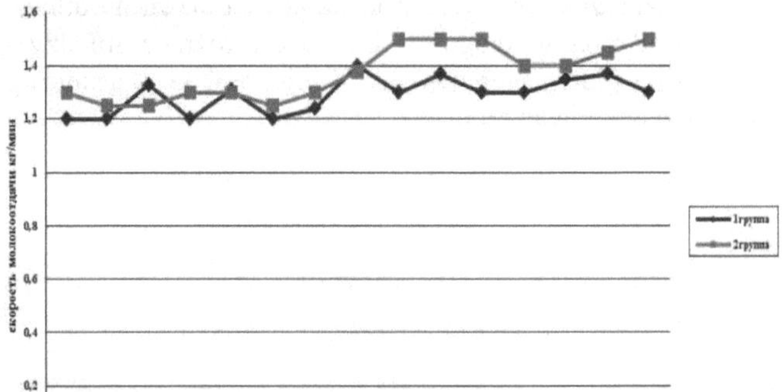

Rysunek 27 - Zmiana w intensywności udoju krów rasy czarnomlecznej

Intensywność produkcji mleka nie różniła się znacząco w trakcie doświadczenia i wynosiła średnio 1,36-1,56 kg/min w grupach.

Procentowa zawartość tłuszczu w mleku krów podczas doju w różnych dojarniach jest badana na wykresie 28.

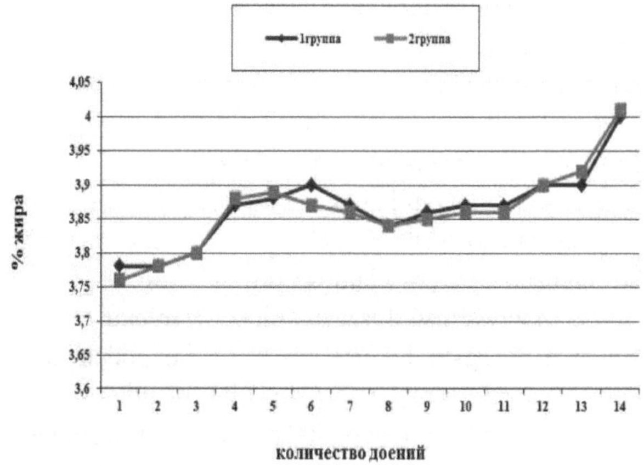

Rysunek 28- Zmiany zawartości tłuszczu w mleku krów czarnych i krów pasących się z różnymi dojarniami

Według uzyskanych danych, zmiana tego wskaźnika jest prawie taka sama zarówno dla doju w rurociągu mlecznym (grupa I), jak i dla doju w dojarni mobilnej "Zorka" (grupa II). Na początku doświadczenia zawartość tłuszczu w mleku wynosi 3,75-3,80%, a pod koniec doświadczenia -4,0%. Uważamy, że czynnik technologii dojenia w tym przypadku nie ma znaczącego wpływu na tłuste krowy. W procesie pracy nie wystąpiły opóźnienia w wydajności mleka przez krowy, wydajność wynosi 100%.

Zmianę zawartości białka w mleku przedstawiono na rys. 29.

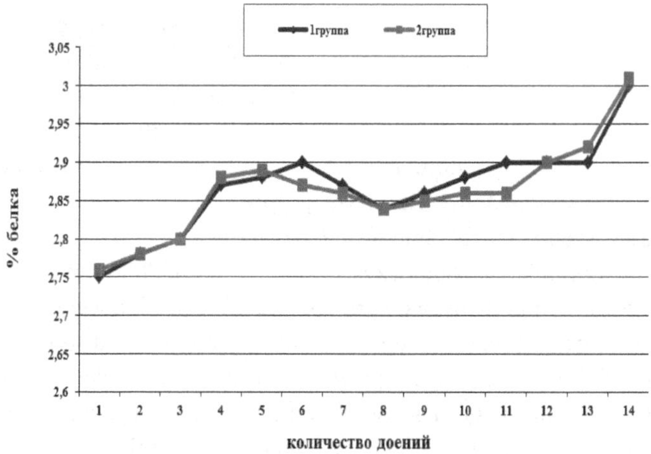

Rysunek 29- Zmiana zawartości białka w mleku krowim z różnych dojarni

Zgodnie z naszymi materiałami, zawartość białka w mleku zależy w niewielkim stopniu od typu dojarki.

Przeprowadzone badania pozwalają na wyciągnięcie wniosku, że zastosowanie dojarki niskopróżniowej jednostki mobilnej i dojenie w rurze mlecznej przy użyciu przezroczystych szkieł mlecznych z homomorficznymi silikonowymi kubkami udojowymi nie ma negatywnego wpływu na wydajność mleczną krów rasy czarnej i chłopskiej, na intensywność mleczności , wydajność mleka u krów w pierwszych 4 minutach, a także na zawartość tłuszczu i białka w mleku.

Zastosowanie agregatu udojowego z niskim podciśnieniem ułatwia pracę operatora maszyny, a przezroczystość kubka udojowego pozwala na bezpośrednią kontrolę procesu doju każdej ćwiartki wymienia i w razie potrzeby odpowiednią korektę procesu doju.

2.5 Hodowla krów rasy symetrycznej przy użyciu sprzętu do doju niskopróżniowego

Wśród wielu czynników wpływających na wydajność mleczną jest wprowadzenie jałówek do stada, ich przygotowanie do wycielenia oraz rozmieszczenie pierwszych krów. Odpowiednio dobrany sprzęt udojowy i technika udojowa są ważne.

Czynniki mechaniczne obejmują największą grupę przyczyn powodujących mikrouszkodzenia wymion i brodawek sutkowych (rany, stłuczenia, pęknięcia skóry) oraz mikrouszkodzenia spowodowane niedoskonałością urządzeń udojowych, ich wadliwym działaniem, naruszeniem technologii doju maszynowego (poziom podciśnienia, jego stabilność, zmiana częstotliwości pulsacji itp.)

Podwyższenie podciśnienia w układzie podciśnienia powyżej 400 mm Hg lub 0,54 kgf/cm2 przy doju trzykrotnym i powyżej 360 mm Hg lub 0,49 kgf/cm2 przy doju dwusuwowym prowadzi do "jałowego" doju, a przedawkowanie urządzeń udojowych na wymieniu powoduje bolesną reakcję na dój maszynowy i opóźnioną wydajność mleka. To z kolei powoduje zapalenie piersi u krów, a w konsekwencji spadek wydajności piersi o 200-400 kg na każdą dotkniętą ćwiartkę wymienia.

Według S.A. Dankvert, I.M. Dunin [267,268], w naszym kraju 95 % mleka jest produkowane metodą utrzymania krów na uwięzi, gdzie 44 % mleka jest wydojone w zbiornikach przenośnych, 21 % - w rurach mlecznych, około 30 % jest wydojone ręcznie. Tylko 5% stada udojowego znajduje się w oborach wolnostanowiskowych, a dój w hali udojowej (prognoza Ministerstwa Rolnictwa Federacji Rosyjskiej z 2012 r. i w przyszłości dój w oborach wolnostanowiskowych wzrośnie do 15%). Celem badań było porównanie wydajności mlecznej jałówek w okresie wypasu i laktacji, na poziomie uwięzi, przy użyciu nowo zaprojektowanych urządzeń udojowych.

Zadaniem badań jest określenie wydajności mlecznej dla 100 i 305 dni laktacji, współczynnika wydajności mlecznej, jakości mleka i efektywności ekonomicznej.

Badania przeprowadzono na dwóch grupach krów rasy simentalskiej selekcji austriackiej (n=86, w każdej grupie 43 cele) w LLC "Grain - Denisovo" obwodu lipieckiego od lipca 2006 r. do października 2007 r. Zwierzęta znajdowały się w identycznych warunkach żywienia, opieki i utrzymania; zastosowano opracowany przez lokalnych ekspertów i zaakceptowany w tym gospodarstwie schemat technologiczny produkcji mleka.

Krowy z grupy kontrolnej zostały wydojone na urządzeniach firmy "Parties of the world" (z rurociągiem mlecznym). Krowy z grupy doświadczalnej były dojone w niskociśnieniowej stacji "Zorka".

Wydajność mleka w pierwszych 10 dniach liczono codziennie, przy jednoczesnym monitorowaniu stanu wymion; następnie - okresowo przez 3 miesiące raz na 10 dni, przy użyciu UZM-1 (licznika indywidualnego mleka); od 4 miesiąca. - w oparciu o miesięczne doki inspekcyjne.

Jakość mleka została określona za pomocą urządzenia "Lactoscan". Współczynniki reprodukcji stada analizowano na podstawie podstawowych danych księgowości zootechnicznej.

Informacje o wydajności mlecznej jałówek przez pierwsze 100 dni przedstawiono w tabeli 97.

Tabela 97 - Wydajność mleczna jałówek pierwotnych w okresie 100 dni laktacji

---

267 Dankvert, A.G. Animal husbandry[Text]: tutorial / A.G. Dankvert. - M.: Repro Center, 2011.- 376 p. S.166-184; S.185-188.

268 Dunin, I.M. Teraźniejszość i przyszłość hodowli bydła domowego / I.Dunin, V.Sharkaev, A.Kochetkov // Hodowla bydła mlecznego i mięsnego. - 2012.- № 6.- S. 2-5.

Para metry	Udo i, kg	M.E. W., %	M. W., kg.	M.D. B., %	M. B.kg.
pierwsza grupa					
M±m	1401,1±28,0	4,61±0,04	64,6±2,5	3,30±0,04	46,2±1,5
Cv, %	17,1	3,01	16,7	4,09	12,0
grupa II					
M±m	1629,0±32,0***	4,66±0,04	75,9±3,7	3,37±0,02	54,9±1,9
Cv, %	17,3	3,29	16,4	2,40	18,5
± do grupy I					
%	116,3	101,1	111,3	102,1	118,8
kg	+227,9	+0,05	+9,8	+0,07	+8,7

Dane z tabeli 97 pokazują, że w pierwszych 100 dniach laktacji plon krów grupy II wyniósł średnio 1629 kg i niezawodnie przekroczył ($p<0,001$) plon krów grupy I o 227,9 kg.

Współczynnik zmienności produkcji mleka w poszczególnych grupach nie miał istotnych różnic i wynosił 17,1-17,3% (średnia norma dla krów mlecznych wynosi 18-20%). Dlatego w tym przypadku można stwierdzić, że grupy, którym przyznano nagrody, są konsolidowane. Otrzymane dane dotyczące wydajności mlecznej za 305 dni laktacji przedstawiono w tabeli 98.

Tabela 98 - Wydajność mleczna krów w okresie laktacji (M±m)

Grupa krów / Wskaźnik	I - kontrola	II - Doświadczony	Grupa II ± do grupy I	
			kg	%
305 dni mleka.	4004,0±66,07	4735,6±67,95***	+ 731,6	118,3
Zawartość tłuszczu, %	4,82± 0,07	4,90±0,07	+0,08	101,7
Tłuszcz mleczny, kg	192,9±4,1	232,0±4,9***	+39,1	120,3
Białko, %	3,30 ±0,01	3,32 ±0,01	+0,02	100,6
Białko mleka, kg	132,1 ±2,1	157,2 ±2,1***	+25,1	119
Współczynnik Mleka	690±0,1	820* ±0,2	+ 130	118,8

Z danych zawartych w tabeli 98 wynika, że w ciągu 305 dni laktacji plon krów II grupy niezawodnie przekraczał plon krów I grupy o 732 kg ($p \leq 0,001$).

Wśród wskaźników charakteryzujących biologiczne, hodowlane i produkcyjne cechy zwierząt bardzo ważna jest zawartość tłuszczu i białka w mleku. Dlatego też definicja tych wskaźników jest niezbędna do oceny porównawczej wydajności badanych urządzeń udojowych.

Według otrzymanych danych, krowy mleczne w obu grupach miały dość wysoką zawartość tłuszczu, ale w grupie II była ona o 0,08% wyższa niż w grupie I. Bezwzględna wydajność tłuszczu również stanowi niezawodną zaletę Grupy II. Różnica wynosiła 39,2 kg ($p \leq 0,001$).

Na tle wystarczająco wysokiej zawartości białka, mleko krów z grupy II było o 0,02% wyższe pod względem zawartości białka niż w grupie I. W ydajność białka bezwzględnego wykazała również wiarygodną przewagę krów z grupy II. Różnica wynosiła 25,1 kg ($p \leq 0,001$).

Dla pełniejszej oceny krów pod względem wydajności mlecznej, określiliśmy ilość otrzymywanego mleka na 100 kg masy ciała.

Stosunek wydajności mlecznej w laktacji do masy ciała krowy, czyli stosunek ilości mleka w mleku, charakteryzuje ekonomikę produkcji mleka. Współczynnik ten w grupie II (820) był wiarygodnie wyższy niż w grupie I (o 130), co w warunkach tej samej zawartości i żywienia wskazuje na lepsze opłacanie pasz przez produkty rynkowe.

Selekcja krów to naprawa stada, na ogół jest to nie mniej niż 25% w gospodarstwach, odpowiednio, wprowadza się taką samą liczbę krów. Pierwsze jałówki są wybierane pod kątem przydatności do doju maszynowego, a pierwsze krowy jałówki wybierane są z różnych powodów. Wyniki selekcji krów jałówek przedstawiono w tabeli 99.

Tabela 99 - Przyczyny uboju pierwszych krów jałówek rasy simentalskiej

Grupa	n	Przyczyna, choroba.			Razem .	%
		Niska wydajność	ginekologia	wymiona		
I	43	1	2	4	7	16,20
II	43	0	2	0	2	4,65

Analiza danych z tabeli 99 pokazuje, że w pierwszej grupie (dojenie w rurze mlecznej) ubój jałówek wynosił 16,2% (odsetek uboju z powodu choroby wymion wynosił 9,3%), a w drugiej grupie ubój krów był znacznie mniejszy (4,65%).

Tak więc ustalono, że zastosowanie dojarki niskociśnieniowej do doju krów rasy symetrycznej selekcji austriackiej pozwala na uzyskanie większej wydajności mlecznej o średnio 18,3% (732 kg) od krowy i zmniejszenie odsetka pierwszych jałówek.

Efektywność ekonomiczna produkcji mleka przy użyciu różnych urządzeń udojowych

W strukturze kosztów mleka, po kosztach paszy, do 40% stanowią koszty dojenia krów. Odpowiednio dobrany sprzęt udojowy i technika udojowa są ważne. Czynniki te wpływają zarówno na wartość podciśnienia jak i na stopień mechanicznego oddziaływania urządzeń na wymiona krów i sutki mleczne.

Tabela 100 - Efektywność ekonomiczna produkcji mleka krowiego z wykorzystaniem urządzenia niskociśnieniowego "Zorka".

Wskaźnik	Dój		Grupa II ± do grupy I
	Milkwire ADM-8 (Grupa I)	Niska Próżnia klaster udojowy (Grupa II)	
Ludność	43	43	
Średnia roczna wydajność mleczna: - przez 1 cel	4004	4736	+732
Koszt produkcji dla 1 celu	23751	29396	5645
Zawartość tłuszczu w mleku, %	4,82	4,90	+0,08
Zawartość białka w mleku, %	3,32	3,29	-0,03
Koszty produkcji: - za 1 gola, potrzyj.	16523	16523	-
- za 1 tonę mleka, potrzyj.	442,7	442,7	-
Zysk ze sprzedaży mleka, ruble z grupy krów	310804	553539	+242735

Poziom rentowności sprzedaży, %	43,75	77,91	+34,16

W wyniku badań niskociśnieniowych urządzeń udojowych "Zorka" nowej konstrukcji stwierdziliśmy ich pozytywny wpływ na poziom i skład jakościowy wydajności mlecznej krów (tabela 4.5) rasy symetrycznej. Eksperymenty zostały przeprowadzone w LLC "Ziarno - Denisovo", obwód lipiecki.

Sprzedaż mleka od każdej krowy w okresie laktacji przy doju urządzeniem Zorka dała możliwość uzyskania dodatkowej produkcji średnio za 5645 rubli; dla całej grupy doświadczalnej (43 cele) roczny efekt ekonomiczny był o 242 735 rubli wyższy niż od krów rozdzielanych na zwykłym sprzęcie.

Wyniki badań wykazały, że potencjał wydajności mlecznej zwierząt jest pełniej realizowany u krów przy zastosowaniu nowej maszyny udojowej "Zorka" do do doju w porównaniu do do doju na standardowym wyposażeniu.

Tak więc ograniczenie wielości doju na poziomach wydajności (3800-5000) jest opłacalne i uzasadnione. Zastosowanie dojarki niskociśnieniowej w związku z poprawą jakości mleka pozwoliło uzyskać efekt ekonomiczny w ilości +242 735 rubli na grupę krów.

2.6 Wykorzystanie technologii informatycznych do określenia stanu piersi krów

Kompleksowa kontrola jakości mleka u krów

Tradycyjne metody i technologie zarządzania produkcją rolną stoją w sprzeczności z nowymi technologiami i formami organizacji i nie wyrażają w pełni ekonomicznego potencjału tych innowacji.

W nowoczesnych warunkach charakteryzujących się ostrą konkurencją na rynkach nie tylko żywności, ale i pracy, ziemi, kapitału, postępujący ruch każdej organizacji rolniczej jest możliwy tylko wtedy, gdy istnieje dobrze sprawdzona strategia długoterminowa.

W celu ograniczenia najbardziej pracochłonnych operacji technologicznych w produkcji mleka i ułatwienia warunków pracy, zastosowanie automatyzacji poszczególnych operacji nie zmniejsza znacząco liczby pracowników. Radykalnym rozwiązaniem problemu pełnej automatyzacji procesu doju, który wyklucza udział człowieka, jest wykorzystanie do tego celu robotów [ ].[269]

Obecnie zdefiniowano dwa główne kierunki tworzenia automatycznych systemów udojowych dla krów: pierwszy to jeden boks udojowy z ręką robota, drugi to system robotyczny składający się z kilku boksów udojowych obsługiwanych przez rękę robota.

Zastosowanie robotów do doju krów przyczynia się do pojawienia się prawie nowej technologii, której istotą są zwierzęta samoobsługowe. Badania przeprowadzone przez niemieckich specjalistów [[270],[271]] wykazały (przy doju 63 krów robotem "Liberty"), że liczba udojów, które wybierają zwierzęta zależy od ich wydajności.

I tak, krowy o średniej dziennej mleczności 16,3 ... 26,7 kg odwiedzały boks udojowy do 2 razy dziennie (35% ogólnej liczby zwierząt). Zwierzęta, których średnia dzienna mleczność wynosi 30,1 kg zostały już wydojone trzy razy (48% całej populacji), a czasy wiśni w boksie udojowym krów, których średnia dzienna mleczność wynosi 38 kg [[272],].[273]

Oprócz oczywistych zalet automatycznych systemów udojowych, w trakcie ich pracy wykryto szereg problemów. Przede wszystkim, to ich wysoki koszt. Obecnie trwa proces aktywnego gromadzenia informacji bazowych na temat wykorzystania robotów udojowych w gospodarstwach o różnym pogłowiu bydła.

Zastosowanie robotów udojowych pozwala na ocenę stanu każdej ćwiartki wymienia i wykrycie w porę oznak zapalenia wymienia. Możliwość zdiagnozowania choroby poszczególnych czwartych wymienia we wczesnym stadium (poprzez pomiar temperatury mleka i jego przewodności elektrycznej)[[274][275], a także zmniejszenie szkodliwego wpływu "jałowego doju" na brodawki sutkowe pozwoliło na obniżenie kosztów specjalistycznych usług weterynaryjnych o 50%, co zostało ustalone w wyniku obserwacji zwierząt.

---

[269] Kormanowskiy, L.P. Bioresource engineering w hodowli bydła mlecznego (w języku rosyjskim) / L.P. Kormanowskiy // Wiadomości rolnicze. - – 2000. - № 4. - – C. 10-11.

[270] Tsoi, A.Yu. Trendy w rozwoju urządzeń udojowych za granicą: (Przegląd analityczny) / A.Yu. Tsoi, N.P. Mishurov, V.V. Kirsanov, A.I. Zelentsov. - Moskwa: FSNU Rosinformagrotech, 2000. - – 76 c

[271] Ipema, B. Koning. Melken mit dem Melkroboter / B. Koning Ipema. // Melktechnik. - 1997. - S. 72-73.

[272] Fieschgrate, Tandem i inne stanowiska udojowe. // Worstorff. Technika udojowa. Aktualny stan urządzeń udojowych, dojarni i urządzeń udojowych. - 1999. - S. 80- 82.

[273] Gdzie nauka i praktyka widzą problemy // Worstorff. Technika udojowa. Aktualny stan urządzeń udojowych, dojarni i urządzeń udojowych. - 1999. - S. 6-16.

[274] Tsoi, A.Yu. Trendy rozwoju sprzętu udojowego za granicą. (Przegląd analityczny) / A.Yu. Tsoi, N.P. Mishurov, V.V. Kirsanov, A.I. Zelentsov. - Moskwa: FSNU Rosinformagrotech, 2000. 76 c.

[275] Mastitis kostet Geld / E. Kleinschroth, K. Rabold, J. Deneke. // Herausgegeben von top agrar. - 1999. - S. 11-12.

E.N.Tyurenkova [ ][276]informuje, że potencjał genetyczny wydajności zwierząt z powodu niedoskonałego zarządzania jest niewystarczająco wykorzystywany w hodowli bydła mlecznego o 7...10%.

Zawartość komórek somatycznych w mleku jako wskaźnik jakości

Komórki somatyczne to komórki z płaskiego, cylindrycznego i sześciennego nabłonka zbiorników na mleko i przewodów piersiowych, leukocytów, erytrocytów, komórek kolostalnych. A.S. Korotkov i inni. 90[277], 92[278], 108[279]] należy zauważyć, że przy prawidłowej funkcji wymion, mleko ze zdrowych części zawiera od 150 do 500 tysięcy komórek somatycznych/ml; przy patologii wymienia ich liczba wzrasta z 500 tysięcy do kilkudziesięciu milionów komórek w 1 ml mleka (tajemnica).

Jednak nadmiar komórek somatycznych w mleku powyżej 1 miliona w 1 ml można zaobserwować również u zdrowych zwierząt [[280],][281].

Duża zmienność badanego wskaźnika prowadzi do trudności w ustaleniu granicy między normą a patologią piersi. Nawet w przypadku oceny normalnego stanu zdrowia wymion istnieją różne kryteria w różnych krajach. Na przykład w Finlandii stado uważa się za zdrowe z zawartością komórek w mleku do 200 thsd./ml; w Szwajcarii, Norwegii, Danii, Austrii - do 280 thsd./ml; w USA i Szwecji - do 400 thsd./ml; w Bułgarii i Niemczech - do 500 thsd./ml [[282],][283][284].

---

[276] Turenkova, E.N. Wpływ różnych czynników na efektywność ekonomiczną hodowli bydła mlecznego (w języku rosyjskim) / E.N. Tyurenkova // Instrukcje metodyczne. - Petersburg: AMA NZ RF, 2008. - – C.20-24

[277] Kaneev, A.Z. Oszacowanie wydajności mlecznej krów z uwzględnieniem liczby komórek somatycznych w mleku : dis. ...cand. s. - x. sciences / A.Z. Kaneev. - Polany Lesnaya, 2002. 108s.p.3-4; P.31-32.

[278] D.V. Karklikov, D.V. Control of Dairy Cows Productivity: Textbook - 2nd ed., pererabot. i additional / D.V. Karklikov, G.G. Karklikova, A.Z. Kaneev, N.A. Lazarenko. - Moscow: MSUE, 2004. - – 108 c.

[279] Korotkov, A.S. Wpływ różnych czynników na zawartość komórek somatycznych w mleku krowim: dis. ...Candidate of Sciences. -M., 2006. -104 str. C.55-58,72-75

[280] Pavlyuchenko, T.A. Somatic cells - diagnostic test for cow determination, resistance to masturbation and milk quality / T.A. Pavlyuchenko, L.F. Tarasevich // New methods of selection and biotechnology in animal breeding: scientific-production conf. - Kyiv, 1991. - – C. 109 -112.

[281] Wolfram, R. Składniki mleka jako wskaźniki dla żywienia i zdrowia krów mlecznych / R. Wolfram // dla żywienia zwierząt. Niemiecki Vilomix. - 2003-2004. - S. 1-13.

[282] Wpływ niektórych czynników na poziom komórek somatycznych w mleku z ćwierćtuszy wymienia krowiego / H. Turki, Ya. Olekhnovich, S. Vinnitsky, M. Lipinski // Modelowanie matematyczne obiektów rolniczych - podstawy projektowania technologii i maszyn XXI wieku: przebieg Międzynarodowej Konferencji Naukowej. Mińsk, 2001. C.191-195.

[283] Makharia, Z.A. Makharia, O.K. Wasiljewa // Nowoczesne metody zwiększania produktywności krów rasy pierworodnych czarno-motylkowych w zależności od zawartości komórek somatycznych w mleku (w języku rosyjskim) / Z.A. Makharia, O.K. Wasiljewa // Nowoczesne metody zwiększania produktywności zwierząt rolniczych: Gromadzenie prac naukowych. St. Petersburg, 2001. C.67-69.

[284] Gil, Z. Zmiany temperatury mleka podczas doju krów w subklinicznym zapaleniu sutka / Z. Gil // Produkt zwierzęcy. - NDP, 1988. - – E. 20, № 3. - – C. 459-463.

Wiadomo, że u krów z mastitis występuje gwałtowny wzrost komórek somatycznych [[285],[286],].[287]

W postaci utajonej mastitis liczba komórek somatycznych zwiększa się 20 razy, a w przypadkach klinicznych nawet 100 razy. Zwierzęta takie należy poddać obróbce i oddzielić mleko od zbioru, przetwarzania w gospodarstwie i wykorzystywać zgodnie z przepisami dotyczącymi zdrowia zwierząt [ ].[288]

Badania Kaneeva A.Z., Karlikovej D.V. i Korotkovej A.S. wykazały, że wzrost liczby komórek somatycznych w mleku obserwuje się również w przypadku zaburzeń fizjologicznych wymion spowodowanych szeregiem innych chorób, a także w pierwszym miesiącu po wycieleniu, zwłaszcza w okresie laktacji i podczas startu. To samo zjawisko występuje wraz z rosnącym wiekiem zwierzęcia i podczas wycieku.

Według Międzynarodowej Federacji Mleczarskiej zapalenie sutka w formie klinicznej dotyczy 2% krów w stadzie i do 50% w formie ukrytej (subklinicznej). Znacznie komplikuje to diagnostykę urazów wymion, ponieważ wykrycie ukrytego zapalenia wymienia wymaga specjalnych metod badawczych, w tym - oznaczania komórek somatycznych [[289],[290]]. Wskaźnik liczby komórek somatycznych jest używany do identyfikacji stad masturbujących się. Wśród metod specjalnych wiodącą rolę odgrywa monitoring za pomocą urządzeń automatycznych.

System kontroli domowej do niedawna określał normalną zawartość komórek somatycznych na poziomie 500 tys./ml. Jednakże, według poszczególnych badaczy [ ],[291]górna granica tego wskaźnika nie powinna przekraczać 300 tys. / ml, a zalecana wartość komórek somatycznych - 200 tys. / ml.

Należy zauważyć, że nasz kraj wprowadził zachętę ekonomiczną do płacenia za jakość mleka, biorąc pod uwagę liczbę komórek somatycznych. Obecnie na terytorium obwodu moskiewskiego działają takie duże

---

[285] Kaneev, A.Z. Oszacowanie wydajności mlecznej krów z uwzględnieniem liczby komórek somatycznych w mleku dyskowców. ...cand. s. - x. sciences / A.Z. Kaneev. - Polany Lesnaya, 2002.- 108s.p.3-4; P.31-32; P.82.

[286]. Kasyanczuk, V.V. Środki biologiczne i metody diagnostyki, leczenie krów z mastitis oraz patogenetyczne uzasadnienie ich zastosowania / V.V. Kasyanczuk... doktor nauk weterynaryjnych . - M...1992. -282s. C.15-17.

[287] Pavlyuchenko, T.A. Somatic cells - diagnostic test for cow determination, resistance to masturbation and milk quality / T.A. Pavlyuchenko, L.F. Tarasevich // New methods of selection and biotechnology in animal breeding: scientific-production conf. - Kyiv, 1991. - – C. 109 -112.

[288] Zavrazhnov, A.I. Cow resistance of different genotypes to the hidden masturbation during the machine milk milk (in Russian) / A.I. Zavrazhnov, L.K. Popov, I.A. Skorkina // Proc. of VIII (All-Russian) Symposium on machine milk milk of agricultural animals. - 1995. - – C. 141 – 142.

[289] Borozdin, E.K. Resistance of Cattle to Masturbation / E.K. Borozdin, K.V. Kleyberg, G.Ya. Zimin; VNIIPlems - Moscow, 1993 - 206 s. S. 20-26; S. 28-41; S. 44-75.

[290] Okhrimenko, O.V. Biochemia mleka i produktów mlecznych: metody badań. / O.V. Ohrimenko, A.V. Ohrimenko. - Vologda-Mleko: Centrum VGMHA, 2001. - 201 c.

[291] Praktyczne zalecenia dotyczące technologii produkcji mleka wysokiej jakości. - – M., 2004. - – 126 c. S.54-60; S.75-85.

przedsiębiorstwa przetwórcze jak Lianozovsky Dairy Plant, Ehrmann LLC, Danone LLC, które stawiają wysokie wymagania jakości mleka w ogóle, a w szczególności zawartości komórek somatycznych. Na przykład, LLC Ermann ustala następujące korekty cen mleka w zależności od zawartości komórek somatycznych: do 100 thnd/ml - +15%, do 250 thnd/ml - +8%, mniej niż 300 thnd/ml - +3%, od 301 do 400 thnd/ml - 0%, ponad 401 minus 3%[292].

Z powyższego jasno wynika, że premie są dość znaczące, biorąc pod uwagę, że rentowność produkcji mlecznej w ostatnich latach wynosiła około 5-11%. Dlatego też producenci są zainteresowani produkcją mleka o wysokiej jakości i niskiej zawartości komórek somatycznych.

Zautomatyzowane zarządzanie stadem bydła i jakością mleka

Głównym celem oceny wydajności mlecznej jest określenie ilości i jakości mleka; kontrola stanu sanitarnego mleka; zwiększenie wydajności całej populacji i ostatecznie poprawa efektywności ekonomicznej produkcji mleka. [290[293]]

Według D.V. Karlikova i in.[[294]] konieczne jest dalsze badanie kwestii oceny jakości wydajności mlecznej, ulepszenie metod kontrolnego dokowania i rozliczania mleka, technik pobierania próbek do analizy.

Metody obliczania wydajności mlecznej krów w okresie laktacji, definicja rocznej i dożywotniej mleczności są niewystarczająco uzasadnione. Głównym warunkiem oceny wydajności mlecznej jest obiektywność i dokładność.

Nowoczesna ocena wydajności mlecznej krów może być przeprowadzana tylko poprzez kontrolę - przez służby pomocnicze lub podległe im struktury poprzez stworzenie jednego pola informacyjnego przy użyciu technologii komputerowej. Wyzwanie polega na jaśniejszym określeniu obowiązków i zadań niezależnych inspektorów i asystentów kontroli, którzy przeprowadzają udój kontrolny.

Ważnym elementem kontroli wydajności mleka jest oznaczanie komórek somatycznych w poszczególnych próbkach mleka krowiego w celu monitorowania stanu piersi krowy i jakości produktu mlecznego. Hodowla zwierząt gospodarskich pod kątem odporności na masturbację

---

[292] Korotkov, A.S. Wpływ różnych czynników na zawartość komórek somatycznych w mleku krowim : dis. ...Candidate of Sciences. -M., 2006. -104 str. C.10.

[293] Ipema, B. Koning. Melken mit dem Melkroboter / B. Koning Ipema. // Melktechnik. - 1997. - S. 72-73.

[294] D.V. Karklikov, D.V. Control of Dairy Cows Productivity: Textbook - 2nd ed., pererabot. i additional / D.V. Karklikov, G.G. Karklikova, A.Z. Kaneev, N.A. Lazarenko. - Moscow: MSUE, 2004. - – 108 c.

powinna być jednym z głównych działań mających na celu zapobieganie tej chorobie i poprawę jakości mleka [[295],[296],].[297]

Podstawą kompleksu informacyjno-analitycznego zapewniającego praktyczną realizację i efektywność pracy selekcyjnej na terenie całego kraju jest stworzenie i niezawodne funkcjonowanie systemu kontroli wydajności mlecznej krów.

W ostatnich latach produkcja mleka wzrosła głównie z powodu zwiększonej wydajności krów. Jednocześnie firmy przetwórcze zwracają szczególną uwagę na jakość, wartość biologiczną i smak produktów mlecznych.

Kwestie wymagające poprawy związane są przede wszystkim z systematycznym monitorowaniem wymogów higieny w produkcji mleka. Ważne jest również przestrzeganie odpowiednich zasad przy przyjmowaniu pustych opakowań bezpośrednio w gospodarstwie i dostarczaniu ich do zakładów mleczarskich za pomocą transportu.

Praca ta wymaga dobrej organizacji, biorąc pod uwagę, że mleko jest produktem łatwo psującym się, musi być szybko przetworzone, sprzedane lub przetworzone jak najszybciej [ ].[298]

2.7 Stosowanie nowej metody kontroli - oznaczanie przewodności mleka

W ostatnim czasie, zarówno w naszym kraju jak i za granicą, obok tradycyjnych, wprowadzono nowe metody kontroli jakości mleka. Wśród nich - zastosowanie wskaźnika przewodności.

Przewodność elektryczna mleka jest jego własnością do przewodzenia prądu elektrycznego. Jednostką miary jest Siemens pod adresem $^{\text{м}^{-1}}$ (patrz*м^{-1}). Według S.S. Perova i innych. [84[299],170] [300], średnie wartości przewodności elektrycznej mleka mieszczą się w zakresie od 40 do 46 jednostek konwencjonalnych (minimum - 15,maksimum -80). Ogólna

[295] Kaneev, A.Z. Szacowanie wydajności mlecznej krów z uwzględnieniem liczby komórek somatycznych w mleku : dis. ...cand. s. - x. sciences / A.Z. Kaneev. - Polany Lesnaya, 2002.- 108s.p.3-4; P.31-32; P.82.

[296] Korotkov, A.S. Wpływ różnych czynników na zawartość komórek somatycznych w mleku krowim : dis. ...Candidate of Sciences. -M., 2006. -104 str. C.5,23,55-58,72-75,80-85.

[297] Rodionov, G.V. Practical recommendations for the milk quality control and improvement / G.V. Rodionov, Yu.S. Isilov, A.S. Shuvarikov, B.A. Aidashev, N.P. Buryakov. - Moskwa: ANO "Przemysł mleczarski", 2006. - – 96 c. P.35-49; P.50-60.

[298] Praktyczne zalecenia dotyczące technologii produkcji mleka wysokiej jakości. - – M., 2004. - – 126 c. S.54-60; S.75-85.

[299] Perov, S.S. Przewodność elektryczna mleka i środowiska zewnętrznego (w języku rosyjskim) / S.S. Perov. - Vologda, 1928. - – 51 c.

[300] Inikhov, G.S. Milk and milk products biochemistry / G.S. Inikhov. - Moskwa: Snabtehizdat, 1935. - 163 s. S.7-94; S.69-72.

przewodność elektryczna wynika przede wszystkim ze składu solnego mleka. Naturalne wtrącenia organiczne również mają pewien wpływ. Cukier mleczny, tłuszcze, a zwłaszcza białka zmniejszają ogólną przewodność elektryczną.

Zależność funkcjonalna wartości przewodności elektrycznej mleka jest wyrażona za pomocą następującego wzoru: Em jest $f\left(\frac{u*t}{b*c*d*e}\right)$, gdzie u, t jest istotą stężenia części solnych mleka (nieorganicznych i organicznych), b, c, d, e jest stężeniem tłuszczu, białka, cukru mlecznego i części popiołu soli.

U zdrowych zwierząt przewodnictwo elektryczne jest dość stałe. Jednocześnie na skład i właściwości mleka, a tym samym na przewodnictwo elektryczne, mają w pewnym stopniu wpływ czynniki dziedziczne, okres laktacji, wiek i kondycję zwierzęcia, czynniki paratypiczne, z których najważniejsze to warunki karmienia, pomieszczenia dla zwierząt i technika dojenia [ ].[301]

W różnych okolicznościach wartość danego czynnika zwiększa się lub zmniejsza. Badając przewodnictwo elektryczne mleka, naszym zadaniem było uwzględnienie tylko tych cech, które mogą prowadzić do błędów w diagnostyce zdrowia zwierząt, w szczególności mastitis, jak również w określaniu jakości mleka.

Zależność między zawartością komórek somatycznych a przewodnością mleka

Mleko zawsze zawiera pewną liczbę komórek somatycznych. Zmiany w ich zawartości wpływają na właściwości fizyczne i chemiczne, w tym na przewodnictwo elektryczne mleka.

Więc, badania E.K.Borozdin'a i innych. [[302],[303],][304]ujawniono bezpośrednią zależność wzrostu przewodności elektrycznej od wzrostu zawartości komórek somatycznych.

[301] Solovyova, O.I. Przewodnictwo elektryczne mleka krowiego rasy Kholmogorsk w zależności od pochodzenia (w języku rosyjskim) / O.I. Solovyova, H.A. Amerkhanov // Hodowla bydła mlecznego i mięsnego. - 2008. - № 8. - – C. 18 -20.

[302] Borozdin, E.K. Resistance of Cattle to Masturbation / E.K. Borozdin, K.V. Kleyberg, G.Ya. Zimin; VNIIPlems - Moscow, 1993 - 206 s. S. 20-26; S. 28-41; S. 44-75.

[303] Solov'yeva, O.I. Electronic diagnostics system at an early stage of the breast diseases (in Russian) / O.I.Solov'yeva, O.Kaufmann // Veterinary medicine. - 2008. - № 12. - – C. 13-15.

[304] Kleyberg, K.B. Przewodnictwo elektryczne mleka jako wskaźnik zapalenia wymienia / K.B. Kleyberg, P.I. Golobokikh, A.I. Lepekhov // Proc. of VNIIPlem.- M.1985.- S. 18.

Autorzy zagraniczni [305,306,307] stwierdzili, że wzrost liczby komórek somatycznych o ponad 400000/ml spowodował wzrost przewodnictwa mleka o 17,5% i więcej. Określono również współczynniki korelacji przewodności elektrycznej mleka z zawartością komórek somatycznych (r), które wynosiły 0,52 i 0,59 [ ].[308]

Według wielu autorów [309,310] komórki somatyczne zdają się nie tylko zmieniać właściwości elektrostatyczne samego mleka, ale przy ich niszczeniu ich cytoplazma dostaje się do mleka, co narusza skład chemiczny i prowadzi do zmiany przewodnictwa elektrycznego tajemnicy wymion. Należy również zauważyć, że mikrouszkodzenia wymienia i procesy zapalne powodują przedostawanie się krwi lub ropy do mleka, co również wpływa na przewodnictwo elektryczne mleka. W takim przypadku trudno jest określić, jaki jest główny lub towarzyszący mu czynnik wpływający na zmianę przewodności elektrycznej. Jednak bez względu na przyczyny takich zmian, liczba komórek somatycznych jest wskaźnikiem, który istotnie koreluje ze zmianami w przewodnictwie elektrycznym mleka. W związku z tym pojawia się pytanie o możliwość wykorzystania wskaźnika przewodności w kompleksie metod diagnostyki ukrytego mastitis. [311]

Problem zapobiegania i leczenia ukrytego mastitis jest jednym z najważniejszych w hodowli krów mlecznych. Jednocześnie mleko nie ma zmian w smaku i konsystencji, nie ma odchyleń w stanie wymion. Ale we właściwościach mleka zachodzą zmiany biochemiczne, mikrobiologiczne i

---

305 Biggadike, H.F. Pomiar przewodnictwa mleka z poszczególnych ćwiartek wymion w celu wczesnego rozpoznania mastitis u krów. /H.F. Biggadike, ja. Ohnstad, R.A. Laven, F.E. Hillerton. - Wielka Brytania, 2002. - – C. 6. - 58. Weteran. Rec.

306 Brade, W. Underhealth somatic cell count and milk quality / W. Brade // Veterinary Umsch. - 2001. - Ig. 56, № 9. - P. 470-476.

307 Anon. O zastosowaniu kryteriów przewodności do wykrywania anomalii składu mleka wywołanych rzekomo subklinicznym mastitis [Tekst] // Streszczenia dr All-Union Scientific and Technical Conf. - – M., 1993. - – C. 8-12.

308 Przewodnictwo mleczne: miara zdrowia wymion // Malecki. Technika udojowa. Aktualny stan urządzeń udojowych, dojarni i urządzeń udojowych. - 1999. - S. 102-104.

309 Isaksson, A. Investigation of the milk electrical conductivity for the cow mastitis diagnostics (in Russian) / A. Isaksson, A.S. Philips, E. Goransson, N. Bjorkenfeldt // Acta veter. Skand. -1988- T. 28, № 3-4. - C. 455-457.

310 Jak krowie wymiona? // Worstorff. Technika udojowa. Aktualny stan urządzeń udojowych, dojarni i urządzeń udojowych. - – 1999. - S. 18-20.

311 Solov'yeva, O.I. Electronic diagnostics system at an early stage of the breast diseases (in Russian) / O.I.Solov'yeva, O.Kaufmann // Veterinary medicine. - 2008. - № 12. - – C. 13-15.

inne, jest ono źródłem rozprzestrzeniania się pochodzenia zakaźnego [312, 313314,]315.

Na podstawie szeregu badań stwierdzono, że rozwojowi mastitis ukrytego towarzyszy wzrost zawartości soli w mleku, co ma decydujący wpływ na zmniejszenie oporności elektrycznej badanego mleka. Zależność oporu elektrycznego mleka od stanu tajemnicy wymionowej była podstawą do zaprojektowania elektronicznych mierników stanu zapalnego wymion u krów.

Na przykład Estoński Instytut Badawczy Rozdzielania Wymion opracował ekspresową metodę diagnozowania zaburzeń wydzielania wymion poprzez pomiar przewodnictwa elektrycznego mleka [316]. Instytut SCB zaprojektował urządzenie - wskaźnik EA -0,4 mastitis, za pomocą którego określana jest bezwzględna wartość przewodności elektrycznej mleka w milimetrach (mSm). Aby zdiagnozować ukryte zapalenie sutka, mleko jest dostarczane oddzielnie od każdej porcji na początku doju (po usunięciu pierwszych 3-4 strąków) lub pod koniec doju. Odczyty są stałe na wyświetlaczu przez 3 - 5 sekund. Próg przewodności dla normalnego mleka wynosi 8,5 mSm. Wzrost przewodności powyżej 8,5 mSm jest uważany za pozytywny w przypadku ukrytego zapalenia sutka.

Obecnie szeroko stosowany jest również masto-metr, stworzony przez DRAMINSKIEGO we współpracy z polskimi uczelniami rolniczymi. Urządzenie to, ważące około 300g, używane jest w wielu gospodarstwach w Europie, Ameryce, Australii i Nowej Zelandii. Jest łatwy w obsłudze, szybki do odczytania, energooszczędny. Mastitometr mierzy opór elektryczny (mSm) w każdej ćwiartce wymienia. Niskie wskaźniki na wskaźniku wskazują na zmniejszony opór, a tym samym wyższy poziom ukrytego procesu zapalnego.

W wielu gospodarstwach hodowlanych stosuje się zautomatyzowany system zarządzania stadem, który dostarcza codziennych średnich danych o przewodności mleka z czterech czwartych wymienia. Chociaż średnia przewodność elektryczna nie odzwierciedla dokładnie stanu każdej ćwiartki wymienia, generalnie daje ona ogólny obraz zdrowia zwierząt i pozwala na podjęcie odpowiednich działań w przypadku choroby.

---

312 Wolfram, R. Składniki mleka jako wskaźniki dla żywienia i zdrowia krów mlecznych / R. Wolfram // dla żywienia zwierząt. Niemiecki Vilomix. - 2003-2004. - S. 1-13.

313 Przewodnictwo mleczne: miara zdrowia wymion // Malecki. Technika udojowa. Aktualny stan urządzeń udojowych, dojarni i urządzeń udojowych. - 1999. - S. 102-104.

314 Człowiek, C. Dynamika zmian fizykochemicznych i bakteriologicznych w złożonej ściółce, mieszaninie trocin i wiórów w okresie 13 miesięcy / C. Człowiek. // Kompendium Medycyny Weterynaryjnej. - – 1971. - – T. CXLVII. - – P. 717-729.

315 Tak działa klaster. // Worstorff. Technika udojowa. Aktualny stan urządzeń udojowych, dojarni i urządzeń udojowych. - 1999. - S. 20-21.

316 VIESKH Avenue // Automatyczny sygnalizator mastitis u krów ASM-1. - M., 1985. - – 2 c.

Dlatego też kontrola parametrów przewodnictwa mleka pozwala na śledzenie zmian w piersi, zarówno w obrębie normy fizjologicznej, jak i w przypadku występowania różnych patologii.

Materiały i metody badawcze

Badania nad skutecznością kontroli jakości mleka poprzez określenie jego przewodności elektrycznej

Przewodnictwo elektryczne mleka na każdą ćwierć wymienia badano w gospodarstwie mleczarskim w Gladigao (Niemcy) o populacji 200 krów, z podwójnym dojem; mleczność na jedną krowę w okresie laktacji (1997-1999) wynosiła 7991 kg, z zawartością mleka 4,34% tłuszczu i 3,56% białka.

Do doju użyliśmy dojarki 2x8 śledziowej wyposażonej w system zarządzania z 4 czujnikami do rejestracji przewodności mleka. Pod obserwacją było 40 krów. Dynamikę przewodnictwa mleka w czasie doju, z uwzględnieniem ćwiartek wymion, oznaczono u krów o mleczności przekraczającej 20 kg na dobę. Czas trwania doświadczenia wynosi dwa tygodnie. Badania mikrobiologiczne mleka przeprowadzono w laboratorium (Stendal). Próbki mleka pobierano z każdej ćwiartki wymienia, rano i wieczorem, w trakcie doju, przez 3 dni.

Badania doświadczalne w celu określenia przewodności elektrycznej mleka przeprowadzono w zakładzie hodowli Zelenogradskoje, obwód moskiewski, na pierwszych krowach typu Hillhornogorsk "Centralna", od 1 sierpnia 2006 do maja 2007 roku. Materiałem do badań były: informacja o zautomatyzowanym systemie zarządzania stadem firmy "Westphalia Gea" (na jednostce udojowej "Choinka 2x12" z szybką produkcją), dane z rachunku hodowlanego w gospodarstwie, a także wyniki definicji struktury jakościowej mleka, otrzymane w laboratorium Katedry Hodowli Mleka i Bydła Mięsnego K.A.Tymiriazeva RSAU-MSHA. Badaliśmy zmiany przewodnictwa elektrycznego mleka (EPM) w pierwszej laktacji, w zależności od cech rasy, okresu laktacji, pory roku, w ciągu dnia (rano, w południe, wieczorem). Liczba komórek somatycznych (SCC) była liczona u 101 krów raz w miesiącu, podczas doju kontrolnego. Wszystkie otrzymane materiały doświadczalne są przetwarzane biometrycznie na komputerze osobistym typu IBM, przy użyciu odpowiednich programów.

Badania zostały przeprowadzone wspólnie z profesorem O. Kaufmannem (Niemcy, 1999).

Wraz ze wzrostem pogłowia bydła coraz większego znaczenia nabiera skomputeryzowane zarządzanie stadem. Dotyczy to nie tylko dystrybucji paszy, ale również lepszej kontroli nad stanem zwierząt.

Według wielu badaczy [92, 108], obecnie w Rosji konieczne jest wypracowanie jednolitych wymagań dotyczących jakości produktów i zharmonizowanie głównych wskaźników ich bezpieczeństwa z tymi z innych krajów. Regulamin techniczny nr 88-FZ z dnia 12 czerwca 2008 r. zawiera wysokie wymagania wobec mleka w zakresie nasienia bakteryjnego i obecności komórek somatycznych jako wskaźników zdrowia zwierząt.

Nowy przepis techniczny przewiduje przyjmowanie wyłącznie naturalnego mleka, bez ekstrakcji i dodawania składników mleka i składników niemlecznych.

Rysunki 30 i 31 pokazują nowoczesną dojarkę jodełkową i jej proces doju. Urządzenie to, przy prawidłowym zastosowaniu, umożliwia uzyskanie mleka o wysokiej jakości sanitarnej.

Rysunek 30 Dojarka do jodełki (2x8)

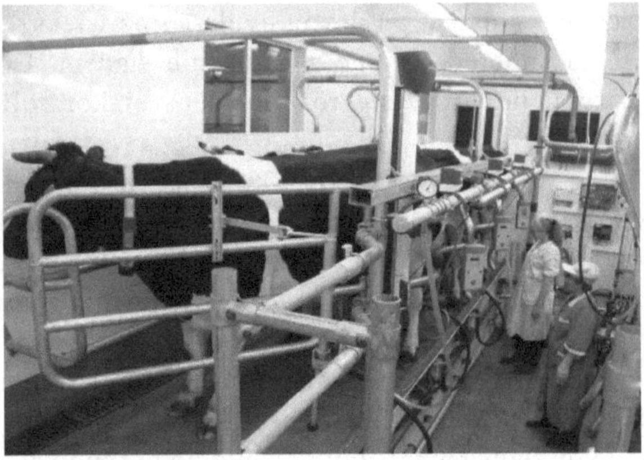

Rysunek 31- Dój krów w dojarni jodełkowej

Podajemy szereg danych i powiązań elementów technologii i trybu doju ze stanem piersi krów i odpowiednio z jakością produktów mlecznych.

Rysunek 32, 33 pokazuje na przykład, że zmiany w zawartości procentowej tłuszczu w ćwiartkach wymion podczas doju - rano i wieczorem - mają wspólny wzór: pod koniec doju następuje wzrost zawartości procentowej tłuszczu. Jednocześnie dój wieczorny charakteryzuje się niską zawartością tłuszczu zarówno na początku, jak i w środku.

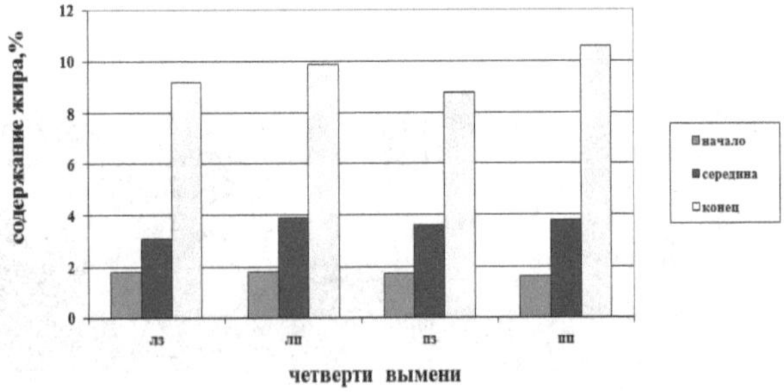

Rysunek 32 - Zawartość tłuszczu w ćwiartkach wymion Dój poranny

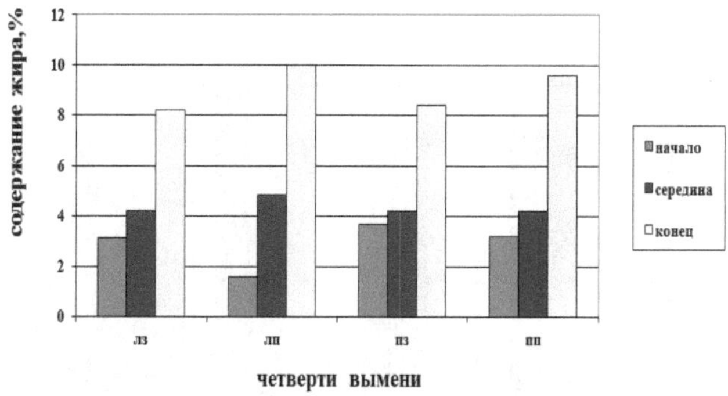

Rysunek 33- Zawartość tłuszczu w ćwiartkach wymion podczas doju wieczornego

Procentowa zawartość białka ma odwrotną tendencję (rys. 34, 35), a mianowicie największa ilość białka znajduje się w mleku dopiero na początku doju; nie stwierdzono istotnych różnic pomiędzy ćwiartkami wymienia.

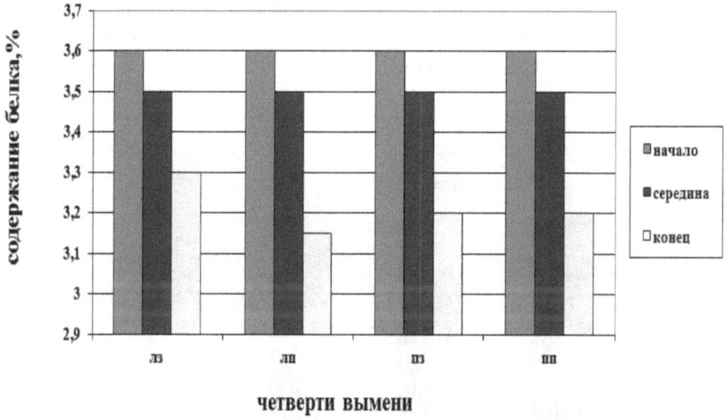

Rysunek 34- Zawartość białka w ćwiartkach wymion w doju porannym

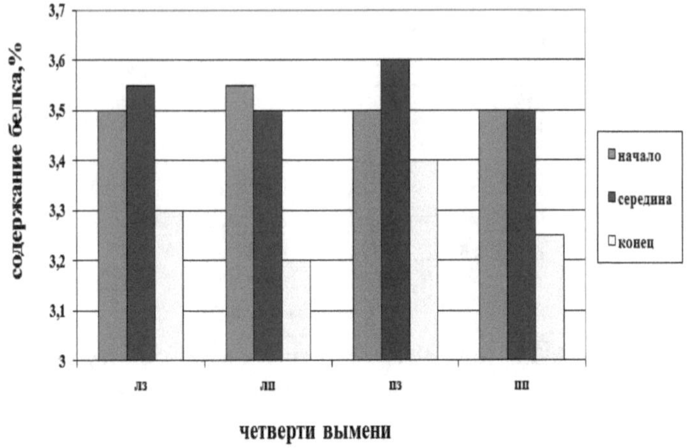

Rysunek 35- Zawartość białka w ćwiartkach wymion podczas doju wieczornego

Zawartość laktozy w mleku we wszystkich ćwiartkach wymienia zarówno rano jak i wieczorem jest prawie taka sama: najwyższa zawartość laktozy występuje w środku doju i spada pod koniec doju, zarówno rano jak i wieczorem (rysunki 36, 37).

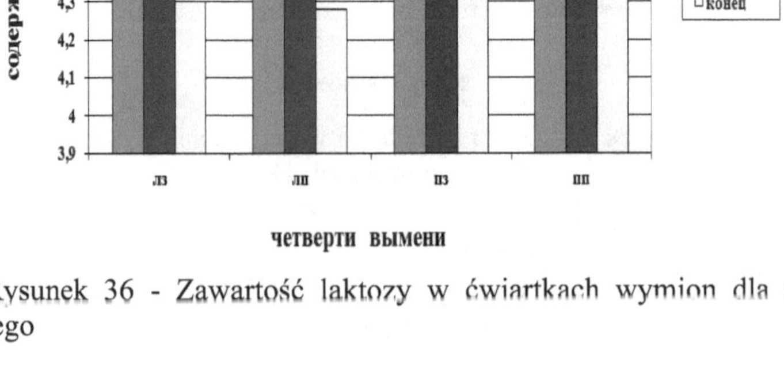

Rysunek 36 - Zawartość laktozy w ćwiartkach wymion dla doju porannego

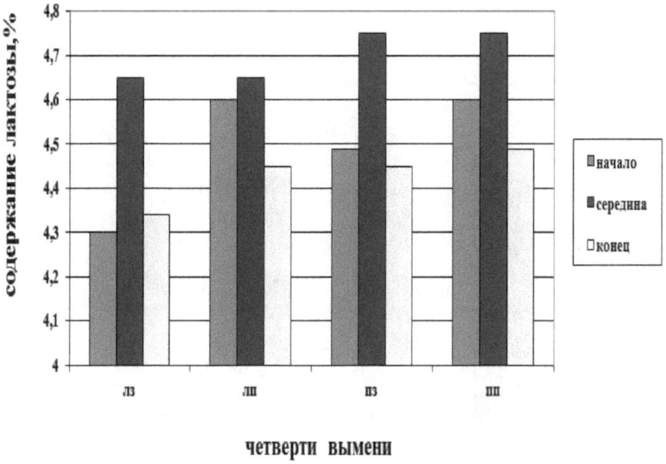

Rysunek 37 - Zawartość laktozy w ćwiartkach wymion dla doju wieczornego

Ilość mocznika w mleku zdrowych krów podczas doju wykazuje niewielkie wahania; nie ma również różnic w ćwiartkach wymion (rys. 38,39).

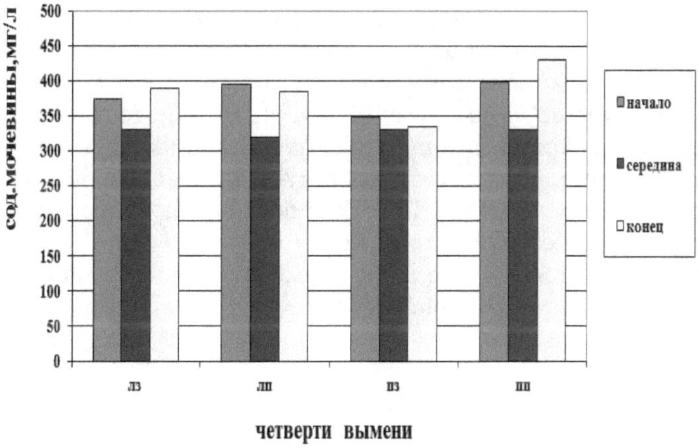

Rysunek 38- Zawartość mocznika w ćwiartkach wymion dla doju porannego

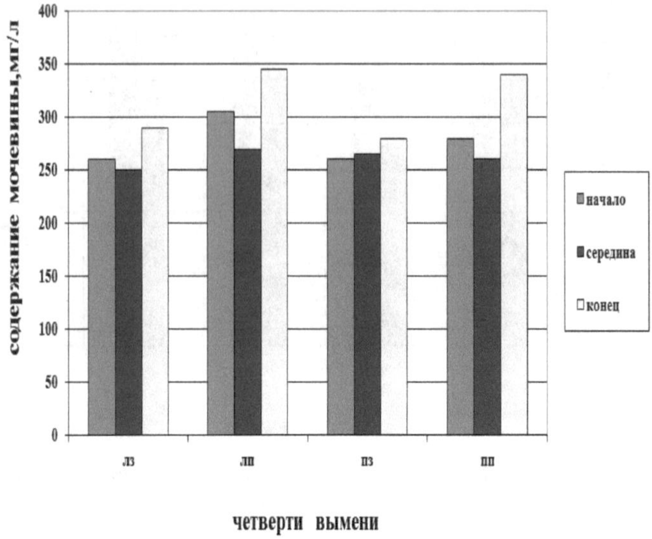

Rysunek 39- Zawartość mocznika w ćwiartkach wymion dla doju wieczornego

Ostatnio szereg badań ujawniło korelację między przewodnictwem elektrycznym mleka a zawartością komórek somatycznych w mleku.

Najwyższą zawartość komórek somatycznych w mleku obserwuje się pod koniec doju (rysunki 40, 41). Dlatego też najlepiej jest zdefiniować komórki somatyczne jako czynnik choroby wymion na początku doju. Stwierdzono na przykład, że mleko w dojarni rano i wieczorem ma różną ilość komórek somatycznych. Stwierdzono również różnicę w liczbie komórek somatycznych w ćwiartkach wymienia pod koniec doju, tj. około 100 komórek rano w przedniej prawej ćwiartce i 320 komórek w ml w przedniej lewej ćwiartce.

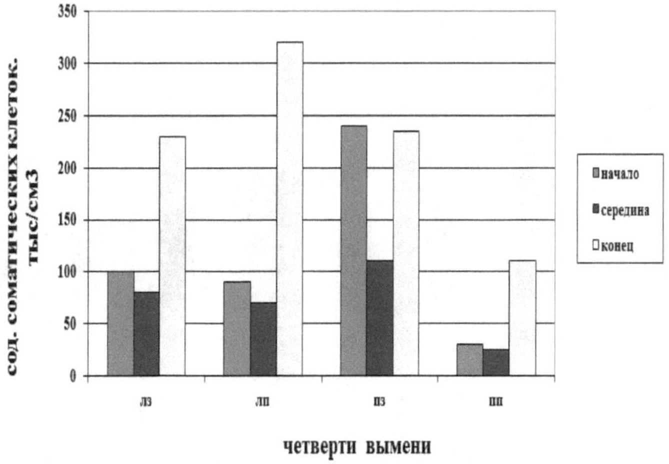

Rysunek 40- Liczba komórek somatycznych na ćwiartkach wymion w doju porannym

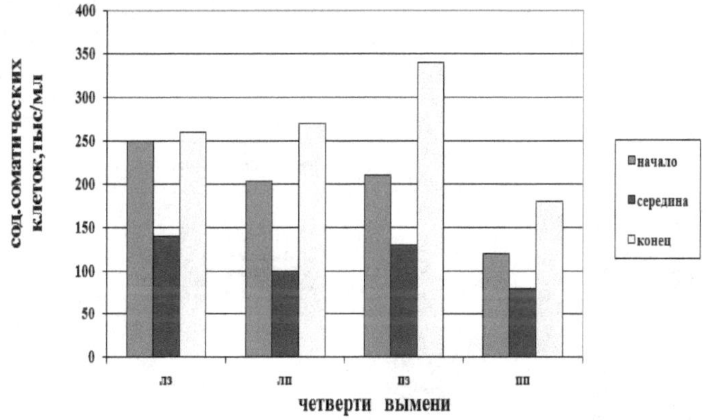

Rysunek 41- Liczba komórek somatycznych według ćwiartek wymion
dojenie w ciągu nocy

Podobna dynamika została określona przy pomiarze przewodności elektrycznej mleka w czasie doju (Rys.42). Tak więc na początku doju, przy doju 0,4 kg, przewodnictwo elektryczne mleka było o 22,04 Ma większe od średniej bezwzględnej; przy doju 3 kg odchylenie to było już mniejsze i wynosiło 9,5 Ma; przy doju 6 kg; 9; 12; 15-18 kg, odchylenie od średniej bezwzględnej było większe - odpowiednio 8,5 Ma, 11, 8;

8,33; 6,99 i 5,33 Ma.

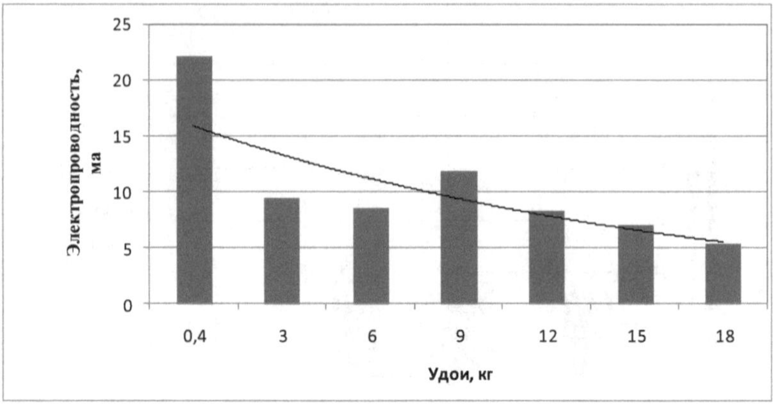

Rysunek 42- Odchylenie wskaźnika przewodności w mleku ponadprzeciętny

Dane dotyczące zmian zarówno bezwzględnej wartości przewodności elektrycznej mleka w czasie doju, jak i wskaźniki odchyleń od bezwzględnej średniej przewodności elektrycznej są zgodne ze sobą (rys. 43,44).

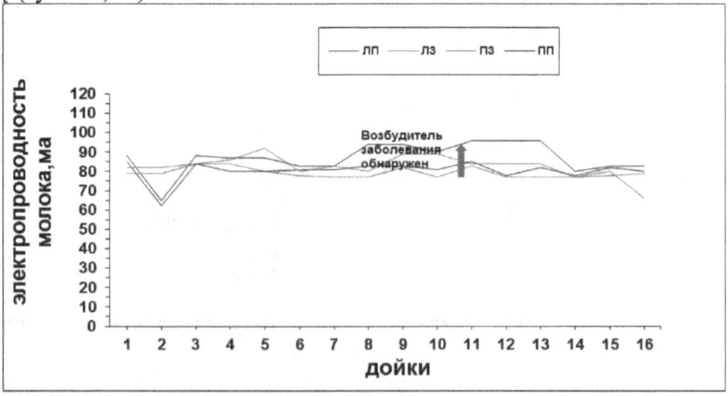

Rysunek 43 - Zmiany bezwzględnej wartości przewodności w jednej czwartej wymienia (LZ) przed i po wykryciu czynnika chorobotwórczego krowy 82 (odpowiednio podczas 10 i 5 udojów)

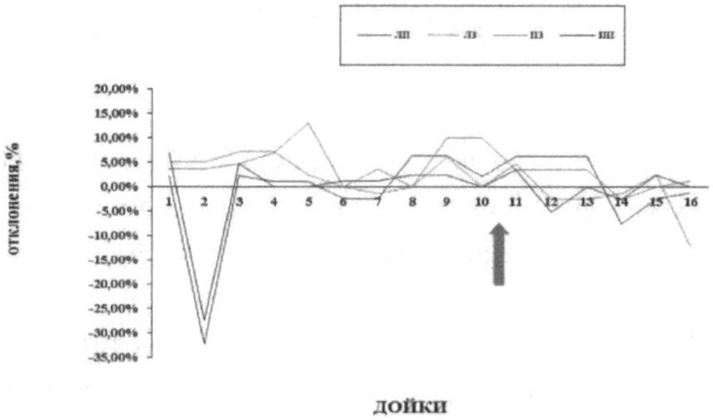

Rysunek 44- Zmiany przewodności elektrycznej (w stosunku do średniej bieżącej) w jednej czwartej wymienia (LZ) przed i po wykryciu patogenu wymienia krowiego 82 (odpowiednio 10 i 5 udojów)

Analiza danych z rys. 44 pokazuje również, że absolutna przewodność elektryczna mleka z chorej ćwiartki wymienia nie przekroczyła 85 Ma (niezależnie od odczytów lewej ćwiartki przedniej). Dane te wskazują również na zmiany w przewodności podczas doju 5, 6 i 7, przy czym "skok" następuje podczas kolejnych 3 udojów (8,9,10). W związku z tym zmiany, które nastąpiły w tym kwartale wymiona, wpłynęły na wskaźniki przewodności elektrycznej, czyli jej nadmiar w stosunku do aktualnej wartości średniej (ponad 15 %).

Tak więc na podstawie badań przewodnictwa elektrycznego mleka stwierdziliśmy, że w trybie podwójnego doju, nadmiar przewodnictwa elektrycznego mleka w jednym z udziałów wymion o 15% lub więcej średniej wartości jest czynnikiem ostrzegawczym o początku zmian w stanie fizjologicznym piersi, co powinno być brane pod uwagę w pracy praktycznej.

Uogólnienie materiałów dotyczących analizy wpływu metod technologicznych trybu doju na ilość i jakość mleka pozwala stwierdzić, że przy zmianie technologii doju (przesunięcie krów z 3-krotnego do 2-krotnego nie miało negatywnego wpływu, niezależnie od wieku i okresu laktacji). Przeprowadzone doświadczenia dotyczące zastąpienia pasz mieszanych w diecie dodatkiem energetycznym pozwoliły na zwiększenie wydajności mlecznej o 797 kg w okresie laktacji, czyli 12,2%. Istnieje również pewne zainteresowanie materiałami dotyczącymi badania wpływu nowej niskociśnieniowej dojarki GT-1 "Zorka" na potencjalne możliwości uzyskania wydajności mlecznej.

PODSUMOWANIE

Otwarcie rynku rosyjskiego na kraje Unii Celnej i WTO stawia przed nauką i praktyką nowe zadanie - zapewnienie konkurencyjności krajowej hodowli bydła mlecznego, zarówno na rynkach zagranicznych, jak i krajowych.

Według materiałów wielu naukowców [L.K. Ernst, N.A. Zinovieva, E.N. Konovalov i inni[317]], szerokie wykorzystanie w hodowli bydła mlecznego w Rosji zasobów hodowlanych rasy holsztyńskiej w celu poprawy ekonomicznie użytecznych oznak bydła różnych ras prowadzi do zubożenia puli genowej, zmniejszenia, a nawet utraty cennych cech wielu ras krajowych, dostosowania do złożonych warunków przyrodniczych i klimatycznych różnych regionów kraju, odporności na choroby.

Wiodącą pozycję pod względem liczby zwierząt w Rosji zajmują rasy czarne i pierzaste, w tym Holstein (62,56%), Simmental (9,8%) i Kholmogorsk (8,99%) [VNIIplem Rocznik][318].

Zwierzęta rasy holsztyńskiej, posiadające wysoką wydajność mleczną dla naszych rodzimych ras czarnych i pęcherzykowatych w zakresie parametrów jakościowych mleka, czasu użytkowania produkcyjnego i płodności. Jednocześnie wysoka zawartość białka w mleku krów symetrycznych o niższej mleczności jest najbardziej preferowana przy produkcji serów i produktów mlecznych o długim okresie trwałości [H.A. Amerkhanov, N.I. Strekozov, V.I. Seltsov,[319]].

Na podstawie puli genetycznej ras krajowych i doskonalących się ras selekcji zagranicznej powstały nowe wysokowydajne rasy i typy bydła: rasa czerwona i pietruszka; Leningrad, Moskwa, Ural, Nepecin, Barybinsk typy rasy czarnej i pietruszki, środkowa, północna, Tatarstan, itp. typy rasy kholmogorskiej [K.A. Amerhanov, N.I. Strekozov,[320]].

---

[317] Ernst, L.K. Investigation of the Holstein cattle blood rush influence on the domestic cattle gene pool change with the use of DNA-microsatellites (in Russian) / L.K. Ernst, N.A. Zinovieva, E.N. Konovalova, E.A. Gladyr, O.V. Babayan (w języku rosyjskim) // Zootekhnia.- 2007. № 12.-C.2-5.

[318] Rocznik pracy rodowodowej w hodowli bydła mlecznego i gospodarstwach Federacji Rosyjskiej (2010, 2011,2013 / I.M.Dunin, V.V.Shapochkin, H.A.Amerkhanov et al.; VNIIPlem.- M., 2013.- 282 s.

[319] Sel'tzov, V. Realizacja potencjału produkcyjnego pierwszych jałówek w zależności od genotypu i warunków środowiskowych (w języku rosyjskim) / V. Sel'tzov, G. Kaliyevskaya // Hodowla bydła mlecznego i mięsnego. - 2009. - № 7. - C. 8-10.

[320] Hodowla bydła mlecznego w Rosji (w ramach priorytetowego projektu krajowego "Rozwój kompleksu rolno-przemysłowego w Rosji")/Pod redakcją N.I. Strekozova, H.A. Amerkhanova. - Moskwa, 2006. - 604 s. C.31-56. C.132.

W związku z tym konieczne jest obecnie poszukiwanie nowych sposobów i metod rozwiązania tego problemu zarówno w hodowli, jak i w doskonaleniu procesów technologicznych w hodowli bydła mlecznego.

Dlatego zajęcie się tymi kwestiami ma ogromne znaczenie teoretyczne i praktyczne.

Jednocześnie istnieje problem naukowego uzasadnienia selekcji i metod technologicznych zwiększania wydajności mlecznej i odporności krów o różnych genotypach. Prowadzenie badań nad tym problemem było celem naszej pracy doktorskiej.

Poprawa potencjału genetycznego tylko poprzez hodowlę wewnątrzrasową jest niezwykle pracochłonnym zadaniem. Znacznie szybsze i skuteczniejsze jest wykorzystanie puli genowej najlepszych ras zagranicznych do doskonalenia krajowych ras zwierząt gospodarskich oraz stworzenie odpowiednich warunków technologicznych dla zwierząt o ulepszonym genotypie.

W związku z tym jednym z zadań była analiza struktury genealogicznej stada hodowlanego i ocena efektywności wykorzystania niektórych typów bydła czarnego i ćmianowatego (typ "Barybinsky"), pagórkowatego (typ "Central") i symetrycznego, uzyskanego z wykorzystaniem buhajów czarnych i ćmianowatych Holsteinerów selekcji północnoamerykańskiej i europejskiej;

Podsumowując uzyskane materiały dotyczące poprawy walorów genetycznych, w połączeniu z rozwojem nowych metod technologicznych, można stwierdzić, że z krów rasy czarnej i pstrokatej typu "Barybinsky", Kholmogorsky typu "Central", a także bydła rasy symetrycznej i zebubowatego hybrydowego, Przy krzyżowaniu ich z producentami holsztyńskich ras pieprzu czarnego i czerwonego z selekcji północnoamerykańskiej i europejskiej oraz byków w kształcie zebów (selekcja nowozelandzka), uzyskanie wysokiej wydajności mlecznej na poziomie krajów europejskich jest całkiem realne.

Krowy o badanych genotypach wyróżniały się silną budową i dobrze wyrażonymi formami bydła mlecznego.

Jedną z efektywnych metod tworzenia bydła mlecznego, w pełni odpowiadającą współczesnym wymaganiom produkcji, jest hybrydyzacja, a w szczególności "przypływ" "krwi" zebu do ras mlecznych.

Należy jednak zauważyć, że w procesie hodowli zwierząt nie zawsze zwracano należytą uwagę na zwiększanie naturalnej odporności na choroby zakaźne, hemopasożytnicze i inne, wytrzymałości i plastyczności, zwłaszcza w przypadku aklimatyzacji w obszarach o niekorzystnych warunkach klimatycznych i epizootycznych. Niedostatecznie wykorzystywane są możliwości selekcji zwierząt i na takich cechach, jak przydatność do pracy w warunkach technologii przemysłowych, wzrost wydajności, itp.[A.A.Rubenkov][321].

S.R.Shevtsov i inni. [[322],[323],[324]] należy zauważyć, że naturalna odporność zwierzęcia obejmuje cały kompleks uzupełniających się wskaźników immunologicznych, biochemicznych i morfologicznych.

Otrzymane materiały dotyczące badań nad metodą zdalnej hybrydyzacji świadczą o przewadze jałówek hybrydowych we wzroście i rozwoju w stosunku do zwierząt czystorasowych. Jednocześnie przewaga połowu krów hybrydowych zebubowidnyh - pierwsza jałówka w stosunku do swoich rówieśników w laktacji (+692 kg, 10,8%). Naturalna odporność zwierząt hybrydowych była również istotnie wyższa w porównaniu z ich rówieśnikami i może być jedną z metod zapobiegania białaczce bydła.

Od wielu lat uważa się, że metoda trzymania na uwięzi ma pewne zalety w porównaniu z innymi, w szczególności - w porównaniu z metodą trzymania na uwięzi, ze względu na możliwość indywidualnego podejścia do zwierząt znajdujących się pod opieką, karmienia, ale z niewielkim ładunkiem krów na operatora dojarki[[325]].

Nasze badania pokazują również, że najbardziej obiecującą technologią dla gospodarstw z dość dużą liczbą zwierząt jest obora wolnostanowiskowa i dojenie krów w halach udojowych, zautomatyzowane urządzenia udojowe o dużej wydajności. W warunkach tradycyjnej technologii nie można w pełni wykorzystać stworzonego wysokiego potencjału produkcyjnego zwierząt gospodarskich, w tym bydła holsztynizowanego[s.4][326].

Metody udojowe i mnogość krów i jałówek są bardzo ważnymi czynnikami w systemie hodowli bydła mlecznego, zarówno w kompleksach przemysłowych, jak i w specjalistycznych gospodarstwach mlecznych. Przy prawidłowym wykorzystaniu i połączeniu, produktywność krów wzrasta wraz z ich wydajnością.

Obecnie uważa się, że optymalne jest dojenie krów dwa razy dziennie za granicą. Można zauważyć, że rekordy światowe od roku od

---

321 Rubenkov, A.A. Hybrydy mleczne w warunkach strefy Nonchernozem [Tekst] / A.A. Rubenkov // Wykorzystanie zebu i ich hybryd do produkcji mleka i wołowiny. Materiały z sympozjum sowiecko-indyjskiego. - Kherson, 1982. - – C. 31-38.

322 Voronin, E.S. Immunology / E.S. Voronin, A.M. Petrov, M.M. Sedykh, D.A. Devrishov. - Moscow: Kolos-Press, 2002. - 406 s.

323 Kolyakov, Ya.E. Veterinary immunology. / Ya.E. Kolyakov. - M.: Agpromizdat, 1986. - 225 stron. P16.17; P.29-43; P.50.74.

324 Shevtsov, S.R. Czynniki naturalnej odporności i parametrów biochemicznych krwi bydlęcej o różnych genotypach: dis. ...cand. s.-h. sciences / S.R.Shevtsov. - Troitsk, 1999. - 168 STR.S.26, 27, 29, 30.

325Shendakov, A. Modernizacja selekcji w hodowli bydła mlecznego w obwodzie rudy [Tekst] / A. Shendakov // Hodowla bydła mlecznego i mięsnego. - 2008. - № 6. - – C. 15-18.

326 Ipatova, N.B. Oszacowanie cech ekonomicznych i użytkowych moskiewskiego typu krów rasy czarno-białej przy różnych metodach utrzymania dyskowców. ...Kandydatka Nauk /N.B.Ipatova. - Moskwa, 2006. - 146s.

krów rasy holsztyńsko-fryzyjskiej (USA) Beecher Arlene Ellen (25 247 kg) i Prince Corinne (23 023 kg) są otrzymywane przy podwójnym doju. Wzrasta również liczba zwolenników podwójnego dojenia wśród krajowych producentów mleka.

Z punktu widzenia niemieckich specjalistów dolny próg rentowności przy przejściu zwierząt na potrójny dój zależy od wielkości mleczności i rozpoczyna się od rocznego poziomu wydajności 6500 kg mleka [[327]].

Według M.M. Ertueva [[328]] wydajność mleczna zależy od pewnych warunków w gospodarstwie i kierunku hodowli. Tak więc holsztynizacja bydła czarnego i pstrokatego jest przeprowadzana w celu uzyskania pożądanego kształtu wymion i wydajności krów, co prowadzi do zwiększenia wydajności mlecznej.

Na podstawie przeprowadzonych badań ustalono, że przy wystarczająco wysokiej wydajności mlecznej, do 5000 kg, przejście z doju potrójnego do doju podwójnego nie ma negatywnego wpływu na wydajność krów. Przy podwójnym doju korelacja szeregów jest wysoka i stabilna, co pozwala na efektywną pracę hodowlaną nad wydajnością mleka i dostosowanie się do nowej technologii.

Wydajność mleczna krów zależy również w dużej mierze od zaopatrzenia w energię w diecie, zwłaszcza na początku okresu laktacji. Jego znaczne uzupełnienie można osiągnąć poprzez wprowadzenie do diety pasz bogatych w składniki wysokoenergetyczne.

Badania przeprowadzone w TZ "Barybino" na krowach rasy "Barybinsky" z czarnego jęczmienia wykazały, że podawanie dodatku energetycznego "Lacto Peak Energy" (zamiast paszy mieszanej w ilości 2 kg na zwierzę), który zwiększył poziom energii o 0,4 MJ w 1 kg suchej masy diety w okresie doju, przyczyniło się do wzrostu wydajności mlecznej o 797 kg (12,2%, p<300 kg).0,01), ilości tłuszczu mlecznego o 35 kg (13,3%, p<0,01) i białka o 28 kg (13,5%, p<0,01) w laktacji. Zgodnie z uzyskanymi danymi, wysoki poziom energii w diecie miał również pozytywny wpływ na rozród krów.

Obecnie w wielu krajach istnieje znaczna ilość firm produkujących sprzęt udojowy z różnymi ulepszeniami pulsatorów, kolektorów; wszystkie one mają ogólną cechę konstrukcyjną: dość wysokie podciśnienie przy doju. Na tym tle, niskociśnieniowa dojarka "Zorka" (wynalazca A.A. Ganeev, O.I. Solovyova, 2007) z przezroczystymi jednokomorowymi szklankami, homomorficznymi silikonowymi przyssawkami jest zasadniczo nowa; krowy są dojone przy niskiej próżni 30 -35 kPa, a w niektórych przypadkach - przy niższej próżni.

---

[327] I. Wolf, I. Wolf, B. Yanke // Nowe rolnictwo. - – 1999. - № 1. - – C. 42-44.

[328] Ertuev, M.M. Wpływ częstotliwości doju krów na wydajność mleczną (w języku rosyjskim) / M.M. Ertuev // Nowe rolnictwo. - – 1999. - № 1. - – C. 40-41.

Podstawą (algorytmem) tej technologii pozyskiwania mleka było umiejscowienie obszaru masażu z powierzchni zbiornika wymienia i części brodawki sutkowej bez uciskania zwieracza. Pozwoliło to na wyeliminowanie problemu statyki istniejącej przy wszystkich innych gumach sutkowych w górnej części, które pracują w zwieraczu strefowym i części sutka, traumatyzują go i powodują rozpad wydajności mlecznej.

Konstrukcja i materiał, z którego wykonane są przyssawki, pozwala na obsługę do 4 razy dłuższą od istniejącej gumy sutkowej. W tym przypadku dojarka nabiera właściwości, które pozwalają jej na pracę w "łagodnej" próżni i tym samym ułatwiają masę dojarki, co ma korzystny wpływ na usuwanie mleka z wymienia i fizjologię zwierzęcia. Wszystko to pozwala na zwiększenie wydajności i poprawę jakości mleka, oszczędność energii, zmniejszenie kosztów pracy i zmniejszenie zużycia sprzętu.

W urządzeniu zastosowano przezroczyste kubki udojowe, które pozwalają na wizualną 100% kontrolę procesu doju. Zastosowanie tej dojarki do doju krów rasy simentalskiej selekcji austriackiej pozwoliło na uzyskanie większej wydajności mlecznej o średnio 18,3% (732 kg) od krowy i zmniejszenie odsetka pierwszych jałówek.

Ostatnio, wraz z tradycyjnymi metodami oznaczania i kontroli jakości mleka, wprowadzono nowe metody, w szczególności zastosowanie wskaźnika przewodności mleka. W związku z tym przeprowadziliśmy doświadczenia w celu zbadania skuteczności tej metody w warunkach hodowli zwierząt. Prace zostały przeprowadzone w Zelenogradzkim, powiat puszkalski, obwód moskiewski, na krowach - pierwszych jałówkach rasy Kholmogorskaya.

W badaniach porównawczych przewodnictwa elektrycznego mleka stwierdza się zależność odwrotną między przewodnictwem elektrycznym a zawartością białka i tłuszczu, a także bezpośrednią zależność między zwiększoną przewodnością elektryczną a zwiększoną zawartością komórek somatycznych w mleku.

U zdrowych zwierząt przewodnictwo elektryczne jest dość stałe. Jednocześnie na skład i właściwości mleka, a co za tym idzie na jego przewodnictwo elektryczne, w pewnym stopniu wpływa dziedziczność, okres laktacji, wiek i kondycja zwierzęcia, czynniki paratypiczne, wśród których najważniejsze są warunki karmienia, utrzymanie zwierząt i technika dojenia [213][329].

W różnych okolicznościach wartość danego czynnika zwiększa się lub zmniejsza. Badając przewodnictwo mleka, naszym zadaniem było

[329] Solovyova, O.I. Przewodnictwo elektryczne mleka krowiego rasy Kholmogorsk w zależności od pochodzenia (w języku rosyjskim) / O.I. Solovyova, H.A. Amerkhanov // Hodowla bydła mlecznego i mięsnego. - 2008. - № 8. - – C. 18 -20.

uwzględnienie tylko tych cech, które mogą prowadzić do pewnych nieścisłości w określaniu stanu piersi i jakości mleka.

Ustalono, że przy podwójnym doju nadmiar przewodności elektrycznej mleka z tylko jednej części wymienia o 15% i więcej od wartości średniej jest czynnikiem ostrzegawczym wskazującym na początek zmian w stanie fizjologicznym piersi, co należy uwzględnić w pracy praktycznej. Wyniki badań zostały wdrożone w gospodarstwach rolnych obwodów moskiewskiego, lipieckiego, włodawskiego, orłowskiego i saratowskiego oraz nagrodzone dyplomami.

BIBLIOGRAFIA

1. Abilov, A.I. Hybrydyzacja mieszanek symmentalno-holsztyńskich z zebą [Tekst] / A.I. Abilov, A.F. Farajov, Z.A. Takhirova // Zootechniya. - 1994. - № 6 . - C. 8-10.
2. Abramova, N.I. Condition of the Kholmogorsk cattle breed [Tekst] / N.I. Abramova, L.N. Bogoradova, G.M. Voronin // Zootekhnia. 2008. 2-5.
3. Abylkasymov, N.P. Sudarev, K.Yu. Stopień realizacji potencjału produkcyjnego i rodzaju ciała krów [Tekst] / D.A. Abylkasymov, N.P. Sudarev, K.Yu. - № 6. - C. 2-4.
4. Adushinov, D.S. Perfekcja jakości hodowlanych, produkcyjnych i technologicznych holsztynizowanego bydła czarnego i pstrego z Wschodniej Syberii [Tekst] : CD. ...z Dr. Sci. - (S.A.) 06.02.04.- Irkuck, 2006 - 314 str. C.104-147.
5. Alifanov, V.V. Technologiczne cechy nowego typu bydła mlecznego [Tekst] / V.V. Alifanov, L.G. Khromova, I.V. Baylova // Sposoby zwiększenia produkcyjności zwierząt: Proc. of conf. - Voronezh, 2001. 7.- C. 13.
6. Amerchanov, H. Strategia modernizacji hodowli bydła mlecznego w Rosji [Tekst] / H. Amerkhanov, G. Shichkin, R. Kertiev // Hodowla bydła mlecznego i mięsnego. 2006. - № 6. - C. 2-5.
7. Amerkhanov, H.A. Productivity and qualitative composition of the milk of the zebubovid cows [Tekst] / H.A. Amerkhanov, O.I. Solovyova, N.M. Skok // Hodowla bydła mlecznego i mięsnego. - – 2008. - № 7. - – C. 12 -14.
8. Amerkhanov, H. Peculities of selection of dairy cattle in Russian Federation [Tekst] / H. Amerkhanov, I. Yanchukov, A. Ermilov, S. Kharitonov // Hodowla bydła mlecznego i mięsnego. - – 2012. - Specjalistyczne zagadnienie dotyczące hodowli bydła mlecznego. - – C. 15-17.
9. Amerkhanov, H.A. Stan i perspektywy rozwoju hodowli bydła rasowego w Federacji Rosyjskiej [Tekst] / H.A. Amerkhanov // Hodowla bydła mlecznego i mięsnego. - 2012. - № 2. - C. 7-10.
10. Amerkhanov, H.A. Scientific support of the dairy cattle breeding competition [Tekst] / H.A. Amerkhanov, N.I. Strekozov // Hodowla bydła mlecznego i mięsnego. - 2012. - Specjalistyczne zagadnienie dotyczące hodowli bydła mlecznego. - – C. 2-6.
11. Amerkhanov, Kh.A.Hybrydyzacja bydła z zeeboo na Północnym Kaukazie [Tekst] / Kh.A.Amerkhanov, A.F.Shevhuzhev, B.A.Elbdarov.- M.2014.-p.398. C.20-50,105-156.
12. Anisimova, E.I. Scientific substantiation of the Simmental livestock improvement using the intra-breed types in the Middle Volga region [Tekst]

dis... Doctor of sciences / E.I. Anisimova.-Kinel, 2011. -307s. C.5,29,169,175,200-208.
13. Annenkova, N.V. Produktywność i odporność na masturbację krów ras thoroughbred i mieszanych [Tekst]: dis. ...cand. s. - x. sciences /N.V. Annenkova. - Kursk, 1999. - – 141c.
14. Arzumanian, E.A. Condition and problems of the Ural black and motley cattle improvement [Tekst] / E.A. Arzumanian, S.S. Timofeeva // Dairy and meat cattle breeding. - 1984. - № 5. - C. 38-42.
15. Babkova, N.M. Commercial and productive qualities of cows of different blood levels obtained by crossing of black-pastoral and Holstein cows [Tekst] / N.M. Babkova, M.M. Cat // Izv. - 1992.- C. 129-138.
16. Drummers, N.V. Quality of milk and dairy products [Tekst] / N.V. Drummerschikov. - Moskwa: Kolos, 1980. - 255 str.
17. Baranov, M.M. Estimation of Efficiency of Interbreeding in Pllemreproductors of Hilmogorskaya and Black-and-Spotted Rocks [Text] / M.M.Baranov, A.I.Kolabkin, O.Yu. Osadchaya, E.V.Ilyinkova // Vestnik of Breeding Science and Practice in Animal Husbandry of Russia. 20 -24.
18. Batanov, S. Wpływ pochodzenia krowy na czas gospodarczego wykorzystania [Tekst] / S. Batanov, G. Berezkina, E. Shkarupa // Hodowla bydła mlecznego i mięsnego.
19. Beguchev, A.P. Formacja wydajności mlecznej bydła [Tekst] / A.P. Beguchev. - Moskwa: Kolos, 1969. - – 328 c.
20. Beach, A.I. Breeding work with dairy and meat cattle [Tekst] / A.I. Beach // Zootekhnia. 2002. - [1] 6. - – C. 5 – 8.
21. Bogdanova, T. Productive qualities of the cows of Kholmogorsk type central in the conditions of Ryazan region [Text] / T. Bogdanova, V. Trufanov, A. Gulyaev // Milk and meat cattle breeding.
22. Bolotova, J.G. Biological features and some economic useful qualities of zebu hybrids in Transbaikalia conditions [Tekst]: dis. ...Cand. Biol. Nauka. - Ułan-Ude. 2009. -131s.C.50-54.
23. Borozdin, E.K. Resistance of cattle to masturbation [Tekst] / E.K. Borozdin, K.V. Kleyberg, G.Ya. Zimin; VNIIPlem.- M., 1993. - 206 s. S. 20-26; S. 28-41; S. 44-75.
24. Bukarov, N. Kod genetyczny BY-Brahispin w świadectwach rasy holsztyńskiej [Tekst] / N. Bukarov // Hodowla bydła mlecznego i mięsnego. 21-22.
25. Buryakov, N.P. Feeding of the highly productive dairy cattle [Tekst] / N.P. Buryakov. - Moskwa: Prospekt, 2009 r. - 415 s.
26. Bydantseva, E. Zależność długowieczności produkcyjnej krów od czynników genetycznych [Tekst] / E. Bydantseva, O. Kavardakova // Hodowla bydła mlecznego i mięsnego.
27. Byshova, N.G. Poprawa technologii produkcji mleka w związku z wykorzystaniem innowacji : rozprawa doktorska ... Kandydat naukowy.

Ryazan.-2011. p.168. p.64-67,68-69,80-84,88.
28. Waldman, E.K. Physiological mechanisms of the machine milking [Tekst] / E.K. Waldman, R.E. Aluoja. - M.-L.: Nauka, 1964. - C.44-51.
29. Vasilovsky, L.N. Niektóre parametry oceny wymion krów rasy stepowej czerwonej hodowanych w gospodarstwie "Kriuliany" [Tekst] / L.N. Vasilovsky // Sposoby doskonalenia cech hodowlanych i użytkowych przeżuwaczy: Mezhduzovuz. zbiór artykułów naukowych. - Kiszyniów, 1985. - P.11-14.
30. Verdiyev, Z.K. Genetyczne możliwości azerbejdżańskiego zebu i ich wykorzystanie przy tworzeniu stad bydła hybrydowego [Tekst] / Z.K. Verdiyev // Proc. sowiecko-indiańskiego sympozjum. Używanie zebu i ich hybryd do produkcji mleka i wołowiny. - Kherson, 1982. - – C. 22-30.
31. Vinogradov, V.N. Modern approaches to the use of the concentrated feed feed in dairy cattle breeding [Text] / V.N. Vinogradov, M.P. Kirilov, S.V. Kumarin (in Russian) // Zootekhnia.
32. Wpływ niektórych czynników na poziom komórek somatycznych w mleku z czwartej części wymienia krowiego [Tekst] / H.Turki, Ya. Olekhnovich, S.Vinnitski, M.Lipinski // Modelowanie matematyczne obiektów rolniczych - podstawy projektowania technologii i maszyn XXI wieku: przebieg Międzynarodowej Konferencji Naukowej - Mińsk, 2001. - – C.191-195.
33. Volgin, V.I. Factors of feeding providing increase of realisation of genetic potential of productivity of dairy breeding livestock [Tekst] / V.I. Volgin, A.S. Bibikova, L.V. Romanenko, N.N. Morozov, N.P. Stetsenko // Modern methods of increasing of productivity of agricultural animals: Collection of scientific articles of VNIIGRZh... - St.-Petersburg, 2001. - P.103-1103.
34. Wolf, I. Wolf, B. Yanke // Nowe rolnictwo. - – 1999. - № 1. - – C. 42-44.
35. Voronin, E.S. Immunology [Tekst] / E.S. Voronin, A.M. Petrov, M.M. Sedykh, D.A. Devrishov. - Moscow: Kolos-Press, 2002. - 406 s.
36. Voronina, E.A. Crow selection variants influence on their milk productivity [Text] / E.A. Voronina, N.I. Strekozov, F.N. Abrampalskiy, D.A. Abylkasymov // Dairy and meat cattle breeding.
37. A.W. Wostroiłow, A.W. Poziom żywienia wpływa na wyniki doskonalenia bydła Simmental (w języku rosyjskim) / A.W. Wostroiłow, A.N. Murejewa, I.A. Skorkina, E.W. Rodiukova // Zootekhnia. - – 2005. - №5. - – c.4 – 6 .
38. The Eighth (I All-Russia) Symposium on Machine Milking of Farm Animals [Text] : Proceedings of the Eighth (I All-Russia) Symposium on Machine Milking of Farm Animals [Text] : Proceedings of the Eighth (I All-Russia) Symposium on Machine Milking of Farm Animals [Text] : Proc. of the Russian Academy of Agricultural Sciences, Ministry of

Science of the Russian Federation, Ministry of Agriculture and Food of the Russian Federation. - Orenburg, 1995. - 236 s.
39. Gajdukowa, E.W. Gajdukowa // Zootekhnia.- 2011.- № 8.- P.4-5.
40. Garkavy, F.L. Properties of udders and mastitis, possibilities of genetic prophylaxis of mastitis [Text] / F.L. Garkavy // Crow breeding and machine milk milk. - Moskwa: Kolos, 1974. - P.114-124.
41. Garkavy, F.L. Cow breeding and machine milk milk [Tekst] / F.L. Garkavy. - Moskwa: Kolos, 1974. - 160 lat. C.72-74
42. Państwowy program rozwoju rolnictwa i regulacji rynków produktów rolnych, surowców i środków spożywczych na lata 2013-2020: zatwierdzony uchwałą Rządu Federacji Rosyjskiej z dnia 14.07.2012 r. № 717 [Zasób elektroniczny]. - Tryb dostępu: http://www/mcx. ru/navigation/docfeeder/show/342.htm
43. Gordievskikh, M.L. Dopuszczalna liczba dojarek obsługiwanych przez jednego operatora w warunkach ich bezpiecznej pracy dla zwierząt [Tekst] / M.L. Gordievskikh // Rzeczywiste problemy mechanizacji ferm zwierzęcych: zbiór artykułów naukowych - Ałma-Ata, 1987. - P.70-74.
44. Grigoriev, Yu.N. New type of the black and motley cattle Nepetsin [Tekst] / Yu.N. Grigoriev, I.N. Artyukhina, V.T. Artyukhin // Zootekhnia. - 2004.- № 3.- C. 5-7.
45. Grigoriev, Yu.N. Breeding of dairy cows with productive longevity: methodological recommendations [tekst] / Yu.N. Grigoriev, O.Yu. Osadchaya, E.V. Ilyinkova, G.A. Kholmanova. - Dubrovitsy, 2005.- 28s.
46. Gulko, D.M. Breeding and technological methods for increasing the productive qualities of cows in large dairy farms [Tekst] : dis. ...Cand. of Agricultural Sciences: 06.02.04 / D.M. Gulko.- Forest polany, 2004.- 122 s. STR. 70-72; STR. 78-83.
47. Dankvert, A.G. Animal husbandry[Text]: tutorial / A.G. Dankvert. - M.: Repro Center , 2011.- 376 p. S.166-184; S.185-188.
48. Devrishov, D.A. Specyficzne i niespecyficzne czynniki odporności. H1. Komórkowe czynniki odporności: edukacyjno-metodyczny podręcznik immunologii / D.A. Devrishov, E.S. Voronin, G.N. Pechnikova, T.P. Zharova. -M.: FGOU VPO MGAVMIB imienia K.I.Skryabina, 2004.-17 str.
49. Dedov, M.D. Simmental i Sychevsk bydła [tekst] / M.D. Dedov. - Moskwa: Kolos, 1975. - 320 c. S.78-90; S.188; S.195-212.
50. Dunin, I.M. Ranking szacunków byków holsztyńskich i czarno-białych skał na temat bezpieczeństwa cieląt i długowieczności produkcyjnej córek [Tekst] / I.M. Dunin, A.S. Delyan // Raporty Rosyjskiej Akademii Nauk Rolniczych.
51. Dunin, I.M. Way of improvement of red and motley dairy cattle [Tekst] / I.M. Dunin, A.I. Prudov, K.K. Adzhibekov // Zootekhnia.- 2003. - № 4. - C. 2-4.

52. Dunin, I.M. Recommendations for stabilization of the cattle population and improvement of the herd reproduction in farms of the Russian Federation [Tekst] / I.M. Dunin, V.V. Shapochkin, HA Amerhanov, etc.; FSBNU VNIIplem. - – M., 2011. -59c.
53. Dunin, I.M. Present and future of the domestic cattle breeding [Text] / I.Dunin, V.Sharkaev, A.Kochetkov // Dairy and meat cattle breeding. - [1] 6.- S. 2-5.
54. Zhebrovsky, L.S. Efficiency of use of homogeneous selection and heterogeneous heterogeneous selection at perfection of a gene pool of tribal and productive qualities of black-motley breed in industrial herds [Tekst] / L.S. Zhebrovsky, Z.Z. Bakayev, G.S. Matveeva // Preservation and perfection of a gene pool on tribal qualities of agricultural animals: Collection of scientific articles - St.-Petersburg-Ufa, 2001. - – C. 27-35.
55. Zhebrovskiy, L.S. Hodowla zwierząt: podręcznik dla szkół wyższych [Tekst] / L.S. Zhebrovskiy. - St. Petersburg: Lan, 2002. - 256 p.C.34-60; p.195-206.
56. Żukow, I.V. Wpływ ekologii na stan procesów wymiany i reprodukcji bydła [tekst] / I.V. Żukow // Selekcja, karmienie, utrzymanie zwierząt rolniczych i technologia produkcji zwierzęcej - M.: Polany Leśne, 2001.- Vyp.11.- P. 72-74.
57. Zavrazhnov, A.I. Cow resistance of different genotypes to the hidden masturbation at machine milk milk [Tekst] / A.I. Zavrazhnov, L.K. Popov, I.A. Skorkina // Proc. of VIII (All-Russian) Symposium on machine milk milk of agricultural animals. - 1995. - – C. 141 – 142.
58. Zavertyaev, B.P. Improvement of the dairy cattle breeding and selection system [Tekst] / B.P. Zavertyaev, P.N. Prokhorenko // Zootekhnia. - – 2000.- №8.– C. 8 -12.
59. Zakharov, V.A. Doskonalenie bydła czarnego i pstrokatego z wykorzystaniem krajowej i importowanej puli genów [Tekst] / V.A. Zakharov. - Riazan: Russian Word, 2000.- 286 s.
60. Zuev, A.V. Alfabet hodowli zwierząt. 100 pytań i odpowiedzi [Tekst] / A.V. Zuev, T.V. Zueva, O.Yu. - Ezd. 2, dodatkowo. - M., 2007. - 155c.
61. Organizacja Narodów Zjednoczonych ds. Wyżywienia i Rolnictwa (FAO) - Rok Fao - książka, produkcja, oficjalna strona internetowa FAO, 2010.
62. Rocznik dotyczący pracy zarobkowej w hodowli bydła mlecznego i gospodarstwach Federacji Rosyjskiej (2010, 2011,2013) [Tekst] / I.M.Dunin, V.V.Shapochkin, H.A.Amerkhanov et al.; VNIIPlem.- M., 2013.- 282 s.
63. Iwanowska, N.I. Poprawa jakości produkcyjnej i technologicznej bydła czarnego, ćmianowatego i kholmogorskiego przy tworzeniu stad

mlecznych typu intensywnego [Tekst] : dis. ...Doktor nauk: 06.02.04 / N.I.Ivanova. - Moskwa, 2004.- 335 s. S.24-30; S.234-240.
64. Inikhov, G.S. Milk and milk products biochemistry [Tekst] / G.S. Inikhov. - Moskwa: Snabtehizdat, 1935. - 163 s. S.7-94; S.69-72.
65. Ipatov, N.N. New approaches to the improvement of soft cheese assortment enrichted with physiological carbohydrate, protein-vitamin components of vegetable and fruit agricultural crops [Text] / N.N. Ipatov, V.V. Kuzniecow // Zdrowy przemysł spożywczy trzeciego tysiąclecia (człowiek, nauka, technologia, gospodarka). -M, 1999. -H.2.-P.105-106.
66. Ipatova, N.B. Oszacowanie cech ekonomicznych i użytkowych moskiewskiego typu krów rasy czarno-motylowej przy różnych metodach utrzymania [Tekst] : Dis. ...Kandydatka Nauk /N.B.Ipatova. - Moskwa, 2006. - 146s.
67. Kałasznikow, A.P. Normy i diety żywienia zwierząt rolniczych [Tekst] / A.P. Kałasznikow, W.I. Szczeżałow, N.I. Kleimenow, 2003. - 456c.
68. Kałasznikowa, L.A. Wpływ genotypu kappa-kazeiny na wydajność mleczną i właściwości technologiczne krów rasy Kholmogor [Tekst] / L.A. Kałasznikowa, W.G. Trufanov // Raporty Rosyjskiej Akademii Nauk Rolniczych.
69. Kaneev, A.Z. Estimation of the dairy productivity of cow taking into account the number of somatic cells in milk [Text] : dis. ...cand. s. - x. sciences / A.Z. Kaneev. - Polany Lesnaya, 2002.- 108s.p.3-4; P.31-32; P.82.
70. Karaev, G.S. Improvement and use of cattle gene pool, zebu - hybrids and buffaloes hodowane w Dagestanie [Tekst] : Dissertation. ...doc. s.-h. sciences / G.S. Karaev. - Circassian, 2009. - – 304c. C.104-110,117-122,98,214.
71. D.V. Dwarlikov, D.V. Control of Dairy Cows Productivity: Textbook - 2nd ed., pererabot. i dop [Text] / D.V. Dwarlikov, G.G. Dwarlikova, A.Z. Kaneev, N.A. Lazarenko.- M.: MSUE, 2004. - – 108 c.
72. Kollikov, D. Hodowla stada mlecznego w "Aksinyino" [Tekst] / D. Kollikov, G. Kollikova // Żywy inwentarz Rosji. 2004.- [1] 9.- P.10-12.
73. Kasyanczuk, V.V. Środki biologiczne i metody diagnostyki, leczenie krów z mastitis oraz patogenetyczne uzasadnienie ich zastosowania [Tekst] / V.V. Kasyanczuk... doktor nauk weterynaryjnych . -M, 1992. -282s. C.15-17.
74. Kerzhiev, R.O. O długowieczności produkcyjnej krów [Tekst] / R.O. Kerzhiev // Hodowla bydła mlecznego i mięsnego. -1996. - № 4.- C.15-17
75. Kibkalo, L.I. Meat productivity of the symmental-golshtin mixtures [Text] / L.I. Kibkalo // Dairy and meat cattle breeding. - – 2003.- № 2. - C. 29-31.
76. Kleyberg, K.B. Przewodnictwo elektryczne mleka jako wskaźnik zapalenia wymienia [tekst] / K.B. Kleyberg, P.I. Golobokikh, A.I. Lepekhov // Proc. of VNIIPlem.- M., 1985.- S. 18.

77. Kovalyuk, N. System selekcji i środków diagnostycznych do skutecznego wyleczenia stad z białaczki bydła [Tekst] / N. Kovalyuk, V. Satsuk, A. Markov, V. Pishchulina // Hodowla bydła mlecznego i mięsnego. - 2010.- № 5.- P.12-14.
78. Kovalyuk, N.V. Use of genetic markers for increase of a dairy productivity of cow [Tekst] / N.V. Kovalyuk, V.F. Satsuk, E.V. Machulskaya // Zootekhnia.
79. Cóz, z E. Milk Productivity and Natural Resistance of Black-and-Spotted Zebu Hybrids [Text] / S.E. Kozlov; I.Ya. Shakhtamirov; I.H. Ulubayev // Genetic Progress in Increasing of P.-h. Animals Productivity : zbiór artykułów naukowych autorstwa VNIIRGZh. - St. Petersburg, 1991. P.83-86.
80. Kokorina, E.P. Milk-gram method for estimation of the cow suitability for the intensive milk production technology [Tekst] / E.P. Kokorina, K.I. Kaveshnikova, L.G. Krasnoperova (in Russian) // Agricultural biology. Sir. "Biologia zwierzęca." -1991. -6. - – C. 30-32.
81. Kolyakov, J.E. Immunologia weterynaryjna. [Tekst] / Ya.E. Kolyakov. - M.: Agpromizdat, 1986. - 225 str. P16.17; P.29-43; P.50.74.
82. Kormanowskiy, L.P. Bioresource engineering w hodowli bydła mlecznego [Tekst] / L.P. Kormanowskiy // Wiadomości rolnicze. - – 2000. - № 4. - – C. 10-11.
83.Korolev, V.F. Milking machines [Tekst] / V.F. Korolev. - Moskwa: Inżynieria, 1962. - 279s. S. 245-247; S. 277-280;
84.Korotkov, A.S. Effect of various factors on somatic cell content in cow milk [Tekst]: dis. ...Candidate of Sciences. -M., 2006. -104 str. C.5,23,55-58,72-75,80-85.
85. Kostomakhin, N.M. Age dynamics of the immunocompetent cells at the black-petrified heifers [Tekst] / N.M. Kostomakhin // Sb. artykułów naukowych studentów podyplomowych i młodych naukowców Państwowego Uniwersytetu Lotniczego w Omsku. - Omsk, 1996.-P.120-122.
86. Kostomakhin, N. To make heifers highly productive cows [Tekst] / N.Kostomakhin // Livestock breeding in Russia. 2004.- [1] 11.- P.24-25.
87. Piękno, VF. Hodowla zwierząt hodowlanych. [Tekst] / V.F. Beauty. - M.: Agroproizdat, 1990.- 468 s.
88. Kuzniecow, W.M. Podstawy badań w hodowli zwierząt [Tekst] / W.M. Kuzniecow.- Kirow, 2006. - 568c. C.471-475.
89. Kutrovskiy, W.N. Wpływ żywienia bydła na produktywność i opłacalność hodowli bydła mlecznego [Tekst] / W.N. Kutrovskiy, N.I. Ivanova, W.M. Puretsky, N.K. Volkov // Współczesne osiągnięcia i problemy kompleksu rolno-przemysłowego w obszarze centralnym strefy Non-chernozem: Przebieg konferencji naukowo-praktycznej / NIISKh CRISS.- M., 2006.-S. 366-370.

90. Kutrovskiy, V.N. Aminokwasowy skład mleka wysokowydajnych krów czarno-białych o różnych genotypach kappa-kazeiny i beta-laktoglobuliny [Tekst] / V.N. Kutrovskiy, O.E. Pokusay // Zootekhnia.- 2011.- № 8.- P.6-7.
91. Kayukova, N.N. Duration of economic use of the black-motley cows of different milk productivity level [Tekst] / N.N. Kryukova, I.M. Starodumov // Zootekhnia.- 2008.- ¹ 2.- P.16.
92. Swan, E.Ya. Krowa na prywatnym podwórku. [Tekst] / E.Ya. Swan. - Moskwa: Akwarium, 2007. - 336 c.
93. Levina, G. Lifetime milk yield and longevity of cows [Tekst] / G.Levina, N.Sivkina, I.Petrova // Hodowla bydła mlecznego i mięsnego. 6.- P.27-29.
94. Legoshin, G.P. Modern technologies of the cow machine milk milk [Tekst] / G.P. Legoshin, N.D. Gudenko, V.V. Kirsanov, E.I. Sizareva. - Moskwa: Agrokonsult, 2001. - – 72 c.
95. Litvinov, I. O rozszerzeniu warunków użytkowania rolniczego krów [Tekst] / I. Litvinov, N. Litvinova // Hodowla bydła mlecznego i mięsnego. 2003.- № 8.- P.33-35.
96. Łoś, N.F. Wydajność krów w zależności od wieku i długości okresu służby [Tekst] / N.F. Łoś // Zootekhnia.- 2002.- ¹ 7.- C. 2-4.
97. Lumbunov, S.G. Hybrydyzacja bydła symetrycznego i zebu w warunkach Burjatia [Tekst] / S.G. Lumbunov, J.G. Bolotova, S.B. Yeshizhamsoeva, T.N. Khamiruev // Biuletyn BSU. - 2005.- C.245-247.
98. Lumbunov, S.G. Application of a hybridization method to increase resistance and meat productivity of the Buryatia symmental cattle [Text] / S.G. Lumbunov, S.B. Yeshizhamsoeva, T.N. Hamuraev, J.M. Bołotowa // Przebieg II międzynarodowej konferencji poświęconej 70. rocznicy powstania Nowosybirskiej Fabryki Inżynierii Zoologicznej "Rzeczywiste problemy hodowli zwierząt na Syberii: nauka, produkcja i edukacja" - Nowosybirsk, 2006.- P.114-115..
99. Lubimov, A.I. Syroprofitability of milk for black-pastoralized and holsteinized cows [Tekst] / A.I. Lubimov, V.A. Sergeeva // Zootekhnia.- 1997. - № 5.- C. 24-26.
100. Lubimow, A.I. Stan i perspektywy rozwoju hodowli bydła mlecznego w zachodniej części Uralu [Tekst] : CD. ...Dr. S.-H. Sciences/A.I. Lyubimov. - M., 2003. - 451s. C.133,134,141,145-154,197,214-219.
101. Lyashenko, V.V. Intensyfikacja produkcji mleka i wołowiny w regionie Wołgi na odcinku leśnym [Tekst] : Dezertacja ... Dr. Sci. : 06.02.04 M., 2006 - 412 p. C.135-138,147-149.
102. Martynov, N.V. Cechy charakterystyczne adaptacji krów rasy czarno-białej różnego pochodzenia i różnego rodzaju odporności na stres w warunkach kompleksu przemysłowego [Tekst] : dis. ...Cand. s.-h. sciences /N.V. Martynov. - – M., 1991. - – 176 c. P.44-50; P.51,54,56,70-75.

103. Martynova, E.V. Economic and useful signs of the imported black and motley cows in Germany depending on feeding level [Tekst] / E.V. Martynova // Bul. Instytut Badawczy Hodowli i Genetyki Zwierząt Rolniczych.-1991. - № 126. - C. 29-32.
104. Martynova, E.N. Właściwości biologiczne i produkcyjne bydła czarnego i puchatego z zachodnich terenów przedurodzkich [Tekst] : dis. E.N.Martynov. - M., 2004.-406s.
105. Marchenko, G.M. Wpływ utrzymania krów na ich wydajność mleczną [Tekst] / G.M. Marchenko // Hodowla bydła mlecznego i mięsnego.
106. Matheson, E.A. Niektóre wyniki badań nad gumą smoczącą [Tekst] / E.A. Matheson // Proc. z Łotewskiej Akademii Rolniczej. 27.- C. 107.
107. Makharia, Z.A. Makharia, O.K. Wasiljewa // Nowoczesne metody zwiększania produktywności krów rasy pierworodnych czarno-motylkowych w zależności od zawartości komórek somatycznych w mleku [Tekst] / Z.A. Makharia, O.K. Wasiljewa // Nowoczesne metody zwiększania produktywności zwierząt rolniczych: Gromadzenie prac naukowych. - St. Petersburg, 2001. - – C.67-69.
108. Merkuryeva, E.K. Genetics with biometrics basics [Tekst] / E.K. Merkuryeva, G.N. Shangin-Berezovsky et al. - Moskwa: Kolos, 1983. - 400 stron.
109. Hodowla bydła mlecznego w Rosji (w ramach priorytetowego projektu krajowego "Rozwój kompleksu rolno-przemysłowego Rosji") [Tekst] / Pod redakcją N.I. Strekozova, H.A. Amerkhanova. - Moskwa, 2006. - 604 s. C.31-56. C.132.
110. Frost, M.T. Feeding of cattle [Tekst] / M.T. Moroz; AMA NZ RF. - St. Petersburg, 2014.-272s. C.7-50,63-77.
111. Moroz, M.T. Management of dairy farming from "Farm" to "Region" (with application of information technologies) [Tekst] / M.T. Moroz, E.N. Tyurenkova; AMA NZ RF. - SPb, 2013.-152s. C.10,25,29.
112. Morozova, N.I. Dairy productivity and milk quality of the Holstein cows at the year-round stamping [Tekst] / N.I. Morozova, S.R. Podol, M.A. Ul'kina // Zootekhnia.
113. Morozova, L.A. Propylene glycol as an energy source for highly productive cows [Tekst] / L.A. Morozova, I.N. Mikolaychik // Feeding of agricultural animals and feed production. 2009.- № 5.- P.25-27.
114. Moskalenko, L.P. Czas gospodarczego wykorzystania krów Jaroslavl Holsteinized [Tekst] / L.P. Moskalenko, E.A. Zvereva (w języku rosyjskim) // Hodowla bydła mlecznego i mięsnego. 2008. - № 11.- P.24-25.
115. Mymrin, B.C. Characteristics of the black and motley cattle population of the Ural type [Text] / V.S. Mymrin // Dairy and meat cattle breeding. - – 2012. - Specjalistyczne zagadnienie dotyczące hodowli bydła mlecznego. - – C. 22-24.

116. Mymrin, V. Stosowanie indeksów genomowych przy wyborze producentów byków [Tekst] / V. Mymrin, O.Tkachuk, N.Shavshukova // Hodowla bydła mlecznego i mięsnego. 3.- P.4-7.
117. Mysik, A.T. Współczesne tendencje rozwoju hodowli zwierząt w krajach świata [Tekst] / A.T. Mysik // Zootekhnia. - – 2011. - № 2. - – C. 2-7.
118. Nikiforova, L.E. Holsteinization efektywności w zakładach hodowlanych obwodu briańskiego [Tekst] / L.Nikiforova // Hodowla bydła mlecznego i mięsnego.
119. Nikolaychev, V. Feeding influence of the dry cows BVMK on dairy productivity and reproductive capacity [Text] / V. Nikolaychev, V. Puretsky, V. Praht // Dairy and meat cattle breeding. 3.- P.30-31.
120. Nikoro, 3. Podstawy teoretyczne selekcji zwierząt [Tekst] / Z. Nikoro, G.A. Glass, E.H. Ginzburg, N.F. Reshetnikova. - M.: Kolos, 1968. - 440 s.
121. Ovcharenko, E.V. Milk multiplicity ratio and milk secretion at cow [Tekst] / E.V. Ovcharenko, M.N. Chernyaeva // Przetwórstwo mleka: technologia, urządzenia, produkty. - 2006. - № 12. - C. 52-56.
122. Ogorodnikow, P.I. Ogorodnikow. Naukowo-techniczne podstawy zastosowania urządzeń udojowych wzrost wydajności w hodowli bydła mlecznego [Tekst] / P.I. Ogorodnikow. - Moskwa: Kolos, 1995. - 140 str.
123. Oleinik, A. Economics in veterinary science of a modern dairy complex [Tekst] / A. Oleinik // Hodowla bydła mlecznego i mięsnego. - – 2012. - Specjalistyczne zagadnienie dotyczące hodowli bydła mlecznego. - – C. 37-39.
124. Onipede, S.F. Wzrost efektywności ekonomicznej produkcji mleka na przykładzie gospodarstw regionu moskiewskiego [Tekst] : Cand. ...Cand. S.F. Onipede. - M.: SHH, 2001. - – 146 c.
125. Orlov, A.V. Variability and Repeatability of Dairy Productivity of Cows of Simmental Breed of Different Types with Age[Text] / A.V. Orlov, O.I. Solovieva.-M.,1995.-10s.-Dep. W VNIITEIagroprom 19.03.1995, '30 VS-95.
126. Orlov, A.V. Kombinacja linii w hodowli bydła Simmental i jego mieszanek z czerwonym i motylkowym Holsztynem w regionie Wołgi [Tekst] / A.V. Orlov, O.I. Solovyova, M.S. Volkov // Dokl. TSHA.- 2001. 273, p.2.- P.3-10.
127. Osadchaya, O.Yu. Historyczne aspekty tworzenia rosyjskiej bazy hodowli bydła mlecznego [Tekst] / O.Yu. - Materiały Międzynarodowej Konferencji Naukowo-Praktycznej 21-23.10.2008.-Dubrovichi-VISH 2008.-C.116-118.
128. Okhrimenko, O.V. Biochemia mleka i produktów mlecznych [Tekst]: metody badań. / O.V. Ohrimenko, A.V. Ohrimenko. - Vologda-Mleko: Centrum VGMHA, 2001. - 201 c.

129. Pavlova, I.Yu. Oszacowanie zasobów hodowlanych buhajów rasy Kholmogorsk według genów białka mleka [Tekst] / I.Yu. Pavlova, L.A. Kalashnikova, V.L. Yaluga, T.A. Rukhlova // Zootekhnia. - 2011. - № 3. - C. 6-9.
130. Pavlyuchenko, T.A. Somatic cells - diagnostic test in determining cows, resistance to masturbation and milk quality [Tekst] / T.A. Pavlyuchenko, L.F. Tarasevich // New methods of selection and biotechnology in animal husbandry: scientific-production conf. - Kyiv, 1991. - – C. 109 -112.
131. Parkhomenko, B.L. Wyniki szacunkowe producentów byków ras mięsnej i mlecznej z uwzględnieniem zawartości białka i mleka w córkach [Tekst] / B.L. Parkhomenko // Zootekhnia. - 2011. - № 4.- C. 7-9.
132. Patent nr 2294630 "Dojarka niskociśnieniowa" Ganeev A.A., Solovyova O.I. M, 2007 - 7s.
133. Pereverzev, D.B. Basics of selection effect increase at breeding of the Kholmogorsk cattle: Methodical recommendations [Text] / D.B. Pereverzev, I.M. Dunin, A.G. Kozankov et al.; VNIIPlem. - Leśne łąki, 2000. - 44 c.
134. Perov, S.S. Mleczna przewodność elektryczna i środowisko zewnętrzne [Tekst] / S.S. Perov. - Vologda, 1928. - – 51 c.
135. Petukhov, V.L. Genetic bases of the animals selection [Tekst] / V.L. Petukhov, L.K. Ernst, I.I. Gudilin et al.; redagowane przez V.L. Petukhov, I.I. Gudilin. - Moskwa: Agroproizdat, 1989. - – 448 c. S.69-70; S.391-395.
136. Praca plemienna z bydłem rasyholmogorsk [Tekst] / I.M. Dunin, L.A. Parkhomenko, W.I. Sharkaev, N.S. Nikulkin, W.M. Wysockaya. - Leśne łąki, 2011. - – 88 c.
137. Plokhinsky, N.A. Biometrics manual for zootechnicians [Tekst] / N.A. Plokhinsky. - Moskwa: Kolos, 1969. - 255 c.
138. Plashchenko, S.I. Naturalna odporność organizmu zwierząt [Tekst] / S.I. Plashchenko, V.T. Sidorov. - L.: Kolos, 1979. - – C. 6-54.
139. Polupan, Yu.P. Early selection of cow by efficiency of lifetime use [Tekst] / Yu.P. Polupan, T.P. Koval // Zootekhnia. - C. 4-5.
140. Popov, N.A. Genetyczno-technologiczny model efektywnej produkcji mleka w warunkach małego przedsiębiorstwa [Tekst] / N.A. Popov, V.Yu. Sidorova; RAMZh // Proc. międzynarodowej konferencji naukowo-praktycznej. - Bykovo, 2007. - Okay. 12: Zwiększenie konkurencyjności produkcji zwierzęcej i cele dotyczące personelu. - C. 86-92.
141. Praktyczne zalecenia dotyczące technologii produkcji mleka wysokiej jakości. [Tekst] - M., 2004. - – 126 c. S.54-60; S.75-85.
142. Program doskonalenia pogłowia bydła rasy Centralnej typu Kholmogorsky w Centralnym Okręgu Federalnym w kierunku zwiększenia

zawartości białka. [Tekst]/I.M. Dunin, L.A. Parkhomenko, N.S. Nikulin et al.; FSNU VNIIPlem - Lesnye polany, 2009.-76s.
143. Program hodowli i doskonalenia bydła rasy Kholmogorsk na lata 2010-2015. /I.M. Dunin, L.A. Parkhomenko, N.S. Nikulkin, V.M. Wysockaja. - Polany Lesnaya, 2010. - – 65 c.
144. Prozherin, V.P. Exterior estimation of the hill-mountains-Holstein cattle [Tekst] / V.P. Prozherin, I.V. Kuvakina, Yu. - 1999. - № 1. -C. 8-9.
145. Prospekt emisyjny VIESKH [Tekst] // Automatyczny sygnalizator mastitis u krów ASM -1. - M., 1985. - – 2 c.
146. Prokhorenko, P.N. Genetics and selection of the dairy cattle [Tekst] / P.N. Prokhorenko, B.P. Zavertyaev // Zootekhnia. - – 2004. - № 9. - – C. 2-6.
147. Prokhorenko, P.N. Potencjał bydła mlecznego [Tekst] / P.N. Prokhorenko // Hodowla zwierząt gospodarskich w Rosji. - 2005. - № 1. - C. 29-30.
148. Prokhorenko, P.N.Tribal business in dairy farming. P.N. Prokhorenko, A.V. Yeghizaryan// Przemysł mleczarski.-2009.-4.-C.48-50.
149. Prudov, A.I. Use of the Holstein breed for intensification of the dairy cattle breeding [Tekst] / A.I. Prudov, I.M. Dunin. - – M., 1992. - 142 c.
150. Puretsky, W.M. Racjonalna technologia produkcji mleka jest ważnym czynnikiem wzrostu wydajności krów [Tekst] / W.M. Puretsky, N.I. Ivanova, W.N. Kutrovskiy, P.A. Prakht // Sb. artykułów naukowych "Główne wyniki badań naukowych dotyczących rolnictwa w Centralnym Obszarze Nieczarnej Ziemi Rosji": (70 lat C.I.C.I.S.). - Moskwa: Niemczinowka, 2001. - – C. 440-443.
151. Hodowla krów mlecznych o długiej żywotności produkcyjnej [Tekst] : wytyczne metodologiczne. - Dubrovica, 2005. - – 28 c.
152. Reshetnikova, N. Nowoczesny stan i strategia reprodukcji stada przy wzroście wydajności mlecznej bydła [Tekst] / N. Reshetnikova, G. Eskin, N. Kombarova, E. Poroshina, I. Shavirin // Hodowla bydła mlecznego i mięsnego. - 2011. - № 3. - C. 2-4.
153. Rodionov, G.V. Practical recommendations for the milk quality control and improvement [Tekst] / G.V. Rodionov, Yu.S. Isilov, A.S. Shuvarikov, B.A. Aidashev, N.P. Buryakov. - Moskwa: ANO "Przemysł mleczarski", 2006. - – 96 c. P.35-49; P.50-60.
154. Romanenko, L.V. Monitoring jałówek hodowlanych rasy czarno-białej Holstein w gospodarstwach hodowlanych [Tekst] / L.V. Romanenko, V.I. Volgin, Z.L. Fedorova // Zootekhnia. - 2011. - № 4 - C. 9-12.
155. Rubenkov, A.A. Hybrydy mleczne w warunkach strefy Nonchernozem [Tekst] / A.A. Rubenkov // Wykorzystanie zebu i ich hybryd do produkcji mleka i wołowiny. Materiały z sympozjum sowiecko-indyjskiego. - Kherson, 1982. - – C. 31-38.

156. Rubenkov, A.A. Zebubuid milk hybrids from breeding " [Tekst] / A.A. Rubenkov // Teoretyczne i praktyczne aspekty zdalnej hybrydyzacji. - M., 1986. - – C. 133-136.
157. Savelieva, E.Yu. Economic and biological qualities of mixtures of Kholmogorskaya and black-and-black-and-black-and-black color rocks with Holsteinskaya [Tekst] : dis. ...Cand. of sciences / E.Yu. Savelieva. - – M., 2003. - – 168 c. C.93-95.
158. Samusenko, L. Wydajność mleczna krów w zależności od ich przynależności liniowej [Tekst] / L. Samusenko // Hodowla bydła mlecznego i mięsnego. - 2011. - № 2. - C. 30-31.
159. Sel'tzov, V. Realizacja potencjału produkcyjnego pierwszych jałówek w zależności od genotypu i warunków środowiskowych [Tekst] / V. Sel'tzov, G. Kaliyevskaya // Hodowla bydła mlecznego i mięsnego. - 2009. - № 7. - C. 8-10.
160. Skrypchenko, G.G. Humoral factors of natural resistance in cow at the endometritis disease [Tekst] / G.G. Skrypchenko, N.B. Belyaeva // Proc. of Moscow Intern. - – M., 1989. - – C. 22-28.
161. Smirnov, Yu.P. Rozwój procesu białaczkowego u krów zakażonych VLDCS w zależności od ich wieku [Tekst] / Yu.P. Smirnov // Nauki weterynaryjne. - 1999. - № 12. - C. 15-17.
162. Soldatov, A.P. Osobliwości pracy plemiennej w warunkach technologii przemysłowej [Tekst] / A.P. Soldatov, S.A. Kholodkov (w języku rosyjskim) // Izv. - 1988. - Okay. 2. - C. 124-136.
163. Sołowiejew, S.A. Mechanizmy wykonawcze systemu "człowiek-maszyna-zwierzęta" [Tekst] // S.A. Sołowiejew, L.P. Kartaszow - Jekaterynburg. 2001-179s.
164. Solovyova, O.I. Przewodnictwo elektryczne mleka krowiego rasy Kholmogorsk w zależności od pochodzenia [Tekst] / O.I. Solovyova, H.A. Amerkhanov // Hodowla bydła mlecznego i mięsnego. - 2008. - № 8. - – C. 18 -20.
165. Solov'yeva, O.I. Electronic system of diagnostics at an early stage of the breast diseases [Tekst] / O.I.Solov'yeva, O.Kaufmann // Medycyna weterynaryjna. - 2008. - № 12. - – C. 13-15.
166. Strekozov, N.I. Intensification of the dairy cattle breeding in Russia [Tekst] / N.I. Strekozov, V.K. Chernushenko, V.I. Tsys. - Smoleńsk, 1997. - 240 c. C. 6,85-94; S.95-99; S.187-190.
167. Strekozov, N.I. Hodowla bydła mlecznego w Rosji i kierunek jej rozwoju [Tekst] / N.I.Strekozov // Proc. of Intern. scientific conf. - Dubrovica: VISION. - C. 29-32.
168. Strekozov, N.I. Guidelines for the assessment of the cow exterior of dairy and meat breeds [Tekst] / N.I. Strekozov, G.N. Krylova, A.E. Shcheglov, B.S. Iolchiev, P.V. Pavlov et al. - Dubrovitsy: VNIIPlem, 2001. - 116 s.S.9-10; 82-99.

169. Sulimova, G.E. DNA polimorfizm genu Wola-DRB3 u bydła ze względu na stabilność i podatność na białaczkę [Tekst] / G.E. Sulimova, I.G. Udina, G.O. Shaikhayev, I.A. Zakharov // Genetyka. - 1995. - № 9. - C. 1294-1299.
170. Surowcew, V. Zwiększenie efektywności hodowli bydła mlecznego poprzez wydłużenie okresu produktywności krów [Tekst] / V. Surowcew, Yu. Nikulina // Hodowla bydła mlecznego i mięsnego. 14-16.
171. Surowcew, W. Problemy wzrostu konkurencyjności produkcji mleka w obwodzie leningradzkim po przystąpieniu Rosji do WTO [Tekst] / W. Surowcew // Hodowla bydła mlecznego i mięsnego. - – 2012. - Specjalistyczne zagadnienie dotyczące hodowli bydła mlecznego. - – C. 10-14.
172. Sycheva, O. Technologiczne właściwości mleka krów rasy simentalskiej różnego pochodzenia [Tekst] / O.Sycheva, V.Miloshenko, V.Gangan // Hodowla bydła mlecznego i mięsnego. - 2012. - № 3. - C. 26-27.
173. Tanneberger, T. Modernizacja kompleksów produkcji mleka [Tekst] / T. Tanneberger // Nowe rolnictwo. - 2001. - № 4.- C. 22-25.
174. Tinaev, A. Tribal resources of the bulls-manfacturers of the black-and-smelt breed [Tekst] / A. Tinaev, L. Kalashnikova, T. Ganchenkova // Hodowla bydła mlecznego i mięsnego. - 2009. - № 1. - C. 5-7.
175. Tozliyan, K.M. Breeding and technological modernisation of the intensive milk type cow stad [Tekst] / K.M. Tozliyan, Yu.N. Grigoriev, O.Yu. - Dubrovica: Wydawnictwo Instytutu Badawczego Produkcji Zwierzęcej, 2008. - 192 c. C.67-71
176. Trofimov, A.F. Milk production technology on the reconstructed dairy farms [Electron resource] / A.F. Trofimov, V.N. Timoshenko et al. - Mińsk: BelNIIZh Żodino, 2000. - Tryb dostępu: http://www.agroru.com.
177. Trufanov, W.G. Metody hodowli bydła rasy kholmogorskiej w Centralnym Okręgu Federalnym Federacji Rosyjskiej [Tekst] / W.G. Trufanov // Doświadczenia i problemy państwowej regulacji produkcji rolno-przemysłowej i rynku żywności: Postępowanie międzyregionalnej konfederacji naukowo-praktycznej - Ryazan: Ryazan SCA, 2002. - – C. 239-242.
178. Trufanov, V.G. Ocena porównawcza pogłowia i perspektyw hodowli bydła rasy Kholmogorsk w Centralnym Okręgu Federalnym Federacji Rosyjskiej [Tekst]: dr Sci. - Ryazan, 2006.-343c. C.89-93,192-199.
179. Tyapugin, E.A. History of the untied cattle keeping in Russia [Text] / E.A. Tyapugin, I.V. Litvinov, S.E. Tyapugin, V.I. Litvinov // Hodowla bydła mlecznego. - Vologda, 2008. - – 83 c.
180. Turenkova, E.N. Wpływ różnych czynników na efektywność ekonomiczną hodowli bydła mlecznego [Tekst] / E.N. Tyurenkova // Instrukcje metodyczne. - Petersburg: AMA NZ RF, 2008. - – C.20-24

181. Kharitonov, S.N. Genetic trend estimation by the main signs of the dairy productivity in the black and motley cattle population in Moscow region [Text] / S.N. Kharitonov, I.N. Yanchukov, A.N. Ermilov, O.Yu. Osadchaya // Zootekhnia. - 2011. - № 12. - C. 5-6.
182. Hasyanov, I.Sh. Estimation of Holstein cows and their mixtures with black and blonde breed on milk productivity and technological properties of milk in the production of children's dairy products [Text] : CD. ...cand. s. sci. / I.Sh. Hasyanov. - M., 2006. - – 143 c.
183. Tsoi, A.Yu. Trendy w rozwoju sprzętu udojowego za granicą [Tekst]: (Przegląd analityczny) / A.Yu. Tsoi, N.P. Mishurov, V.V. Kirsanov, A.I. Zelentsov. - Moskwa: FSNU Rosinformagrotech, 2000. - – 76 c.
184. Sharafutdinov, G.S. Improvement of the Kholmogorsk cattle in Tatarstan [Tekst] : Cand... ...Dr. Sci. / G.S. Sharafutdinov. - M., 2000. - – 270 c. C.87-94.
185. Sharafutdinov, G.S. Productive qualities of the Holmogorsk-Holstein mixtures in the Tatarstan conditions [Tekst] / G.S. Sharafutdinov // Agrarian science. - 2000. - № 2. - C. 18-19.
186. Shakhtamirov, I.Ya. Stress resistance of the hybrid animals [Tekst] / I.Ya. Shakhtamirov, S.E. Kozlov // Bulletin of Research Institute of breeding and genetics of agricultural animals. - 1992. - Okay. 133. - C. 27-29.
187. Sheveleva, O. Sheveleva, M. Svezhenina // Szczególne cechy bydła czarnego i pstrokatego z północnego Uralu i ich wykorzystanie w selekcji [Tekst] / O. Sheveleva, M. Svezhenina // Hodowla bydła mlecznego i mięsnego. - 2005. - № 7. - – C. 16-18.
188. Shevtsov, S.R. Factors of natural resistance and biochemical parameters of cattle blood of different genotypes [tekst]: dis. ...cand. s.-h. sciences / S.R.Shevtsov. - Troitsk, 1999. - 168 STR.S.26, 27, 29, 30.
189. Shevhuzhev, A.F. Some results of zebu hybridization with the red steppe rock in the Republic of Dagestan [tekst] / A.F. Shevhuzhev, G.S. Karaev // Rational ways to solve the socio-economic problems of the region: materials of regional scientific-practical conference / KCHSTA. - Circassian, 2009. - P.176-180.
190. Shendakov, A. Modernizacja selekcji w hodowli bydła mlecznego w obwodzie rudy [Tekst] / A. Shendakov // Hodowla bydła mlecznego i mięsnego. - 2008. - № 6. - – C. 15-18.
191. Shibaeva, E.P. Economic efficiency of use of the black-and-white cows of different genotypes [Tekst] / E.P. Shibaeva, D.A. Nikiforov // Zootekhnia. - 2009. - № 11. - C. 12-13.
192. Shichkin, G.I. Współczesny stan i tendencje rozwoju hodowli bydła mlecznego w RF [Tekst] / G.I. Shichkin // Hodowla bydła mlecznego i mięsnego. - 2002. - № 2. - C. 2-13.

193. Shpis, A.A. Estimation of the lactation activity of cows of different genotypes [electronic resource] / A.A. Shpis. - Tryb dostępu: http://www.rusnauka.com/NPM/Veterenaria/2_2_+shpis.doc.htm
194. Szuwarikow, A.S. Zastosowanie czynników genetycznych i paratypicznych w poprawie wydajności i jakości mleka [tekst] Diss. Dr. Sci. (Moskwa) : 06.02.04, 06.02.01 : Moskwa, 2004 288 p. C. 109-125,155.
195. Edrigevich, E.V. Interior of the farm animals [Tekst] / E.V. Edrigevich, V.V. Raevskaya. - Moskwa: Kolos, 1978. - – C. 3-82.
196. Ernst, L.K. Black-petrified breed - the golden fund of the dairy cattle breeding of the country [Tekst] / L.K. Ernst, A.P. Kalashnikov, N.G. Dmitriev, E.A. Arzumanian, A.I. Beach // Zootekhnia. - 1990. - № 2. - C. 2-6.
197. Ernst, L.K. Cattle breeding [Text] / L.K. Ernst, A.P. Beguchev, D.L. Levantin.-M. Kolos, 2003. -238s.
198. Ernst, L.K. Study of the influence of the Holstein cattle blood rush on the domestic cattle gene pool change using the DNA-microsatellites [Tekst] / L.K. Ernst, N.A. Zinovieva, E.N. Konovalova, E.A. Gladyr, O.V. Babayan (w języku rosyjskim) // Zootekhnia.- 2007. № 12.-C.2-5.
199. Ertuev, M.M. Crow milk multiplicity influence on milk productivity [Text] / M.M. Ertuev // New agriculture. - – 1999. - № 1. - – C. 40-41.
200. Yushkova, L.G. Uprawianie technologii naprawy młodego inwentarza, pozwalającego na uzyskanie przez 17-18 miesięcy jałówek o żywej wadze 380-420 kg [Tekst] / L.G. Yushkova, O.I. Solovyova. - Moskwa, 1999 - 7 p.- Dep. przy VNIITeIagroprom 30.11.1999, № 117 / 60 VS-99.
201. Yaganshin, V.M. Na pytanie o wielość dojenia krów [Tekst] // Voprosya intensifikatsii s.-kh. produkcji (po rosyjsku) / V.M. Yaganshin. - – 1972. - – 220-223 c.
202. Yanchukov, I. Organization for estimation of bulls-producers by posterity in Moscow region [Tekst] / I. Yanchukov, A. Ermilov, S. Kharitonov // Dairy and meat cattle breeding. - 2011. - № 5. - C. 5-7.
203. Anon. O zastosowaniu kryteriów przewodności do wykrywania anomalii składu mleka wywołanych rzekomo subklinicznym mastitis [Tekst] // Streszczenia dr All-Union Scientific and Technical Conf. - – M., 1993. - – C. 8-12.
204. Czy jesteś gotowy na Genomics - Genomics Proof? // Hotspots. - – 2011. - Zima. - C. 48-49.
205. Bergere, J.-L. Predictable evolution of processing techniques and milk production / J.-L. Bergere // La Production Laitiere francaise, I.N.R.A.Publ. - 1981. - P. 389-394.
206. Biggadike, H.F. Pomiar przewodnictwa mleka z poszczególnych ćwiartek wymion w celu wczesnego rozpoznania mastitis u krów. /H.F.

Biggadike, ja. Ohnstad, R.A. Laven, F.E. Hillerton. - Wielka Brytania, 2002. - – C. 6. - 58. Weteran. Rec.
207. Blasiah, J. Acomparison of the vit ro genotoxicity of tni - and hexavalent chromium /J. Blasiah, J. Kowlik // Badania mutacji. - – 2000. - № 469(1).-P. 135-145.
208. Brade, W. Underhealth somatic cell count and milk quality / W. Brade // Veterinary Umsch. - 2001. - Ig. 56, № 9. - P. 470-476.
209. Caraviello, D.Z. Prediction of longevity breeding values for US Holtein sires using survival analysis methodology / D.Z. Caraviello, K.A. Weigel, D. Gianola // J. Dairy Sci. - 2004. - Vol. 87. - P. 3518-3525.
210. Denicourt, D. Detection of bovine k-casein genomic variants by the polymerase chain reaction method /D. Denicourt, M.P. Sabour, A.J. McAllister // Animal Genetics. - 1990. - V. 21. - P. 215-216.
211. Ehlers, T. Badania porównawcze zależności między wydajnością i płodnością krów w stadach problemowych z zaburzeniami rozrodu / T. Ehlers, R. Dehnining, T. Spranger, E. // Tierarztl. Umsch, Grunert. - FRG, 1989. - T. 44, № 8. - – C. 459-463.
212. Ernst, E. Wirtschaftilche Auswirkungen der Eink reuzund von Holstein-Friesians in Duetshe Schwarzbunde Rindel-25 jchre stauguns dar EVT / Ernst E. - Copenhagen, 1983 - August, s. 17-21.
213. Fieschgrate, Tandem i inne stanowiska udojowe. // Worstorff. Technika udojowa. Aktualny stan urządzeń udojowych, dojarni i urządzeń udojowych. - 1999. - S. 80- 82.
214. Frisian, M. Dairy buildings better adapted to progress / M. Frisian. // Levolution of the dairy herd. - 1989. - P. 75-79.
215. Gil, Z. Zmiany temperatury mleka w czasie doju krów w subklinicznym zapaleniu sutka / Z. Gil // Produkt zwierzęcy. - NDP, 1988. - – E. 20, № 3. - – C. 459-463.
216. Grimm, H. Wpływ rozstawu udoju na wydzielanie mleka u krów / N. Grimm // Badania nad produkcją mleka. - FRG, 1987. - S. 7-8.
217. Guba, S. Zmiany w niektórych cechach standartowych bydła w odpowiedzi na różne zasięgi chowu wsobnego / S. Guba, G. Wolf // Acta Agron. Acad. Naukowy. - Węgry, 1984. - T. 33, N 1-2. - P. 67-95.
218. Dobre dojenie wymaga zdrowia wymion. // Malecki. Technika udojowa. Aktualny stan urządzeń udojowych, dojarni i urządzeń udojowych. - 1999. - S. 96-100.
219. Hamman, T. Badania porównawcze stężenia komórek somatycznych i przewodnictwa elektrycznego mleka w pierwszej porcji wydajności mlecznej w diagnostyce mastitis u krów /T. Hamman. // Milchwissenschaft.- 1988.-S. 8-11.
220. Hare, E. Survival rates and productive herd life of dairy cattle in the United States / E. Hare , H.D. Norman , J.R. Wright // J. Dairy Sci. - 2006. - Vol. 89, N 9. - P. 3713-372.

221. Haworth, G.M. Relationships between age at first calving and first lactation milk yield, and lifetime productivity and longevity in dairy cows / G.M. Haworth, W.P. Tranter, J.N. Chuck, Z. Cheng, D.C. Wathes // The Veterinary Record. - 2008. - Vol. 162. - P. 643-647.
222. Hossain, M. Genetyczne warianty białka mleka i ich znaczenie dla hodowli bydła mlecznego / M. Hossain. - 1974. – № 1. – P. 18-65.
223. Ipema, B. Koning. Melken mit dem Melkroboter / B. Koning Ipema. // Melktechnik. - 1997. - S. 72-73.
224. Isaksson, A. Investigation of the milk electrical conductivity for the cow mastitis diagnostics (in Russian) / A. Isaksson, A.S. Philips, E. Goransson, N. Bjorkenfeldt // Acta veter. Skand. -1988- T. 28, № 3-4. - C. 455-457.
225. Przewodnictwo mleczne: miara zdrowia wymion // Malecki. Technika udojowa. Aktualny stan urządzeń udojowych, dojarni i urządzeń udojowych. - 1999. - S. 102-104.
226. Człowiek, C. Dynamika zmian fizykochemicznych i bakteriologicznych w złożonej ściółce, mieszaninie trocin i wiórów w okresie 13 miesięcy / C. Człowiek. // Kompendium Medycyny Weterynaryjnej. - – 1971. - – T. CXLVII. - – P. 717-729.
227. Mastitis kostet Geld / E. Kleinschroth, K. Rabold, J. Deneke. // Herausgegeben von top agrar. - 1999. - S. 11-12.
228. Medrano, J.F. Polymerase chain reaction amplification of bovine - lactoglobulin genomic sequences and identification of genetic variants by RFLP analysis / J.F. Medrano, E. Aguilar-Cordova // Animal Biotechnology. - 1990. - V. 1. - P. 73-77.
229. Produkcja mleka pierwszej jakości // Malecki. Technika udojowa. Aktualny stan urządzeń udojowych, dojarni i urządzeń udojowych. - 1999. - S. 88-89.
230. Jak krowie wymiona? // Worstorff. Technika udojowa. Aktualny stan urządzeń udojowych, dojarni i urządzeń udojowych. - – 1999. - S. 18-20.
231. Tak działa klaster. // Worstorff. Technika udojowa. Aktualny stan urządzeń udojowych, dojarni i urządzeń udojowych. - 1999. - S. 20-21.
232. Co możesz zrobić podczas dojenia? // Malecki. Technika udojowa. Aktualny stan urządzeń udojowych, dojarni i urządzeń udojowych. - 1999. - S. 100-102.
233. Gdzie nauka i praktyka widzą problemy // Worstorff. Technika udojowa. Aktualny stan urządzeń udojowych, dojarni i urządzeń udojowych. - 1999. - S. 6-16.
234. Wolfram, R. Składniki mleka jako wskaźniki dla żywienia i zdrowia krów mlecznych / R. Wolfram // dla żywienia zwierząt. Niemiecki Vilomix. - 2003-2004. - S. 1-13.

FSC
www.fsc.org
MIX
Papier | Fördert
gute Waldnutzung
FSC® C083411

Kolibri 360 GmbH
Ferdinand-Jühlke-Straße 7
99095 Erfurt, Deutschland
produktsicherheit@kolibri360.de

Druck:
CPI Druckdienstleistungen GmbH
im Auftrag der
Kolibri 360 GmbH
Ferdinand-Jühlke-Str. 7
99095 Erfurt